高职高专土建类专业系列规划教材

建筑消防系统施工与设计

主　编/徐群丽　肖　青　黄伟林
副主编/王桂兰

JIANZHU XIAOFANG XITONG SHIGONG YU SHEJI

合肥工业大学出版社

内容提要

本书向读者展示了消防系统的形成背景、技术基础及发展趋势，并对消防系统的构成、技术原理、安装、调试以及工程设计方法做了全面的介绍和论述。全书共6章，内容包括：消防系统概论；火灾自动报警系统；消防灭火系统；安全疏散诱导系统及防排烟系统；消防系统的供电、安装、布线与调试；消防系统方案设计。

本书可作为高职高专院校消防工程、建筑智能化、建筑电气工程、物业管理等专业的教材，以及应用型本科、成人教育、函授学院、中职学校相关课程的教材，也可供有关技术人员参考。

图书在版编目(CIP)数据

建筑消防系统施工与设计/徐群丽等主编．—合肥：合肥工业大学出版社，2018.2（2022.10重印）

ISBN 978-7-5650-3831-0

Ⅰ.①建… Ⅱ.①徐… Ⅲ.①建筑物—消防设备—设备安装—工程施工②建筑物—消防设备—建筑设计 Ⅳ.①TU998.1

中国版本图书馆CIP数据核字(2018)第027719号

建筑消防系统施工与设计

徐群丽　肖　青　黄伟林　主编　　　　责任编辑　马成勋

出　版	合肥工业大学出版社	版　次	2018年2月第1版
地　址	合肥市屯溪路193号	印　次	2022年10月第2次印刷
邮　编	230009	开　本	787毫米×1092毫米　1/16
电　话	理工编辑部：0551-62903200	印　张	14.25
	市场营销部：0551-62903198	字　数	335千字
网　址	www.hfutpress.com.cn	印　刷	安徽昶颉包装印务有限责任公司
E-mail	hfutpress@163.com	发　行	全国新华书店

ISBN 978-7-5650-3831-0　　　　定价：36.00元

前　　言

随着我国经济建设的飞速发展，城市化进程不断加快，各种大型地上建筑、地下建筑、高层和超高层建筑不断涌现，对从事建筑消防系统的技术人员需求急剧增加，对消防从业人员的水平与技能提出了更高要求。

本书根据教育部最新的职业教育教学改革要求，结合国家示范性高职院校专业建设与课程改革情况，在校企合作与工程实践基础上进行编写。以消防行业特点和就业岗位需求为出发点，注重课程内容与岗位技能之间的关系，将“工程”和“课程”有机融合，以满足工作岗位所需要的知识和技能为原则，培养能够胜任消防系统的安装施工、系统调试、方案设计等岗位的应用型技术人才。

本书主要结合建筑消防系统的构成部分进行叙述，以目前市场上主流的消防产品为实例，重点介绍消防系统的组成、安装、调试与设计。全书由6个章节组成：消防系统概论；火灾自动报警系统；消防灭火系统；安全疏散诱导系统及防排烟系统；消防系统的供电、安装、布线与调试；消防系统方案设计。本书通过对火灾报警及消防联动系统在施工工程实例的讲解，力求同工程实际相结合，突出职业技能的培养。本书内容新颖，通俗易懂，实用性强，每章均有本章导读，便于快速了解每章的内容；结合所讲解内容设置思考题，以检验知识掌握情况；另根据内容需要，将部分知识进行了拓展，便于教师教学和学生高效率学习。

本书可作为高职高专院校消防工程、建筑智能化、建筑电气工程、物业管理等专业的教材，以及应用型本科、成人教育、函授学院、中职学校相关课程的教材，也可供有关技术人员参考。

本书由湖北城市建设职业技术学院的徐群丽负责全书的构思、编写组织和统稿工作。具体分工如下：第 1 章由长江工程职业技术学院王桂兰编写，第 2 章、第 5 章由湖北城市建设职业技术学院的徐群丽编写，第 3 章由长江工程职业技术学院黄伟林编写，第 4 章、第 6 章由长江工程职业技术学院肖青编写。

由于编者水平有限，且时间仓促，书中难免有不妥与错误之处，恳请广大读者和同行批评指正，不胜感激。

编者

2018 年 2 月

目　录

第1章　消防系统概论

本章导读

本章主要介绍了消防基本知识、建筑防火的技术方法、火灾特征及熄灭方法、高层建筑总平面布局与平面布局的相关知识。通过本章学习要求重视“消防工作贯彻预防为主、防消结合的方针”，重视建筑总平面布局、防火分区的重要性。

《消防法》在总则中规定“消防工作贯彻预防为主、防消结合的方针，按照政府统一领导、部门依法监管、单位全面负责、公民积极参与的原则”。

“预防为主”，一是要做好宣传教育，使大家重视消防工作；二是普及消防知识，提高防火和扑灭初期防御火灾的能力；三是确立一套科学的规章制度，保证措施落实。

“防消结合”是指我们在做好火灾预防的同时，要做好各项灭火准备，及时扑灭发生的火灾。首先要有思想准备，发生火灾时做到心中有数，科学指挥，快速扑灭。其次要有物资准备，也就是我们常见的灭火器、消防栓、火灾自动报警系统等一系列的消防设施。

“政府”“部门”“单位”“公民”四者都是消防工作的主体，政府统一领导、部门依法监管、单位全面负责、公民积极参与，任何一方都非常重要，不可偏废，这是《消防法》确定的消防工作的原则。

从我国多年来发生火灾的情况来看，随着经济建设的发展，城镇数量和规模的扩大，人民物质文化生活水平的提高，在生产和生活中用火、用电、用易燃物或可燃物以及采用具有火灾危险性的设备、工艺逐渐增多，因而发生火灾的危险性也相应地增大，火灾发生的次数以及造成的财产损失、人员伤亡呈现上升的趋势。

起火的原因归纳起来主要有电气火灾、生产作业类火灾、生活用火不慎、吸烟、玩火、放火、自燃、雷击、静电。分析起火的原因是为了在建筑防火设计时，能更有效、有针对性地采取消防技术措施，防止火灾发生和减少火灾的危害。

1.1　消防基本知识

1.1.1　火势蔓延快、烟气扩散快

建筑装修豪华，室内含有大量的可燃物质，如家具、窗帘、地毯、吊顶装饰等，发生火灾时这些物质燃烧猛烈。加之高层建筑的竖向井道多，如电梯井、楼梯井、通风井、管道井、电缆井、垃圾道、排气道等，它们都是火灾蔓延的通路，形成“烟囱效应”；加上这些竖井的抽风作

用，一旦发生火灾，火势蔓延迅速，楼层越高，抽风越强，火势越猛。据测定，初期的火灾，烟气水平扩散速度约为0.3m/s；在火灾猛烈燃烧阶段，水平扩散速度为0.5～0.8m/s，而竖向扩散速度高达3～4m/s。例如，美国希尔顿饭店8层起火，火灾蔓延到30层的顶部，仅用了20分钟，浓烟翻滚直上，高出楼顶150米。

1.1.2 火灾扑救工作复杂

建筑消防设计立足于“自救”，其灭火设备复杂、自动化程度高，只要任何一个环节有问题，灭火设施便不能充分发挥作用。火灾扑灭初期至关重要，常常现场人员不会或无力使用灭火设备，等消防人员全副武装从驻地赶到现场，登上高楼，不仅消耗体力，还可能与消防中心、水泵房等联系不便，造成配合困难，楼高风大、火势猛，消防队员在高热、浓烟下操作，比一般火场难度大得多。

1.1.3 人员疏散困难

建筑层数多，垂直疏散距离长，疏散到室外地面、屋顶直升机停机坪或避难层所需的时间也相应增长。由于高层建筑人员众多，不少公共活动场所的人员相对集中，火灾时增加了疏散的难度，容易造成重大伤亡事故。高层建筑发生火灾后，常因通讯失控，往往下层发生火灾，上层仍然未知有其事。尤其是在高层酒店中，人员众多，人地生疏，给安全疏散增大了困难，甚至导致惨重事故。

1.2 建筑防火的技术方法

建筑防火原理是根据社会群体行为的规律和后果，采取相应的技术手段，实现控制建筑火灾发生、避免和减少火灾对人的生命以及财产造成危害的目的，满足人们对建筑消防安全的需要。具体来讲，就是根据建筑工程的建设目标，遵循火灾发生和社会经济发展的客观规律，运用工程技术和经济方法，依据国家和地方的消防技术标准、规范和其他有关标准、规范，针对建筑的使用性质和火灾防控特点，从消防安全角度进行综合、系统的设计。建筑防火的技术方法主要有总平面布置、建筑结构防火、建筑材料防火、防火分区分隔、安全疏散、防排烟、建筑防爆和电气防火等几种。

1.2.1 总平面布置

建筑的总平面布置要满足城市规划和消防安全的要求。一是要根据建筑物的使用性质、生产经营规模、建筑高度、建筑体积及火灾危险性等，从周围环境、地势条件、主导风向等方面综合考虑，合理选择建筑物位置。二是要根据实际需要，合理划分生产区、存储区（包括露天存储区）、生产辅助设施区、行政办公区和生活福利区等。同一企业内，若有不同火灾危险的生产建筑，则应尽量将火灾危险性相同的或相近的建筑集中布置，以利采取防火防爆措施，便于安全管理。三是为防止火灾因传导热、对流热、辐射热影响而导致火势向相邻建筑或同一筑的其他空间蔓延扩大，并为火灾扑救创造有利条件，在总平面布置中，应合理确定各类建(构)筑物、堆场、储罐、电力设施及电力线路之间的防火安全距离。四是要根据各建筑物的使用性质、规模、火灾危险性,考虑扑救火灾时所必需的消防车通道、消防水源和消防扑救面等。

1.2.2 建筑结构防火

建筑结构的安全是整个建筑的生命线,也是建筑防火的基础。建筑物的耐火等级是研究建筑防火措施、规定不同用途建筑物需采取相应防火措施的基本依据。在建筑防火设计中,正确选择和确定建筑的耐火等级,是防止建筑火灾发生和阻止火势蔓延扩大的一项基本措施。对于建筑物应选择哪一个耐火等级,应根据建筑物的使用性质和规模及其在使用中的火灾危险性来确定,如性质重要、规模较大、存放贵重物资,或大型公共建筑,或工作使用环境有较大火灾危险性的,应采用较高的耐火等级;反之,可选择较低的耐火等级。当遇到某些建筑构件的耐火极限和燃烧性能达不到规范的要求时,可采取适当的方法加以解决。常用的方法主要有:适当增加构件的截面积;对钢筋混凝土构件增加保护层厚度;在构件表面涂覆防火涂料做耐火保护层;对钢梁、钢屋架及木结构做耐火吊顶和防火保护层包敷等。

1.2.3 建筑材料防火

很多建筑材料是可以燃烧的,大多数天然高分子材料和合成高分子材料都具有可燃性,而且这些建筑材料在燃烧后往往产生大量的烟雾和有毒气体,给火灾扑救和人员疏散造成严重威胁。为了预防火灾的发生,或阻止、延缓火灾的发展,最大限度地减轻火灾的危害,必须对可燃建筑材料的使用及其燃烧性能进行有效的控制。建筑材料防火就是根据国家的消防技术标准、规范,针对建筑的使用性质和不同部位,合理地选用建筑的防火材料,从而保护火灾中的受困人员免受或少受高温有毒烟气侵害,争取更多可用疏散时间。建筑材料防火应当遵循的原则主要是:控制建筑材料中可燃物数量,受条件限制或装修特殊要求必须使用可燃材料的,应当对材料进行阻燃处理;与电气线路或发热物体接触的材料应采用不燃材料或进行阻燃处理;楼梯间、管道井等竖向通道内应当采用不燃材料。

1.2.4 防火分区分隔

如果建筑内空间面积过大,火灾时则燃烧面积大、蔓延扩展快,因此在建筑内实行防火分区和防火分隔,可有效地控制火势的蔓延,既利于人员疏散和扑火救灾,也能达到减少火灾损失的目的,防火分区包括水平防火分区和竖向防火分区。水平防火分区是指在同一水平面内,利用防火隔墙、防火卷帘、防火门及防火水幕等分隔物,将建筑平面分为若干个防火分区、防火单元;竖向防火分区指上、下层分别用耐火的楼板等构件进行分隔,对建筑外部采用防火挑檐、设置窗槛(间)墙等技术手段,对建筑内部设置的敞开楼梯、自动扶梯、中庭以及管道井等采取防火分隔措施等。

防火分区的划分应根据建筑的使用性质、火灾危险性和建筑的耐火等级、建筑内容纳人员和可燃物的数量、消防扑救能力和消防设施配置、人员疏散难易程度及建设投资等情况综合考虑。

1.2.5 安全疏散

人身安全是消防安全的重中之重，以人为本的消防工作理念必须始终贯穿于整个消防工作，从特定的角度上说，安全疏散是建筑防火最根本、最关键的技术，也是建筑消防安全的核心内容。保证建筑内的人员在火灾情况下的安全是一个涉及建筑结构、火灾发展过程、建筑消防设施配置和人员行为等多种基本因素的复杂问题，安全疏散的目标就是要保证建筑内人员疏散完毕的时间必须小于火灾发展到危险状态的时间。

建筑安全疏散技术的重点是设置安全出口、疏散出口以及安全疏散通道的数量、宽度、位置和疏散距离。基本要求是：每个防火分区必须设有至少两个安全出口；疏散路线必须满足室内最远点到房门、房门到最近安全出口或楼梯间的行走距离限值；疏散方向应尽量为双向疏散，疏散出口应分散布置，减少袋形走道的设置；选用合适的疏散楼梯形式，楼梯间应为安全的区域，不受烟火的侵袭，楼梯间入口应设置可自行关闭的防火门保护；通向地下室的楼梯间不得与地上楼梯相连，如必须相连时应采用防火墙分隔，通过防火门出入；疏散宽度应保证不出现拥堵现象，并采取有效措施，在清晰的空间高度内为人员疏散提供引导。

1.2.6 防排烟

烟气是导致建筑火灾人员伤亡的最主要原因之一，如何有效地控制火灾时烟气的流动，对保证人员安全疏散以及灭火救援行动的展开起着重要作用。火灾时，如能合理地排烟排热，对防止建筑物火灾的轰燃、保护建筑也是十分有效的一种技术措施。

烟气控制的方法包括合理划分防烟分区和选择合适的防烟、排烟方式。划分防烟分区是为了在火灾初期阶段将烟气控制在一定范围内，以便有组织地将烟气排出室外，使人员疏散、避难空间的烟气层高度和烟气浓度处在安全允许值之内。防排烟系统可分为排烟系统和防烟系统。排烟系统是指采用机械排烟方式或自然通风方式，将烟气排至建筑外，控制建筑内的有烟区域保持一定能见度的系统。防烟系统是指采用机械加压送风方式或自然通风方式，防止烟气进入疏散通道、防烟楼梯间及其前室或消防电梯前室的系统。防烟、排烟是烟气控制的两个方面，是一个有机的整体，在建筑防火设计中，应合理设计防烟、排烟系统。

1.2.7 建筑防爆和电气防火

生产、使用、储存易燃易爆物质的厂（库）房中，当爆炸性混合物达到爆炸浓度时，遇到火源就能爆炸。爆炸能够在瞬间释放出巨大的能量，产生高温高压的气体，使周围空气强烈振荡，在离爆炸中心一定范围内，建筑或人会因为受到冲击波的影响而遇到破坏或造成伤害。因此，在进行建筑防火设计时，因根据爆炸规律和爆炸效应，对有爆炸可能的建筑提出相应的防止爆炸危险区域、合理设计防爆结构和泄爆面积、准确选用防爆面积。

电气火灾在整个建筑火灾中占有三分之一的比重，主要有用电超负荷、电气设备选择和安装不合理、电气线路敷设不规范等原因。为有效防止电气火灾事故发生，同时为保证建筑内消防设施正常供电运行，对建筑的用电负荷、供配电源、电气设备、电气线路及其安装敷设等应当采取安全可靠、经济合理的安全技术措施。

1.3　火灾特征及熄灭方法

1.3.1　火灾分类

人们根据不同的需要，对火灾进行不同的分类，如按燃烧对象进行分类、按火灾损失严重程度分类、按起火直接原因分类等。

1. 按燃烧对象分类

按照燃烧对象，火灾分为 A、B、C、D 四类。

(1)A 类火灾：指固体物质火灾。这种物质往往具有有机物性质，一般在燃烧时能产生灼热的余烬。如木材、棉、毛、麻、纸张火灾等。

(2)B 类火灾：指液体火灾和可熔化的固体火灾。如汽油、煤油、原油、甲醇、乙醇、沥青、石蜡火灾等。

(3)C 类火灾：指气体火灾。如煤气、天然气、甲烷、乙烷、丙烷、氢气火灾等。

(4)D 类火灾：指金属火灾。指钾、钠、镁、钛、锆、锂、铝镁合金火灾等。

2. 按火灾损失严重程度分类

(1)特大火灾。死亡 10 人以上(含 10 人)；重伤 20 人以上；死亡、重伤 20 人以上；受灾 50 户以上；烧毁财物损失 100 万元以上。

(2)重大火灾。死亡 3 人以上；受伤 10 人以上；死亡、重伤 10 人以上；受灾 30 户以上；烧毁财物损失 30 万元以上。

(3)一般火灾。不具备以上条件的火灾。

3. 按起火直接原因分类

(1)放火；

(2)违反电气安装安全规定；

(3)违反电气使用安全规定；

(4)违反安全操作规定；

(5)吸烟；

(6)生活用火不慎；

(7)玩火；

(8)自燃；

(9)自然灾害；

(10)不属于以上九类的其他原因。

4. 火灾成因及其特点

导致火灾发生的原因很多，大致可以将火灾分为电气火灾、违章操作火灾、吸烟火灾、玩火火灾、放火火灾、自燃火灾、雷击火灾、其他火灾等类别。

(1)电气火灾

电气火灾是指违反电气安装和使用规定及因伪劣电气产品引起的火灾。这类火灾发生率较高，约占火灾总数的25%。从20世纪80年代末起，我国电气火灾所占的比例升至第一位，而且其火灾损失也占最大比例。从发展的角度看，随着我国电力工业的发展，城乡生产、生活用电量的增加，电气火灾仍将保持相当大的比例。造成电气火灾的主要原因是，在电气使用中存在较多问题，如乱拉乱接电线、不按使用要求随意加大负荷、电线绝缘老化、不安全更换电线、长时间超负荷用电导致温度失控等。因此，加强安全用电教育和加强电气安全管理，经常进行电气设备、设施的安全检查，对所有企业、事业单位都是十分必要的。

(2)违章操作火灾

违章操作火灾是指在生产、储存、运输等过程中违反安全规定和操作规程造成的火灾，如违章指挥、冒险作业、违章动火、焊接切割中违反操作规程等。这类火灾约占火灾总数的12%。目前在中小企业火灾中，违章操作造成的火灾往往最多。出现这种情况的原因，大都是由于缺乏安全规程、安全制度执行不严造成的。此外，新工人多，未经培训上岗，缺乏专业生产技术知识和安全技术知识，发生事故不知如何处理，也是重要的成灾因素。因此，中小企业应特别加强防火防爆安全管理。

(3)吸烟火灾

吸烟火灾是指由于吸烟入睡、醉酒吸烟、随地乱扔烟头和火柴棍，以及在有爆炸危险场所违章吸烟等引起的火灾，这类火灾约占火灾总数的10%。吸烟引起的火灾一直是造成火灾的重要原因。因此加强对吸烟人员的安全教育，是今后消防宣传教育中的一项重要内容。

(4)自燃火灾

自燃火灾包括易燃易爆危险化学物品自燃，以及煤、稻草麦秸、涂油物、鱼粉等自燃引起的火灾。从统计分析看，自燃火灾多集中在第二、三季度，因此只要有针对性地对存放有自燃物质的单位或部位加强防范，就可减少此类火灾。

1.3.2 燃烧

1. 燃烧条件

所谓燃烧，是指可燃物与氧化剂作用发生的放热反应，通常伴有火焰、发光和(或)发烟现象。燃烧过程中，燃烧区的温度较高，使其中白炽的固体粒子和某些不稳定(或受激发)的中间物质分子内电子发生能级跃迁，从而发出各种波长的光；发光的气相燃烧区就是火焰，它是燃烧过程中最明显的标志；由于燃烧不完全等原因，会使产物中混有一些小颗粒，这样就形成了烟。

(1)燃烧的必要条件

燃烧可分为有焰燃烧和无焰燃烧。通常看到的明火都是有焰燃烧；有些固体发生表面燃烧时，有发光发热的现象，但是没有火焰产生，这种燃烧方式则是无焰燃烧，例如木炭的燃烧。燃烧的发生和发展，必须具备三个必要条件，即可燃物、氧化剂和温度(引火源)。当燃烧发生时，上述三个条件必须同时具备，如果有一个条件不具备，那么燃烧就不会发生或者停止发生，如图1-1所示。

进一步研究表明，有焰燃烧的发生和发展除了具备上述三个条件以外，因其燃烧过程中还存在未受抑制的自由基(一种高度活泼的化学基团，能与其他自由基和分子起反应，从而使燃烧按链式反应的形式扩展，也称游离基)作中间体，因此，有焰燃烧发生和发展需要四个必要条件，即可燃物、氧化剂、温度和链式反应。

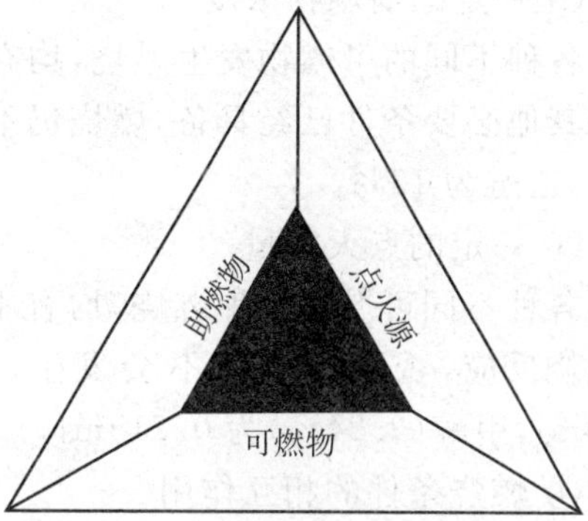

图 1-1　着火三角形

① 可燃物

凡是能与空气中的氧或其他氧化剂起化学反应的物质，均称为可燃物，如木材、氢气、汽油、煤炭、纸张、硫等。可燃物按其化学组成，分为无机可燃物和有机可燃物两大类。按其所处的状态，又可分为可燃固体、可燃液体和可燃气体三大类。

② 氧化剂(助燃物)

凡是与可燃物结合能导致和支持燃烧的物质，称为助燃物，如广泛存在于空气中的氧气。普通意义上，可燃物的燃烧均指在空气中进行。

③ 引火源

凡是能引起物质燃烧的点燃能源，统称为引火源。一般分直接火源和间接火源两大类。了解火源的种类和形式，对有效预防火灾事故的发生具有十分重要的意义。直接火源有三类，一是明火。指生产、生活中的炉火、烛火、焊接火、吸烟火、撞击与摩擦打火、机动车辆排气管火星、飞火等。二是电弧、电火花。指电气设备、电气线路、电气开关及漏电打火；电话、手机等通信工具火花；静电火花(物体静电放电、人体衣物静电打火、人体积聚静电对物体放电打火)等。三是雷击。瞬间高压放电的雷击能引燃任何可燃物。间接火源有两类，一是高温。指高温加热、烘烤、积热不散、机械设备故障发热、摩擦发热、聚焦发热等。二是自燃起火。是指在既无明火又无外来热源的情况下，物质本身自行发热、燃烧起火，如黄磷、烷基铝在空气中会自行起火；钾、钠等金属遇水着火；易燃、可燃物质与氧化剂、过氧化物接触起火等。

④ 链式反应

很多燃烧反应不是直接进行的，而是通过游离基团和原子这些中间产物在瞬间进行的循环链式反应的。游离基的链锁反应是燃烧反应的实质，光和热是燃烧过程中的物理现象。

(2)燃烧的充分条件

可燃物、氧化剂和引火源是无焰燃烧的三个必要条件，但燃烧的发生需要三个条件达到一定量的要求，并且存在相互作用的过程，这就是燃烧的充分条件。对于有焰燃烧，还包括未受抑制的链式反应。

① 一定的可燃物浓度

可燃气体或可燃液体的蒸气与空气混合只有达到一定浓度，才会发生燃烧或爆炸。例如，常温下用明火接触煤油，煤油并不立即燃烧，这是因为在常温下煤油表面挥发的煤油蒸气量不多，没有达到燃烧所需的浓度，虽有足够的空气和火源接触，也不会发生燃烧。灯用煤油在 40℃以下、甲醇在低于 7℃时，液体表面的蒸气量均不能达到燃烧所需的浓度。

② 一定的助燃物浓度

各种不同的可燃物发生燃烧,均有本身固定的最低氧含量要求。氧含量低于这一浓度,即使其他必要条件已经具备,燃烧仍不会发生。如汽油的最低氧含量要求为14.4%,煤油为15%,乙醚为12%。

③ 一定的点火能量

各种不同可燃物发生燃烧,均有本身固定的最小点火能量要求。达到这一能量才能引起燃烧反应,否则燃烧便不会发生。如汽油的最小点火能量为0.2mJ,乙醚(5.1%)为0.19mJ,甲醇(2.24%)为0.215mJ。

④ 燃烧条件的相互作用

燃烧要发生,必须使以上三个条件相互作用。要求每种条件都要达到一定的量,而且其中一个量的变化又会影响燃烧时对其他条件量的要求。如氧浓度的变化就会改变可燃气体、液体和部分可燃物的燃点。在实际情况下,对燃烧产生影响的条件还有很多,比如液态和气态可燃物,压力和温度对燃烧的影响就较大,当点火能量是电火花时,还要考虑电极间隙距离。又比如,一般情况下,相同质量的固态可燃物与空气接触的表面积越大,燃烧所需的点火能量就越小。

⑤ 未受抑焰燃烧

根据燃烧的链锁反应理论,因燃烧过程中存在未受抑制的游离基(自由基)作中间体,考虑游离基参加燃烧反应的,从而形成着火四面体,如图1-2所示。自由基是一种高度活泼的化学基团,能与其他的自由基和分子起反应,从而使燃烧按链式反应的形式扩展。因此,有焰燃烧的发生需要未受抑制的链式反应。

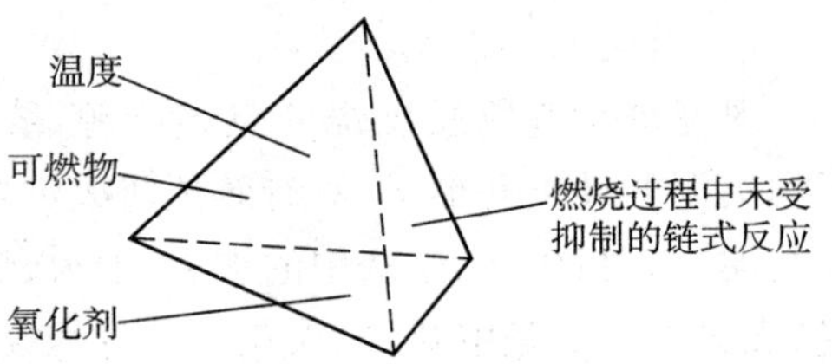

图1-2 着火四面体

2. 燃烧类型

燃烧可从着火方式、持续燃烧形式、燃烧物形态、燃烧现象等角度做不同的分类。掌握燃烧类型的有关常识,对于了解物质燃烧机理、火灾危险性的评定,有着重要的意义。

(1)燃烧类型分类

按照燃烧形成的条件和发生瞬间的特点,可分为四种类型。

① 闪燃

闪燃是指易燃或可燃液体(包括可熔化的少量固体,如石蜡、樟脑、萘等)挥发出来的蒸气分子与空气混合后,达到一定的浓度时,遇火源产生一闪即灭的现象。发生闪燃的原因是易燃或可燃液体在闪燃温度下蒸发的速度比较慢,蒸发出来的蒸气仅能维持一刹那的燃烧,来不及补充新的蒸气维持稳定的燃烧,因而一闪就灭了。但闪燃却是引起火灾事故的先兆之一。闪点即是指易燃或可燃液体表面产生闪燃的最低温度。

② 着火

可燃物在与空气共存的条件下,当达到某一温度时,与着火源接触即能引起燃烧,并在着火源离开后仍能持续燃烧,这种持续燃烧的现象叫着火。着火就是燃烧的开始,并且以出现火焰为特征。着火是日常生活中最常见的燃烧现象。如用火柴去点柴草、汽油、液化石油气等，就会引起它们着火。可燃物开始持续燃烧所需的最低温度称为着火点，即燃点。

③ 自燃

可燃物质在没有外部火花、火焰等火源的作用下，因受热或自身发热并蓄热所产生的自然燃烧，称为自燃。即物质在无外界引火源条件下，由于其本身内部所发生的生物、物理或化学变化而产生热量并积蓄，使温度不断上升，自行燃烧起来的现象。自燃点是指可燃物发生自燃的最低温度。

根据热的来源不同，可将自燃分为受热自燃和本身自燃两种。受热自燃是指没有外界明火的直接作用，而是受外界热源影响引起的自燃。引起受热自燃的主要原因有接触灼热物体、直接用火加热、摩擦生热、化学反应、绝热压缩、热辐射作用。本身自燃是指没有外界热源作用，靠物质内部发生生物、物理、化学等作用产生热量引起的自燃。引起本身自燃的原因有氧化生热、分解生热、聚合生热、吸附生热、发酵生热。黄磷暴露于空气中自燃是最典型的本身自燃现象。部分植物或其产物，如干草、谷草、麦秸、稻草、三叶草、树叶、麦芽、锯末、甘蔗渣、苞米芯、原棉、苎麻等；部分浸油物品，如浸有油脂的棉花、棉纱、棉布、纸、麻、毛、丝绸和金属粉末等，是常见的自燃物质。

④ 爆炸

爆炸是指物质由一种状态迅速地转变成另一种状态，并在瞬间以机械功的形式释放出巨大的能量，或是气体、蒸气在瞬间发生的剧烈膨胀等现象。爆炸最重要的一个特征是爆炸点周围发生剧烈的压力突变，这种压力突变就是爆炸产生破坏作用的原因。作为燃烧类型之一的爆炸主要指化学爆炸。

(2)闪点、燃点、自燃点的概念

气体、液体、固体物质的燃烧各有特点，通常根据不同燃烧类型，用不同的燃烧性能参数来分别衡量气体、液体、固体可燃物的燃烧特性。

① 闪点

闪点的定义：

在规定的试验条件下，液体挥发的蒸气与空气形成的混合物，遇火源能够闪燃的液体最低温度(采用闭杯法测定)，称为闪点。闪点的意义：闪点是可燃性液体性质的主要标志之一，是衡量液体火灾危险性大小的重要参数。闪点越低，火灾危险性越大，反之则越小。闪点与可燃性液体的饱和蒸气压有关，饱和蒸气压越高，闪点越低。当液体的温度高于其闪点时，液体随时有可能被火源引燃或发生自燃，若液体的温度低于闪点，则液体是不会发生闪燃的，更不会发生着火。常见的几种易燃或可燃液体的闪点如表 1-1 所示。

表 1-1 常见的几种易燃或可燃液体的闪点

名称	闪点(℃)	名称	闪点(℃)
汽油	－50	二硫化碳	－30
煤油	28～74	甲醇	11
酒精	12	丙酮	－18
苯	－14	乙醛	－38
乙醚	－45	松节油	35

闪点在消防上的应用：

闪点是判断液体火灾危险性大小以及对可燃性液体进行分类的主要依据。可燃性液体的闪点越低，其火灾危险性也越大。例如，汽油的闪点为－50℃，煤油的闪点为38～74℃，显然汽油的火灾危险性就比煤油大。根据闪点的高低，可以确定生产、加工、储存可燃性液体场所的火灾危险性类别：闪点＜28℃的为甲类；28℃≤闪点＜60℃的为乙类；闪点≥60℃的为丙类。

② 燃点

燃点的定义：

在规定的试验条件下，应用外部热源使物质表面起火并持续燃烧一定时间所需的最低温度，称为燃点。常见可燃物的燃点：可燃物的温度没有达到燃点时是不会着火的，物质的燃点越低，越易着火。某些常见可燃物的燃点如表1－2所示。

表1－2 几种常见可燃物的燃点

物质名称	燃点(℃)	物质名称	燃点(℃)
蜡烛	190	棉花	210～255
松香	216	布匹	200
橡胶	120	木材	250～300
纸张	130～230	豆油	220

燃点与闪点的关系：

易燃液体的燃点一般高出其闪点1～5℃，且闪点越低，这一差值越小，特别是在敞开的容器中很难将闪点和燃点区分开来。因此，评定这类液体火灾危险性大小时，一般用闪点。对于闪点在100℃以上的可燃液体，闪点和燃点差值达30℃，这类液体一般情况下不易发生闪燃，也不宜用闪点去衡量它们的火灾危险性。固体的火灾危险性大小一般用燃点来衡量。

③ 自燃点

自燃点的定义：

在规定的条件下，可燃物质产生自燃的最低温度，称为自燃点。在这一温度时，物质与空气(氧)接触，不需要明火的作用，就能发生燃烧。常见可燃物的自燃点：自燃点是衡量可燃物质受热升温导致自燃危险的依据。可燃物的自燃点越低，发生自燃的危险性就越大。某些常见可燃物在空气中的自燃点如表1－3所示。

表1－3 某些常见可燃物在空气中的自燃点影响自燃点变化的规律

物质名称	自燃点(℃)	物质名称	自燃点(℃)
氢气	400	丁烷	405
一氧化碳	610	乙醚	160
硫化氢	260	汽油	530～685
乙炔	305	乙醇	423

影响自燃点变化的规律：

不同的可燃物有不同的自燃点，同一种可燃物在不同的条件下自燃点也会发生变化。可燃物的自燃点越低，发生火灾的危险性就越大。对于液体、气体可燃物，其自燃点受压力、氧浓度、催化、容器的材质和内径等因素的影响。而固体可燃物的自燃点，则受受热熔融、挥发物的数量、固体的颗粒度、受热时间等因素的影响。

3. 燃烧方式与特点

可燃物质受热后，因其聚集状态的不同，而发生不同的变化。绝大多数可燃物质的燃烧都是在蒸气或气体的状态下进行的，并出现火焰。而有的物质则不能成为气态，其燃烧发生在固相中，如焦炭燃烧时，呈灼热状态，而不呈现火焰。由于可燃物质的性质、状态不同，燃烧的特点也不一样。

(1)气体燃烧的特点

可燃气体的燃烧不需像固体、液体那样需经熔化、蒸发过程，所需热量仅用于氧化或分解，或将气体加热到燃点，因此容易燃烧且燃烧速度快。根据燃烧前可燃气体与氧混合状况不同，其燃烧方式分为扩散燃烧和预混燃烧。

① 扩散燃烧

即可燃性气体和蒸气分子与气体氧化剂互相扩散，边混合边燃烧。在扩散燃烧中，化学反应速度要比气体混合扩散速度快得多。整个燃烧速度的快慢由物理混合速度决定。气体(蒸气)扩散多少，就烧掉多少。人们在生产、生活中的用火(如燃气做饭、点气照明、烧气焊等)均属这种形式的燃烧。

扩散燃烧的特点：燃烧比较稳定，扩散火焰不运动，可燃气体与氧化剂气体混合在可燃气体喷口进行。对稳定的扩散燃烧，只要控制得好，就不至于造成火灾，一旦发生火灾也较易扑救。

② 预混燃烧

又称动力燃烧或爆炸式燃烧。它是指可燃气体、蒸气或粉尘预先同空气(或氧)混合，遇火源产生带有冲击力的燃烧。预混燃烧一般发生在封闭体系中或在混合气体向周围扩散的速度远小于燃烧速度的敞开体系中，燃烧放热造成产物体积迅速膨胀，压力升高，压强可达709.1～810.4kPa。通常的爆炸反应即属此种。

预混燃烧的特点：燃烧反应快，温度高，火焰传播速度快，反应混合气体不扩散，在可燃混气中引入一火源即产生一个火焰中心，成为热量与化学活性粒子集中源。如果预混气体从管口喷出发生动力燃烧，若流速大于燃烧速度，则在管中形成稳定的燃烧火焰，由于燃烧充分，燃烧速度快，燃烧区呈高温白炽状，如汽灯的燃烧即是如此。若混气在管口流速小于燃烧速度，则会发生“回火”。如制气系统检修前不进行置换就烧焊，燃气系统开车前不进行吹扫就点火，用气系统产生负压回火或者漏气未被发现而用火时，往往形成动力燃烧，有可能造成设备的损坏和人员伤亡。

(2)液体燃烧的特点

易燃、可燃液体在燃烧过程中，并不是液体本身在燃烧，而是液体受热时蒸发出来的液体蒸气被分解、氧化达到燃点而燃烧，即蒸发燃烧。因此，液体能否发生燃烧、燃烧速率高低，与液体的蒸气压、闪点、沸点和蒸发速率等性质密切相关。常见的可燃液体中，液态烃类燃烧时，通常具有橘色火焰并散发浓密的黑色烟云；醇类燃烧时，通常具有透明的蓝色火焰，几乎不产生烟雾；某些醚类燃烧时，液体表面伴有明显的沸腾状，这类物质的火灾较难扑灭；在含有水分黏度较大的重质石油产品，如原油、重油、沥青油等发生燃烧时，有可能产生沸溢现象和喷溅现象。

① 沸溢

以原油为例，其黏度比较大，且都含有一定的水分，以乳化水和水垫两种形式存在。所谓乳化水是原油在开采运输过程中，原油中的水由于强力搅拌成细小的水珠悬浮于油中而成。放置久后，油水分离，水因比重大而沉降在底部形成水垫。燃烧过程中，这些沸程较宽的重质油品产生热波，在热波向液体深层运动时，由于温度远高于水的沸点，因而热波会使油品中的乳化水气化，大量的蒸气就要穿过油层向液面上浮，在向上移动过程中形成油包气的气泡，即油的一部分形成了含有大量蒸气气泡的泡沫。这样，必然使液体体积膨胀，向外溢出，同时部分未形成泡沫的油品也被下面的蒸气膨胀力抛出罐外，使液面猛烈沸腾起来，就像“跑锅”一样，这种现象叫沸溢。沸溢过程说明，沸溢形成必须具备三个条件：一是原油具有形成热波的特性，即沸程宽，比重相差较大；二是原油中含有乳化水，水遇热波变成蒸气；三是原油黏度较大，使水蒸气不容易从下向上穿过油层。

② 喷溅

在重质油品燃烧进行过程中，随着热波温度的逐渐升高，热波向下传播的距离也加大，当热波达到水垫时，水垫的水大量蒸发，蒸气体积迅速膨胀，以至把水垫上面的液体层抛向空中，向罐外喷射，这种现象叫喷溅。一般情况下，发生沸溢要比发生喷溅的时间早得多。发生沸溢的时间与原油的种类、水分含量有关。根据实验，含有1%水分的石油，经45～60min燃烧就会发生沸溢。喷溅发生的时间与油层厚度、热波移动速度以及油的燃烧线速度有关。

(3)固体燃烧的特点

固体可燃物由于其分子结构的复杂性、物理性质的不同，其燃烧方式也不相同。主要有下列四种。

① 蒸发燃烧

可熔化的可燃性固体受热升华或熔化后蒸发，产生可燃气体进而发生的有焰燃烧，称为蒸发燃烧。发生蒸发燃烧的固体，在燃烧前受热只发生相变，而成分不发生变化。一旦火焰稳定下来，火焰传热给蒸发表面，促使固体不断蒸发或升华燃烧，直至燃尽为止。分子晶体、挥发性金属晶体和有些低熔点的无定形固体的燃烧，如石蜡、松香、硫、钾、磷、沥青和热塑性高分子材料等燃烧，均为蒸发燃烧。燃烧过程总保持边熔化、边蒸发、边燃烧形式，固体有蒸发面的部分都会有火焰出现，燃烧速度较快。钾、钠、镁等之所以称为挥发金属，因其燃烧属蒸发式燃烧，而生成白色浓烟是挥发金属蒸发式燃烧的特征。

② 分解燃烧

分子结构复杂的固体可燃物，在受热后分解出其组成成分及与加热温度相应的热分解产物，这些分解产物再氧化燃烧，称为分解燃烧。如木材、纸张、棉、麻、毛、丝以及合成高分子的热固性塑料、合成橡胶等燃烧。煤、木材、纸张、棉花、农副产品等成分复杂的固体有机物，受热不发生整体相变，而是分解释放出可燃气体，燃烧产生明亮的火焰，火焰的热量又促使固体未燃部分的分解和均相燃烧。当固体完全分解且析出可燃气体全部烧尽后，留下的碳质固体残渣才开始无火焰的表面燃烧。

塑料、橡胶、化纤等高聚物，是由许多重复的较小结构单位(链节)所组成的大分子。绝大多数高分子材料都是易燃的，而且大部分发生分解式燃烧，燃烧放出的热量很大。一般说来，高聚物的燃烧过程包括受热软化熔融、解聚分解、氧化燃烧。分解产物随分解时的温度、氧浓度及高聚物本身的组成和结构不同而异。所有高聚物在分解过程中都会产生可燃气体，分解产生的较大分子会随燃烧温度的提高进一步蒸发热解或不完全燃烧。高聚物在火灾的高温下边熔化，边分解，边呈有焰均相燃烧，燃着的熔滴可把火焰从一个区域扩展到另一个区域，从而促使火热蔓延发展。

③ 表面燃烧

可燃物受热不发生热分解和相变，可燃物质在被加热的表面上吸附氧，从表面开始呈余烬的燃烧状态叫表面燃烧(也叫无火焰的非均相燃烧)。

这类燃烧的典型例子，如焦炭、木炭和不挥发金属等燃烧。表面燃烧速度取决于氧气扩散到固体表面的速度，并受表面上化学反应速度的影响。焦炭、木炭为多孔性结构的简单固体，即使在高温下也不会熔融、升华或分解产生可燃气体。氧扩散到固体物质的表面，被高温表面吸附，发生气固非均相燃烧，反应的产物从固体表面解吸扩散，带着热量离开固体表面。整个燃烧过程中固体表面呈高温炽热发光而无火焰，燃烧速度小于蒸发速度。铝、铁等不挥发金属的燃烧也为表面燃烧。不挥发金属的氧化物熔点低于该金属的沸点。燃烧的高温尚未达到金属沸点且无大量高热金属蒸气产生时，其表面的氧化物层已熔化退去，使金属直接与氧气接触，发生无火焰的表面燃烧。由于金属氧化物的熔化消耗了一部分热量，减缓了金属被氧化，致使燃烧速度不快，固体表面呈炽热发光。这类金属在粉末状、气熔胶状、刨花状时，燃烧进行得很激烈，且无烟生成。

④ 阴燃

阴燃是指物质无可见光的缓慢燃烧，通常产生烟和温度升高的迹象。这种燃烧看不见火苗，可持续数天甚至数十天，不易发现。

1.3.3　灭火的基本措施

按照燃烧原理，一切灭火方法的原理是将灭火剂直接喷射到燃烧的物体上。或者将灭火剂喷洒在火源附近的物质上，使其不因火焰热辐射作用而形成新的火点。

1. 冷却灭火法

这种灭火法的原理是将灭火剂直接喷射到燃烧的物体上，以降低燃烧的温度于燃点之下，使燃烧停止。或者将灭火剂喷洒在火源附近的物质上，使其不因火焰热辐射作用而形成新的火点。冷却灭火法是灭火的一种主要方法，常用水和二氧化碳作灭火剂冷却降温灭火。灭火剂在灭火过程中不参与燃烧过程中的化学反应。这种方法属于物理灭火方法。

2. 隔离灭火法

隔离灭火法是将正在燃烧的物质和周围未燃烧的可燃物质隔离或移开，中断可燃物质的供给，使燃烧因缺少可燃物而停止。具体方法：

(1)把火源附近的可燃、易燃、易爆和助燃物品搬走；

(2)关闭可燃气体、液体管道的阀门,以减少和阻止可燃物质进入燃烧区;

(3)设法阻拦流散的易燃、可燃液体;

(4)拆除与火源相毗连的易燃建筑物,形成防止火势蔓延的空间地带。

3. 窒息灭火法

窒息灭火法是阻止空气流入燃烧区、用不燃烧区或用不燃物质冲淡空气,使燃烧物得不到足够的氧气而熄灭的灭火方法。具体方法:

(1)用沙土、水泥、湿麻袋、湿棉被等不燃或难燃物质覆盖燃烧物;

(2)喷洒雾状水、干粉、泡沫等灭火剂覆盖燃烧物;

(3)用水蒸气或氮气、二氧化碳等惰性气体灌注发生火灾的容器、设备;

(4)密闭起火建筑、设备和孔洞;

(5)把不燃的气体或不燃液体(如二氧化碳、氮气、四氯化碳等)喷洒到燃烧物区域内或燃烧物上。

1.4 高层建筑的总平面布局与平面布局

建筑总平面布局和平面布局不仅影响到周围的环境和人们的生活,而且对建筑自身及相邻建筑物的使用功能和安全都有较大的影响,是建筑消防设计的一个重要内容。

1.4.1 建筑消防安全布局

建筑的总平面布局应满足城市规划和消防安全的要求。一般要根据建筑物的使用性质、生产经营规模、建筑高度、体量及火灾危险性等,合理确定其建筑位置、防火间距、消防车道和消防水源等。

1. 建筑选址

(1)周围环境

各类建筑在规划建设时,要考虑周围环境的相互影响。特别是工厂、仓库选址时,既要考虑本单位的安全,又要考虑邻近的企业和居民的安全,生产、储存和装卸易燃易爆危险物品的工厂、仓库和专用车站、码头,必须设置在城市的边缘或者相对独立的安全地带。易燃易爆气体和液体的充装站、供应站、调压站,应当设置在合理的位置,符合防火防爆要求。

(2)地势条件

建筑选址时,还要充分考虑和利用自然地形、地势条件。甲、乙、丙类液体的仓库,宜布置在地势较低的地方,以免火灾对周围环境造成威胁;若布置在地势较高处,则应采取防止液体流散的措施。乙炔站等遇水产生可燃气体容易发生火灾爆炸的企业,严禁布置在可能被水淹没的地方。生产、储存爆炸物品的企业,宜利用地形,选择多面环山、附近没有建筑的地方。

(3)主导风向

散发可燃气体、可燃蒸气和可燃粉尘的车间、装置等,宜布置在明火或散发火花地点的常年主导风向的下风或侧风向。液化石油气储罐区宜布置在本单位或本地区全年最小频率风向的上风侧，并选择通风良好的地点独立设置。易燃材料的露天堆场宜设置在天然水源充足的地方，并宜布置在本单位或本地区全年最小频率风向的上风侧。

2. 建筑总平面布局

(1)合理布置建筑

应根据各建筑物的使用性质、规模、火灾危险性以及所处的环境、地形、风向等因素，合理布置，建筑之间留有足够的防火间距，以消除或减少建筑物之间及周边环境的相互影响和火灾危害。

(2)合理划分功能区域

规模较大的企业，要根据实际需要，合理划分生产区、储存区(包括露天储存区)、生产辅助设施区、行政办公和生活福利区等。同一企业内，若有不同火灾危险的生产建筑，则应尽量将火灾危险性相同的或相近的建筑集中布置，以利于采取防火防爆措施，便于安全管理。易燃易爆的工厂、仓库的生产区和储存区内不得修建办公楼、宿舍等民用建筑。

3. 建筑防火间距是一座建筑物着火后，火灾不会蔓延到相邻建筑物的空间间隔，它是针对相邻建筑间设置的，建筑物起火后，其内部的火势在热对流和热辐射作用下迅速扩大，在建筑物外部则因强烈的热辐射作用对周围建筑物构成威胁。火场辐射热的强度取决于火灾规模的大小、持续时间的长短，与邻近建筑物的距离及风速、风向等因素。通过对建筑物进行合理布局和设置防火间距，防止火灾在相邻的建筑物之间相互蔓延，合理利用和节约土地，并为人员疏散、消防人员的救援和灭火提供条件，减少失火建筑对相邻建筑及其使用者强烈的辐射和烟气的影响。

(1)防火间距的确定原则

影响防火间距的因素很多，火灾时建筑物可能产生的热辐射强度是确定防火间距应考虑的主要因素。热辐射强度与消防扑救力量、火灾延续时间、可燃烧的性质和数量、相对外墙开口面积的大小、建筑物的长度和高度以及气象条件等有关，但实际工程中不可能都一一考虑。防火间距主要是根据当前消防扑救力量，结合火灾实例和消防灭火的实际经验确定的。

(2)防止火灾蔓延

根据火灾发生后产生的辐射热对相邻建筑的影响，一般不考虑飞火、风速等因素。火灾实例表明，一、二级耐火等级的低层建筑，保持6～10m的防火间距，在有消防队进行扑救的情况下，一般不会蔓延到相邻建筑物。根据建筑的实际情形，将一、二级耐火等级多层建筑之间的防火间距定为6m。其他三、四级耐火等级的民用建筑之间的防火间距，因耐火等级低，受热辐射作用易着火而致火势蔓延，所以防火间距在一、二级耐火等级建筑的要求基础上有所增加。

(3)保障灭火救援场地需要

防火间距还应满足消防车的最大工作回转半径和扑救场地的需要。建筑物高度不同，需使用的消防车不同，操作场地也就不同。对低层建筑，使用普通消防车即可；而对高层建筑，则还要使用曲臂、云梯等登高消防车。考虑到扑救高层建筑需要使用曲臂车、云梯登高消防车等车辆，为满足消防车辆通行、停靠、操作的需要，结合实践经验，规定一、二级耐火等级高层建筑之间的防火间距不应小于 13m。

(4)节约土地资源

确定建筑之间的防火间距，既要综合考虑防止火灾向邻近建筑蔓延扩大和灭火救援的需要，同时也要考虑节约用地的因素。如果设定的防火间距过大，会造成土地资源的浪费。

(5)防火间距的计算

防火间距应按相邻建筑物外墙的最近距离计算，如外墙有凸出的可燃构件，则应从其凸出部分外缘算起，如为储罐或堆场，则应从储罐外壁或堆场的堆垛外缘算起。

① 厂房的防火间距

厂房之间及其与乙、丙、丁、戊类仓库、民用建筑等之间的防火间距不应小于表 1－4 的规定。

表 1－4 厂房之间及其与乙、丙、丁、戊类仓库、民用建筑等之间的防火间距(m)

<table>
<tr><th colspan="3" rowspan="3">名　称</th><th>甲类厂房</th><th colspan="3">乙类厂房(仓库)</th><th colspan="4">丙、丁、戊类厂房(仓库)</th><th colspan="5">民用建筑</th></tr>
<tr><th>单、多层</th><th colspan="2">单、多层</th><th>高层</th><th colspan="3">单、多层</th><th>高层</th><th colspan="3">裙房、单、多层</th><th colspan="2">高层</th></tr>
<tr><th>一、二级</th><th>一、二级</th><th>三级</th><th>一、二级</th><th>一、二级</th><th>三级</th><th>四级</th><th>一、二级</th><th>一、二级</th><th>三级</th><th>四级</th><th>一类</th><th>二类</th></tr>
<tr><td>甲类厂房</td><td>单、多层</td><td>一、二级</td><td>12</td><td>12</td><td>14</td><td>13</td><td>12</td><td>14</td><td>16</td><td>13</td><td colspan="3" rowspan="4">25</td><td colspan="2" rowspan="4">50</td></tr>
<tr><td rowspan="3">乙类厂房</td><td rowspan="2">单、多层</td><td>一、二级</td><td>12</td><td>10</td><td>12</td><td>13</td><td></td><td>12</td><td>14</td><td>13</td></tr>
<tr><td>三级</td><td>14</td><td>12</td><td>14</td><td>15</td><td>12</td><td>14</td><td>16</td><td>15</td></tr>
<tr><td>高层</td><td>一、二级</td><td>13</td><td>13</td><td>15</td><td>13</td><td>13</td><td>15</td><td>17</td><td>13</td></tr>
<tr><td rowspan="4">丙类厂房</td><td rowspan="3">单、多层</td><td>一、二级</td><td>12</td><td>10</td><td>12</td><td>13</td><td>10</td><td>12</td><td>14</td><td>13</td><td>10</td><td>12</td><td>14</td><td>20</td><td>15</td></tr>
<tr><td>三级</td><td>14</td><td>12</td><td>14</td><td>15</td><td>12</td><td>14</td><td>16</td><td>15</td><td>12</td><td>14</td><td>16</td><td rowspan="2">25</td><td rowspan="2">20</td></tr>
<tr><td>四级</td><td>16</td><td>14</td><td>16</td><td>17</td><td>14</td><td>16</td><td>18</td><td>17</td><td>14</td><td>16</td><td>18</td></tr>
<tr><td>高层</td><td>一、二级</td><td>13</td><td>13</td><td>15</td><td>13</td><td>13</td><td>15</td><td>17</td><td>13</td><td>13</td><td>15</td><td>17</td><td>20</td><td>16</td></tr>
<tr><td rowspan="4">丁、戊类厂房</td><td rowspan="3">单、多层</td><td>一、二级</td><td>12</td><td>10</td><td>12</td><td>13</td><td>10</td><td>12</td><td>14</td><td>15</td><td>10</td><td>12</td><td>14</td><td>15</td><td>13</td></tr>
<tr><td>三级</td><td>14</td><td>12</td><td>14</td><td>15</td><td>12</td><td>14</td><td>16</td><td>15</td><td>12</td><td>14</td><td>16</td><td rowspan="2">18</td><td rowspan="2">15</td></tr>
<tr><td>四级</td><td>16</td><td>14</td><td>16</td><td>17</td><td>14</td><td>16</td><td>18</td><td>17</td><td>14</td><td>16</td><td>18</td></tr>
<tr><td>高层</td><td>一、二级</td><td>13</td><td>13</td><td>15</td><td>13</td><td>15</td><td>17</td><td>17</td><td>13</td><td>13</td><td>15</td><td>17</td><td>15</td><td>13</td></tr>
<tr><td rowspan="3">室外变、配电站</td><td rowspan="3">单、多层</td><td>≥5,≤10</td><td rowspan="3">25</td><td rowspan="3">25</td><td rowspan="3">25</td><td rowspan="3">25</td><td>12</td><td>15</td><td>20</td><td>12</td><td>20</td><td>20</td><td>25</td><td colspan="2">20</td></tr>
<tr><td>>10,≤50</td><td>15</td><td>20</td><td>25</td><td>15</td><td>20</td><td>25</td><td>30</td><td colspan="2">25</td></tr>
<tr><td>>50</td><td>20</td><td>25</td><td>30</td><td>120</td><td>25</td><td>30</td><td>35</td><td colspan="2">30</td></tr>
</table>

在执行上表时应注意以下六点：

一是乙类厂房与重要公共建筑的防火间距不宜小于 50m；与明火或散发火花地点，不宜小于 30m。单、多层戊类厂房之间及与戊类仓库的防火间距可按本表的规定减少 2m，与民用建筑的防火间距可按《建筑设计防火规范》相应条款的规定执行。为丙、丁、戊类厂房服务而单独设置的生活用房应按民用建筑确定，与所属厂房的防火间距不应小于 6m。

二是两座厂房相邻较高一面外墙为防火墙时，其防火间距不限，但甲类厂房之间不应小于 4m。两座丙、丁、戊类厂房相邻两面外墙均为不燃性墙体，当无外露的可燃性屋檐，每面外墙上的门、窗、洞口面积之和各不大于该外墙面积的 5%，且门、窗、洞口不正对开设时，其防火间距可按表 1-4 的规定减少 25%（参见图 1-3）。

三是两座一、二级耐火等级的厂房，当相邻较低一面外墙为防火墙且较低时，一座厂房的屋顶耐火极限不低于 1.00h，当相邻较高一面外墙的门、窗等开口部位设置甲级防火门、防火窗、防火分隔水幕或按规范规定设置防火卷帘时，甲、乙类厂房之间的防火间距不应小于 6m；丙、丁、戊类厂房之间的防火间距不应小于 4m。

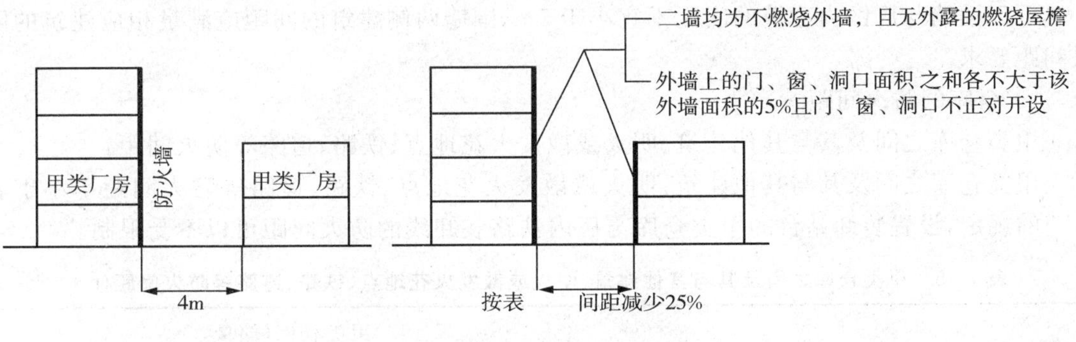

图 1-3　防火间距

四是发电厂内的主变压器，其油量可按单台确定。

五是耐火等级低于四级的既有厂房，其耐火等级可按四级确定。

六是当丙、丁、戊类厂房与丙、丁、戊类仓库相邻时，应符合以上规定。

甲类厂房与重要公共建筑、明火或散发火花地点之间的防火间距：

一是甲类厂房与重要公共建筑的防火间距不应小于 50m，与明火或散发火花地点的防火间距不应小于 30m。

二是厂房外附设有化学易燃物品设备的防火间距。

三是厂房外附设化学易燃物品的设备时，其室外设备外壁与相邻厂房室外附设设备的外壁或相邻厂房外墙的防火间距，不应小于表 1-4 的规定。用不燃材料制作的室外设备，可按一、二级耐火等级建筑确定。

厂区围墙与厂内建筑之间的防火间距：

一是厂区围墙与厂区内建筑的间距不宜小于 5m，围墙两侧建筑的间距应满足相应建筑的防火间距要求。

二是两座一、二级耐火等级的厂房，当相邻较低一面外墙为防火墙且较低时，一座厂房的屋顶耐火极限不低于 1.00h，当相邻较高一面外墙的门、窗等开口部位设置甲级防火门、防火窗或防火分隔水幕或按规范规定设置防火卷帘时，甲、乙类厂房之间的防火间距不应小于 6m；丙、丁、戊类厂房之间的防火间距不应小于 4m。

三是发电厂内的主变压器，其油量可按单台确定。

四是耐火等级低于四级的既有厂房，其耐火等级可按四级确定。

五是当丙、丁、戊类厂房与丙、丁、戊类仓库相邻时，应符合以上规定。

甲类厂房与重要公共建筑、明火或散发火花地点之间的防火间距：

甲类厂房与重要公共建筑的防火间距不应小于50m，与明火或散发火花地点的防火间距不应小于30m。

厂房外附设有化学易燃物品设备的防火间距：

厂房外附设化学易燃物品的设备时，其室外设备外壁与相邻厂房室外附设设备的外壁或相邻厂房外墙的防火间距，不应小于表1-4的规定。用不燃材料制作的室外设备，可按一、二级耐火等级建筑确定。

厂区围墙与厂内建筑之间的防火间距：

厂区围墙与厂区内建筑的间距不宜小于5m，围墙两侧建筑的间距应满足相应建筑的防火间距要求。

② 仓库的防火间距

甲类仓库之间及其与其他建筑、明火或散发火花地点、铁路、道路等防火间距：

甲类仓库之间及其与其他建筑、明火或散发火花地点、铁路、道路等防火间距不小于表1-5的规定，设置装卸站台的甲类仓库与厂内铁路装卸线的防火间距可以不受限制。

表1-5 甲类仓库之间及其与其他建筑、明火或散发火花地点、铁路、道路等防火间距(m)

名称		甲类仓库(储量，t)			
		甲类储存物品第3、4项		甲类储存物品第1、2、5、6项	
		≤5	>5	≤10	>10
高层民用建筑，重要公共建筑		50			
裙房、其他民用建筑、明火或散发火花地点		50	20	20	30
甲类仓库		20	20	20	20
厂房和乙、丙、丁、戊类仓库	一、二级	15	20	12	15
	三级	20	25	15	20
	四级	25	30	20	25
电力系统电压为55～500kV且每台变压器容量不小于10MV·A的室外变、配电站。工业企业的变压器油量大于5t的室外降压变电站		30	40	25	30
厂外铁路线中心线		40			
厂外铁路线中心线		30			
厂外铁道路路边		20			
厂内道路路边	主要	10			
	次要	5			

注：甲类仓库之间的防火间距，当第3、4项物品储量不大于2t，第1、2、5、6项物品储量不大于5t时，不应小于12m，甲类仓库与高层仓库的防火间距不应小于13m。

乙、丙、丁、戊类仓库之间及其与民用建筑之间的防火间距：

乙、丙、丁、戊类仓库之间及其与民用建筑之间的防火间距，不应小于表 1－6 的规定。

表 1－6　乙、丙、丁、戊类仓库之间及与民用建筑的防火间距(m)

名称			乙类仓库			丙类仓库				丁、戊类仓库			
			单、多层		高层	单、多层			高层	单、多层			高层
			一、二级	三级	一、二级	一、二级	三级	四级	一、二级	一、二级	三级	四级	一、二级
乙、丙、丁、戊类仓库	单、多层	一、二级	10	12	13	10	12	14	13	10	12	14	13
		三级	12	14	15	12	14	16	15	12	14	16	15
		四级	14	16	17	14	16	18	17	14	16	18	17
	高层	一、二级	13	15	13	13	15	17	13	13	15	17	13
民用建筑	裙房、单、多层	一、二级	25			10	12	14	13	10	12	14	13
		三级	25			12	14	16	15	12	14	16	15
		四级	25			14	16	18	17	14	16	18	17
	高层	一类	50			20	25	25	20	15	18	18	15
		二类	50			15	20	20	15	15	15	15	13

执行上表时应注意以下几点：

a. 单层、多层戊类仓库之间的防火间距，可按本表减少 2m。

b. 两座仓库的相邻外墙均为防火墙时，防火间距可以减小，但丙类不应小于 6m；丁、戊类，不应小于 4m。两座仓库相邻较高一面外墙为防火墙，且总占地面积不大于规范一座仓库的最大允许占地面积规定时，其防火间距不限。

c. 除乙类第 6 项物品外的乙类仓库，与民用建筑之间的防火间距不宜小于 25m，与重要公共建筑的防火间距不应小于 50m，与铁路、道路等的防火间距不宜小于表 1－5 中甲类仓库与铁路、道路等的防火间距。

③ 民用建筑的防火间距

民用建筑之间的防火间距不应小于表 1－7 及图 1－4 的规定，与其他建筑的防火间距，除应符合本节的规定外，尚应符合规范的相关规定。

表 1－7　民用建筑之间的防火间距(m)

建筑类别		高层民用建筑	裙房和其他民用建筑		
		一、二级	一、二级	三级	四级
高层民用建筑	一、二级	13	9	11	14
裙房和其他民用建筑	一、二级	9	6	7	9
	三级	11	7	8	10
	四级	14	9	10	12

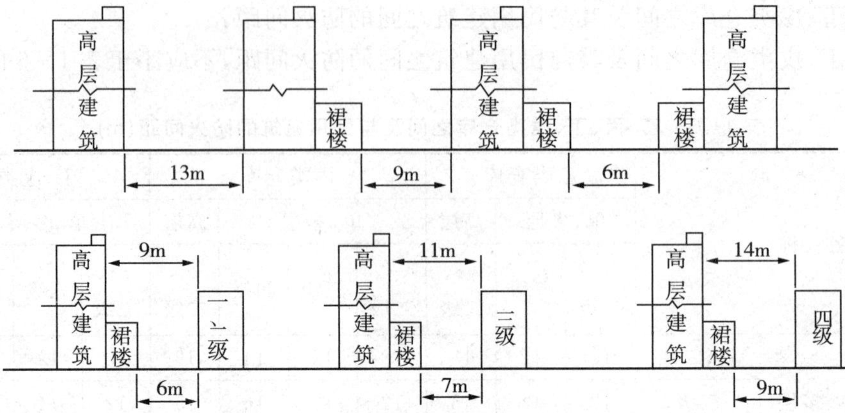

图 1-4　高层民用建筑防火间距示意

在执行上表的规定时，应注意以下六点：

a. 相邻两座单、多层建筑，当相邻外墙为不燃性墙体且无外露的可燃性屋檐，每面外墙上无防火保护的门、窗、洞口不正对开设且面积之和不大于该外墙面积的 5%时，其防火间距可按本表规定减少 25%。

b. 两座建筑相邻较高一面外墙为防火墙，或高出相邻较低一座一、二级耐火等级建筑的屋面 15m 及以下范围内的外墙为防火墙时，其防火间距可不限。

c. 相邻两座高度相同的一、二级耐火等级建筑中相邻任一侧外墙为防火墙时，其防火间距可不限，如图 1-5 所示。

d. 相邻两座建筑中较低一座建筑的耐火等级不低于二级，屋面板的耐火极限不低于 1.00h，屋顶无天窗且相邻较低一面外墙为防火墙时，其防火间距不应小于 3.5m；对于高层建筑，不应小于 4m。

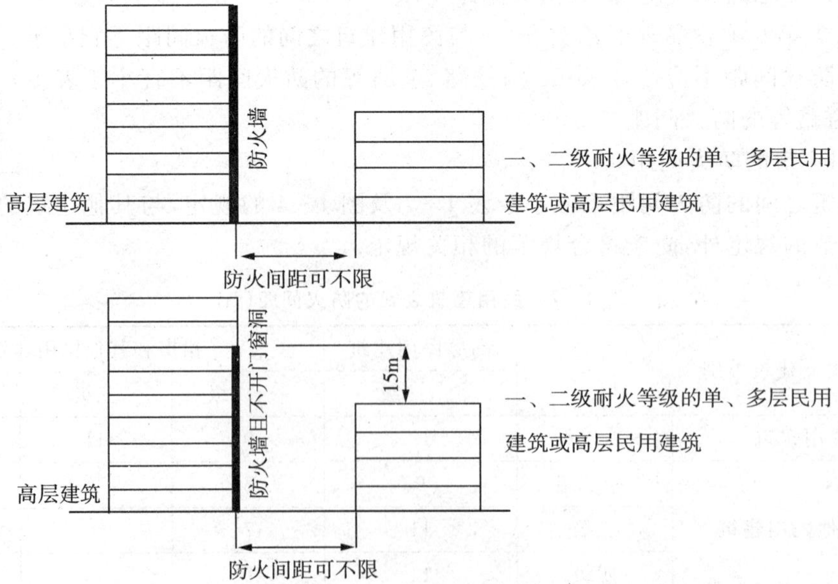

图 1-5　当较高一面外墙为防火墙时防火间距示意

e. 相邻两座建筑中较低一座建筑的耐火等级不低于二级且屋顶无天窗，相邻较高一面外墙高出较低一座建筑的屋面 15m 及以下范围内的开口部位设置甲级防火门、窗，或设置符合现行国家标准《自动喷水灭火系统设计规范》GB 50084 规定的防火分隔水幕或规范规定的防火卷帘时，其防火间距不应小于 3.5m；对于高层建筑，不应小于 4m。

f. 相邻建筑通过底部的建筑物、连廊或天桥等连接时，其间距不应小于表 1-7 中的规定。

耐火等级低于四级的既有建筑，其耐火等级可按四级确定。

建筑高度大于 100m 的民用建筑与相邻建筑的防火间距，当符合规范允许减小的条件时，仍不应减小。

4. 防火间距不足时的消防技术措施

防火间距由于场地等原因，难于满足国家有关消防技术规范的要求时，可根据建筑物的实际情况，采取以下补救措施：

① 改变建筑物的生产和使用性质，尽量降低建筑物的火灾危险性，改变房屋部分结构的耐火性能，提高建筑物的耐火等级。

② 调整生产厂房的部分工艺流程，限制库房内储存物品的数量，提高部分构件的耐火极限和燃烧性能。

③ 将建筑物的普通外墙改造为防火墙或减少相邻建筑的开口面积，如开设门窗，应采用防火门窗或加防火水幕保护。

④ 拆除部分耐火等级低、占地面积小、使用价值低且与新建筑物相邻的原有陈旧建筑物。

⑤ 设置独立的室外防火墙。在设置防火墙时，应兼顾通风排烟和破拆扑救，切忌盲目设置，顾此失彼。

1.4.2　建筑平面布置

一个建筑在修建时，除了要考虑城市的规划和在城市中的设置位置外，单体建筑内，在考虑满足功能需求的划分外，还应根据某些重点区域的火灾危险性、使用性质、人员密集场所人员快捷疏散和消防成功扑救等因素，对建筑物内部空间进行合理布置，以防止火灾和烟气在建筑内部蔓延扩大，确保火灾时的人员生命安全，减少财产损失。

1. 布置原则

(1)建筑内部某部位着火时，能限制火灾和烟气在(或通过)建筑内部和外部的蔓延，并为人员疏散、消防人员的救援和灭火提供保护。

(2)建筑物内部某处发生火灾时，能减少对邻近(上下层、水平相邻空间)分隔区域受到强辐射热和烟气的影响。

(3)消防人员能方便进行救援、利用灭火设施进行作战活动。

(4)有火灾或爆炸危险的建筑设备设置部位，能防止对人员和贵重设备造成影响或危害。或采取措施防止发生火灾或爆炸，及时控制灾害的蔓延扩大。

2. 设备用房布置

由于建筑规模的扩大、用电负荷的增加和集中供热的需要，建筑所需锅炉的蒸发量和变配电设备越来越大，但锅炉和变压器等在运行中又存在较大的危险，发生事故后的危害也较大，特别是燃油、燃气锅炉，容易发生燃烧爆炸事故。可燃油油浸电力变压器发生故障产生电弧时，将使变压器内的绝缘油迅速发生热分解，析出氢气、甲烷、乙炔等可燃气体，压力骤增，造成外壳爆裂而大面积喷油，或者析出的可燃气体与空气形成爆炸性混合物，在电弧或火花的作用下极易引起燃烧和爆炸。变压器爆炸后，火灾将随高温变压器油的流淌而蔓延，造成更大的火灾。

(1)锅炉房、变压器室布置

燃煤、燃油或燃气锅炉、油浸电力变压器、充有可燃油的高压电容器和多油开关等的用房宜独立建造。当确有困难时可贴邻民用建筑布置，但应采用防火墙隔开，且不应贴邻人员密集场所。燃油或燃气锅炉、油浸电力变压器、充有可燃油的高压电容器和多油开关等的用房受条件限制必须布置在民用建筑内时，不应布置在人员密集场所的上一层、下一层或贴邻，并应符合下列规定：

燃油和燃气锅炉房、变压器室应设置在首层或地下一层靠外墙部位，但常(负)压燃油、燃气锅炉可设置在地下二层，当常(负)压燃气锅炉距安全出口的距离大于6m时，可设置在屋顶上。

燃油锅炉应采用丙类液体作燃料。采用相对密度(与空气密度的比值)大于等于0.75的可燃气体为燃料的锅炉，不得设置在地下或半地下建筑(室)内。

锅炉房、变压器室的门均应直通室外或直通安全出口；外墙开口部位的上方应设置宽度不小于1m的不燃烧体防火挑檐或高度不小于1.2m的窗槛墙。

锅炉房、变压器室与其他部位之间应采用耐火极限不低于2.00h的不燃烧体隔墙和1.50h的不燃烧体楼板隔开。在隔墙和楼板上不应开设洞口，当必须在隔墙上开设门窗时，应设置甲级防火门窗。

当锅炉房内设置储油间时，其总储存量不应大于$1m^3$，且储油间应采用防火墙与锅炉间隔开，当必须在防火墙上开门时，应设置甲级防火门。

变压器室之间、变压器室与配电室之间，应采用耐火极限不低于2.00h的不燃烧体墙隔开。

油浸电力变压器、多油开关室、高压电容器室，应设置防止油品流散的设施。油浸电力变压器下面应设置储存变压器全部油量的事故储油设施。

锅炉的容量应符合现行国家标准《锅炉房设计规范》GB 50041的有关规定。油浸电力变压器的总容量不应大于1260kV·A，单台容量不应大于630kV·A。

应设置火灾报警装置。

应设置与锅炉、油浸变压器容量和建筑规模相适应的灭火设施。

燃气锅炉房应设置防爆泄压设施，燃气、燃油锅炉房应设置独立的通风系统，并应符合《建筑设计防火规范》关于对燃油、燃气锅炉房通风要求的有关规定。

(2)柴油发电机房布置

柴油发电机房布置在民用建筑内时应符合下列规定：

① 宜布置在建筑物的首层及地下一、二层，不应布置在地下三层及以下，柴油发电机应采用丙类柴油作燃料。

② 应采用耐火极限不低于 2.00h 的不燃烧体隔墙和 1.50h 的不燃烧体楼板与其他部位隔开，门应采用甲级防火门。

③ 机房内应设置储油间，其总储存量不应大于 8h 的需要量，且储油间应采用防火墙与发电机间隔开；当必须在防火墙上开门时，应设置甲级防火门。

④ 应设置火灾报警装置。

⑤ 应设置与柴油发电机容量和建筑规模相适应的灭火设施。

(3)消防控制室布置

消防控制室是建筑物内防火、灭火设施的显示控制中心，是扑救火灾的指挥中心，是保障建筑物安全的要害部位之一，应设在交通方便和发生火灾后不易延烧的部位。其设置应符合下列规定：

单独建造的消防控制室，其耐火等级不应低于二级。

附设在建筑物内的消防控制室，宜设置在建筑物内首层的靠外墙部位，亦可设置在建筑物的地下一层，应采用耐火极限不低于 2.00h 的隔墙和 1.50h 的楼板与其他部位隔开，并应设置直通室外的安全出口。

严禁与消防控制室无关的电气线路和管路穿过。

不应设置在电磁场干扰较强及其他可能影响消防控制设备工作的设备用房附近。

(4)消防设备用房布置

附设在建筑物内的消防设备用房，如固定灭火系统的设备室、消防水泵房、通风空气调节机房、防排烟机房等，应采用耐火极限不低于 2.00h 的隔墙和 1.50h 的楼板与其他部位隔开。独立建造的消防水泵房，其耐火等级不应低于二级，附设在建筑内的消防水泵房，不应设置在地下三层及以下或地下室内地面与室外出入口地坪高差大于 10m 的楼层，消防水泵房设置在首层时，其疏散门宜直通室外，设置在地下层或楼层上时，其疏散门应靠近安全出口。消防水泵房的门应采用甲级防火门；电梯机房应与普通电梯机房之间采用耐火极限不低于 2.00h 的隔墙分开，如开门，应设甲级防火门。

3. 人员密集场所布置

(1)观众厅、会议厅、多功能厅

高层建筑内的观众厅、会议厅、多功能厅等人员密集场所，应设在首层或二、三层；当必须设在其他楼层时，应符合下列规定：

一个厅、室的建筑面积不宜超过 $400m^2$。

一个厅、室的安全出口不应少于两个。

必须设置火灾自动报警系统和自动喷水灭火系统。

幕布和窗帘应采用经阻燃处理的织物。

(2)歌舞娱乐放映游艺场所

歌舞厅、卡拉 OK 厅(含具有卡拉 OK 功能的餐厅)、夜总会、录像厅、放映厅、桑拿浴室(除洗浴部分外)、游艺厅(含电子游艺厅)、网吧等歌舞娱乐放映游艺场所(以下简称歌舞娱乐放映游艺场所)，应布置在建筑的首层或二、三层，宜靠外墙设置，不应布置在袋形走道的两侧和尽端，面积按厅室建筑面积计算，这里的“一个厅、室”是指歌舞娱乐放映游艺场所中一个相互分隔的独立单元。并应采用耐火极限不低于 2.00h 的隔墙和 1.00h 的楼板与其他场所隔开，当墙上必须开门时应设置不低于乙级的防火门。当必须设置在其他楼层时，尚应符合下列规定：

不应设置在地下二层及二层以下，设置在地下一层时，地下一层地面与室外出入口地坪的高差不应大于10m。

一个厅、室的建筑面积不应超过200m^2。

一个厅、室的出口不应少于两个，当一个厅、室的建筑面积小于50m^2，可设置一个出口。

应设置火灾自动报警系统和自动喷水灭火系统及防烟、排烟设施等。

(3)电影院、剧场、礼堂

电影院、剧场等不宜设置在住宅楼、仓库、古建筑内。

一、二级耐火等级的建筑内设置的电影院，应设在商场、市场、购物广场等建筑内，利用这些建筑中的餐饮、购物、休闲等设施相互促进，从而使双方获得好的经济效益。但是，由于影院与商场的作息时间不同，因此，特别规定，综合建筑内设置的电影院应设置在独立的竖向交通附近，并应有人员集散空间，应有单独出入口通向室外，同时应设置明显标志。目前这种形式的电影院，已经与传统意义上的影院有了很大的差异。设置在三层以上时，其设计一般要求参照设在四层以上的会议厅、多功能厅的要求来设计。

当电影院、剧场、礼堂设置在三级耐火等级的建筑内时，应设置在首层、二层；当设置在四级耐火等级的建筑内时，应设置在首层。

4. 特殊场所布置

(1)老年人建筑及儿童活动场所

老年人及儿童行动不便，缺乏必要的自理能力，易造成严重伤害，火灾时无法进行适当的自救和安全逃生，一般均需依靠成年人的帮助来实现逃生。因此老年人建筑及托儿所、幼儿园的儿童用房、儿童游乐厅等儿童活动场所宜设置在独立的建筑内。当在一、二级耐火等级的多层和高层建筑内设置时，应设置在建筑物的首层或二、三层；当设置在三级耐火等级的建筑内时，应设置在首层及二层；当设置在四级耐火等级的建筑内时，应设置在首层。并均宜设置独立的出口。

(2)医院的病房

对于设置在人防工程中的医院病房，不应设置在地下二层及以下层，当设置在地下一层时，室内地面与室外出入口地坪高差不应大于10m。

人防工程内设置的病房，应划分独立的防火分区，且疏散楼梯不得与其他防火分区的疏散楼梯共用。

当病房设置在三级耐火等级的建筑内时，应设置在首层、二层；当设置在四级耐火等级的建筑内时，应设置在首层。

5. 工业建筑附属用房布置

(1)办公室、休息室

办公室、休息室等不应设置在甲、乙类厂房内，当必须与本厂房贴邻建造时，其耐火等级不应低于二级，并应采用耐火极限不低于3.00h的不燃烧体防爆墙隔开和设置独立的安全出口。

在丙类厂房内设置的办公室、休息室，应采用耐火极限不低于2.50h的不燃烧体隔墙和1.00h的楼板与厂房隔开，并应至少设置1个独立的安全出口。如隔墙上需开设相互连通的门时，应采用乙级防火门。

甲、乙类仓库内严禁设置办公室、休息室等，并不应贴邻建造。

在丙、丁类仓库内设置的办公室、休息室，应采用耐火极限不低于 2.50h 的不燃烧体隔墙和 1.00h 的楼板与库房隔开，并应设置独立的安全出口。如隔墙上需开设相互连通的门时，应采用乙级防火门。

(2)液体中间储罐

厂房中的丙类液体中间储罐应设置在单独房间内，其容积不应大于 $1m^3$。设置该中间储罐的房间，其围护构件的耐火极限不应低于二级耐火等级建筑的相应要求，房间的门应采用甲级防火门。

(3)附属仓库

厂房内设置不超过一昼夜需要量的甲、乙类中间仓库时，中间仓库应靠外墙布置，并应采用防火墙和耐火极限不低于 1.50h 的不燃烧体楼板与其他部分隔开。

厂房内设置丙类仓库时，必须采用防火墙和耐火极限不低于 1.50h 的楼板与厂房隔开，设置丁、戊类仓库时，必须采用耐火极限不低于 2.50h 的不燃烧体隔墙和 1.00h 的楼板与厂房隔开。

1.5　防火防烟分区规范

了解防火分区面积划分应考虑的因素和常用的防火分区分隔构件，熟悉各类建筑防火分区面积要求和典型特殊功能区域的防火分隔要求，掌握防火分区、防烟分区的概念，掌握防火墙、防火卷帘、防火门、防火阀、挡烟垂壁的概念及设置要求。

建筑物内某处失火时，火灾会通过对流热、辐射热和传导热向周围区域传播。建筑物内空间面积大，则发生火灾时燃烧面积大、蔓延扩展快，火灾损失也大。所以，有效地阻止火灾在建筑物的水平及垂直方向蔓延，将火灾限制在一定范围之内是十分必要的。在建筑物内划分防火分区，可有效地控制火势的蔓延，有利于人员安全疏散和扑救火灾，从而达到减少火灾损失的目的。

防火分区是指采用具有较高耐火极限的墙和楼板等构件作为一个区域的边界构件划分出来的，能在一定时间内阻止火势向同一建筑的其他区域蔓延的防火单元。防火分区的面积大小应根据建筑物的使用性质、高度、火灾危险性、消防扑救能力等因素确定。不同类别的建筑其防火分区的划分有不同的标准。

1.5.1　厂房的防火分区

根据不同的生产火灾危险性类别，合理确定厂房的层数和建筑面积，可以有效防止火灾蔓延扩大，减少损失。

1. 厂房的防火分区

甲类生产具有易燃、易爆的特性，容易发生火灾和爆炸并产生救援困难，如层数多则更难扑救，严重者还会对结构产生严重破坏。因此，甲类厂房除因生产工艺需要外，应尽量采用单层建筑。

为适应生产需要建设大面积厂房和布置连续生产线工艺时，防火分区采用防火墙分隔比较困难。对此，除甲类厂房外，规范允许采用防火分隔水幕或防火卷帘等进行分隔。厂房的防火分区面积应根据其生产的火灾危险性类别、厂房的层数和厂房的耐火等级等因素确定。各类厂房的防火分区面积应符合表 1－8 的要求。

表 1－8　厂房的层数和每个防火分区的最大允许建筑面

生产的火灾危险性类别	厂房的耐火等级	最多允许层数	每个防火分区的最大允许建筑面积(m^2)			
			单层厂房	多层厂房	高层厂房	地下或半地下厂房（包括地下或半地下室）
甲	一级	直采用单层	4000	3000	—	—
	二级		3000	2000	—	—
乙	一级	不限	5000	4000	2000	—
	二级	6	4000	3000	1500	—
丙	一级	不限	不限	6000	3000	500
	二级	不限	8000	4000	2500	500
	三级	2	3000	2000	—	—
丁	一、二级	不限	不限	不限	4000	1000
	三级	3	4000	2000	—	—
	四级	1	1000	—	—	—
戊	一、二级	不限	不限	不限	6000	1000
	三级	3	5000	3000	—	—
	四级	1	1500	—	—	—

对于一些特殊的工业建筑，防火分区的面积可适当扩大，但必须满足规范规定的相关要求。厂房内的操作平台、检修平台，当使用人数少于 10 人时，平台的面积可不计入所在防火分区的建筑面积内。自动灭火系统能及时控制和扑灭防火分区内的初起火灾，有效地控制火势蔓延。运行维护良好的自动灭火设施，能较大地提高厂房的消防安全性。因此，厂房内设置自动灭火系统时，每个防火分区的最大允许建筑面积可按表 1－8 的规定增加 1.0 倍。当丁、戊类的地上厂房内设置自动灭火系统时，每个防火分区的最大允许建筑面积不限。厂房内局部设置自动灭火系统时，其防火分区的增加面积可按该局部面积的 1.0 倍计算。

2. 仓库的防火分区

仓库物资储存比较集中，可燃物数量多，一旦发生火灾，灭火救援难度大，常造成严重经济损失。因此，除了对仓库总的占地面积进行限制外，库房防火分区之间的水平分隔必须采用防火墙分隔，不能采用其他分隔方式替代。甲、乙类物品着火后蔓延快、火势猛烈，甚至可能发生爆炸，危害大，因此甲、乙类仓库内的防火分区之间应采用不开设门、窗、洞口的防火墙分隔，且甲类仓库应采用单层结构。对于丙、丁、戊类仓库，在实际使用中确因物流等用途需要开口的部位，需采用与防火墙等效的措施，如甲级防火门、防火卷帘分隔，开口部位的宽度一般控制在不大于 6.0m，高度宜控制在 4.0m 以下，以保证该部位分隔的有效性。

设置在地下、半地下的仓库，火灾时室内气温高，烟气浓度比较高，热分解产物成分复杂、毒性大，而且威胁上部仓库的安全，因此甲、乙类仓库不应附设在建筑物的地下室和半地下室内。仓库的层数和面积应符合表 1－9 的规定。

仓库内设置自动灭火系统时，除冷库的防火分区外，每座仓库的最大允许占地面积和每个防火分区的最大允许建筑面积可按表 1－9 的规定增加 1.0 倍。

3. 民用建筑的防火分区

当建筑面积过大时，室内容纳的人员和可燃物的数量相应增大，为了减少火灾损失，对建筑物防火分区的面积按照建筑物耐火等级的不同给予相应的限制。表 1－10 给出了不同耐火等级民用建筑防火分区的最大允许建筑面积。

不同耐火等级民用建筑防火分区的最大允许建筑面积。

当建筑内设置自动灭火系统时，防火分区最大允许建筑面积可按表 1－10 的规定增加 1.0 倍；局部设置时，防火分区的增加面积可按该局部面积的 1.0 倍计算。裙房与高层建筑主体之间设置防火墙时，裙房的防火分区可按单、多层建筑的要求确定。

表 1－9　仓库的层数和面积

储存物品的火灾危险性类别		仓库的耐火等级	最多允许层数	每座仓库的允许占地面积和每个防火分区的最大允许建筑面积（m^2）						
				单层仓库		多层仓库		高层仓库		地下或半地下仓库（包括地下或半地下室）
				每座仓库	防火分区	每座仓库	防火分区	每座仓库	防火分区	防火分区
甲	3、4 项	一级	1	180	60	—	—	—	—	—
	1、2、5、6 项	一、二级	1	750	250	—	—	—	—	—
乙	1、3、4 项	一、二级	3	2000	500	900	300	—	—	—
		三级	1	500	250	—	—	—	—	—
	2、5、6 项	一、二级	5	2800	700	1500	500	—	—	—
		三级	1	900	500	—	—	—	—	—
丙	1 项	一、二级	5	4000	1000	2800	700	—	—	150
		三级	1	1200	400	—	—	—	—	—
	2 项	一、二级	不限	6000	1500	4800	1200	4000	1000	300
		三级	3	2100	700	1200	400	—	—	—
丁		一、二级	不限	不限	3000	不限	1500	4800	1200	500
		三级	5	3000	1000	1500	500	—	—	—
		四级	1	2100	700	—	—	—	—	—
戊		一、二级	不限	不限	不限	不限	2000	6000	1500	1000
		三级	3	3000	1000	2100	700	—	—	—
		四级	1	2100	700	—	—	—	—	—

表 1－10　不同耐火等级民用建筑防火分区的最大允许建筑面积

名称	耐火等级	防火分区的最大允许建筑面积(m^2)	备注
高层民用建筑	一、二级	1500	对于体育馆、剧场的观众厅，防火分区的最大允许建筑面积可适当增加
单、多层民用建筑	一、二级	2500	
	三级	1200	—
	四级	600	—
地下或半地下建筑(室)	一级	500	设备用房的防火分区最大允许建筑面积不应大于 $1000m^2$

一、二级耐火等级建筑内的营业厅、展览厅，当设置自动灭火系统和火灾自动报警系统并采用不燃或难燃装修材料时，每个防火分区的最大允许建筑面积可适当增加，并应符合下列规定：

设置在高层建筑内时，不应大于 $4000m^2$。

设置在单层建筑内或仅设置在多层建筑的首层内时，不应大于 $10000m^2$。

设置在地下或半地下时，不应大于 $2000m^2$。

总建筑面积大于 $20000m^2$ 的地下或半地下商业营业厅，应采用无门、窗、洞口的防火墙，耐火极限不低于 2.00h 的楼板分隔为多个建筑面积不大于 $20000m^2$ 的区域。相邻区域确需局部水平或竖向连通时，应采用符合规定的下沉式广场等室外开敞空间、防火隔间、避难走道、防烟楼梯间等方式进行连通。

4. 木结构建筑的防火分区

建筑高度不大于 18m 的住宅建筑，建筑高度不大于 24m 的办公建筑或丁、戊类厂房(库房)的房间隔墙和非承重外墙可采用木骨架组合墙体。民用建筑，丁、戊类厂房(库房)可采用木结构建筑或木结构组合建筑，其允许层数和建筑高度应符合表 1－11 的规定。木结构建筑防火墙间的允许建筑长度和每层最大允许建筑面积应符合表 1－12 的规定。

表 1－11　木骨架组合墙体的燃烧性能和耐火极限

构件名称	建筑物的耐火等级或类型				
	一级	二级	三级	木结构建筑	四级
非承重外墙	不允许	难燃性 1.25	难燃性 0.75	难燃性 0.75	无需求
房间隔墙	难燃性 1.00	难燃性 0.75	难燃性 0.50	难燃性 0.50	难燃性 0.25

当设置自动喷水灭火系统时，防火墙间的允许建筑长度和每层最大允许建筑面积可按表 1－12 的规定增加 1.0 倍；当为丁、戊类地上厂房时，防火墙间的每层最大允许建筑面积不限，体育场馆等高大空间建筑，其建筑高度和建筑面积可适当增加。

附设在木结构住宅建筑内的机动车库、发电机间、配电间、锅炉间等火灾危险性较大的场所，应采用耐火极限不低于2.00h的防火隔墙和耐火极限不低于1.00h的不燃性楼板与其他部位分隔，不宜开设与室内相通的门、窗、洞口。采用木结构的自用车库的建筑面积不宜大于60m^2。

表1-12 木结构建筑防火墙间的允许建筑长度和每层最大允许建筑面积

层数(层)	防火墙间的允许建筑长度(m)	防火墙间的每层最大允许建筑面积(m^2)
1	100	1800
2	80	900
5	60	600

5. 城市交通隧道的防火分区

隧道内的变电站、管廊、专用疏散通道、通风机房及其他辅助用房等，应采取耐火极限不低于2.00h的防火隔墙和甲级防火门等分隔措施与车行隧道分隔。隧道内附设的设备用房，占地面积大，人员较少，每个防火分区的最大允许建筑面积不应大于1500m^2。

1.5.2 防火分隔

划分防火分区时必须满足防火设计规范中规定的面积及构造要求，同时还应遵循以下原则：同一建筑物内，不同的危险区域之间、不同用户之间、办公用房和生产车间之间，应进行防火分隔处理。

作为避难通道使用的楼梯间、前室和具有避难功能的走廊，必须受到完全保护，保证其不受火灾侵害并畅通无阻。高层建筑中的各种竖向井道，如电缆井、管道井等，其本身应是独立的防火单元，应保证井道外部火灾不扩大到井道内部，井道内部火灾也不蔓延到井道外部。有特殊防火要求的建筑，在防火分区之内应设置更小的防火区域。

1. 防火分区分隔

防火分区划分的目的是采取防火措施控制火灾蔓延，减少人员伤亡和经济损失。划分防火分区，应考虑水平方向和垂直方向的划分。水平防火分区，即采用一定耐火极限的墙、楼板、门窗等防火分隔物按防火分区的面积进行分隔的空间。按垂直方向划分的防火分区也称竖向防火分区，可把火灾控制在一定的楼层范围内，防止火灾向其他楼层垂直蔓延，主要采用具有一定耐火极限的楼板做分隔构件。每个楼层可根据面积要求划分成多个防火分区，高层建筑在垂直方向应以每个楼层为单元划分防火分区，所有建筑物的地下室，在垂直方向应以每个楼层为单元划分防火分区。

2. 功能区域分隔

(1)歌舞娱乐放映游艺场所

歌舞娱乐放映游艺场所相互分隔的独立房间，如卡拉OK的每间包房、桑拿浴的每间按摩房或休息室等房间应是独立的防火分隔单元。当其布置在地下或四层及以上楼层时，一个厅、室的建筑面积不应大于200m^2，即使设置自动喷水灭火系统，面积也不能增加，以便将火灾限制在该房间内。厅、室之间及与建筑的其他部位之间，应采用耐火极限不低于2.00h

的防火隔墙和不低于 1.00h 的不燃性楼板分隔，设置在厅、室墙上的门和该场所与建筑内其他部位相通的门均应采用乙级防火门。单元之间或与其他场所之间的分隔构件上无任何门、窗、洞口。

(2)人员密集场所

观众厅、会议厅(包括宴会厅)等人员密集的厅、室布置在四层及以上楼层时，建筑面积不宜大于 $400m^2$，且应设置火灾自动报警系统和自动喷水灭火系统等自动灭火系统，幕布的燃烧性能不应低于 B1 级。剧场、电影院、礼堂设置在一、二级耐火等级的多层民用建筑内时，应采用耐火极限不低于 2.00h 均防火隔墙和甲级防火门与其他区域分隔；布置在四层及以上楼层时，一个厅、室的建筑面积不宜大于 $400m^2$；设置在三级耐火等级的建筑内时，不应布置在三层及以上楼层；设置在地下或半地下时，宜是设置在地下一层，不应设置在地下三层及以下楼层，防火分区的最大允许建筑面积不应大于 $1000m^2$；当设置自动喷水灭火系统和火灾自动报警系统时，该面积也不得增加。

(3)医院、疗养院建筑

医院、疗养院建筑指医院或疗养院内的病房楼、门诊楼、手术部、疗养楼、医技楼等直接为病人民供诊查、治疗和休养服务的建筑。病房楼内的火灾荷载大、大多数人员行动能力受限，相比办公楼等公共建筑的火灾危险性更高。因此，在按照规范要求划分防火分区后，病房楼的每个防火分区还需根据面积大小和疏散路线进一步分隔，以便将火灾控制在更小的区域内，并有效地减小烟气的危害，为人员疏散与灭火救援提供更好的条件。房楼内相邻护理单元之间应采用耐火极限不低于 2.00h 的防火隔墙分隔，隔墙门设置在走道上的防火门应采用常开防火门。

(4)住宅

住宅建筑的火灾危险性与其他功能的建筑有较大差别，需独立建造。当将住宅与其他功能场所空间组合在同一座建筑内时，需在水平竖向采取防火分隔措施，与其他部分分隔，并使各自的疏散设施相互独立、互不连通。在水平方向，应采用无门、窗、洞口的防火墙分隔；在竖向，应采用楼板分隔并在建筑立面开口位置的上、下楼层分隔处采用防火挑檐、窗槛墙等防止火灾蔓延。住宅建筑与其他使用功能的建筑合建时，应符合下列规定：住宅部分与非住宅部分之间，应采用耐火极限不低于 1.50h 的不燃性楼板和耐火极限不低于 2.00h 且无门、窗、洞口的防火隔墙完全分隔；当为高层建筑时，应采用耐火极限不低于 2.50h 的不燃性楼板和无门、窗、洞口的防火墙完全分隔，住宅部分与非住宅部分相接处应设置高度不小于 1.2m 的防火挑檐，或相接处上、下开口之间的墙体高度不应小于 4.0m。

设置商业服务网点的住宅建筑，居住部分与商业服务网点之间应采用耐火极限不低于 1.50h 的不燃性楼板和耐火极限不低于 2.00h 且无门、窗、洞口的防火隔墙完全分隔，住宅部分和商业服务网点部分的安全出口和疏散楼梯应分别独立设置。

商业服务网点中每个分隔单元之间应采用耐火极限不低于 2.00h 且无门、窗、洞口的防火隔墙相互分隔。

3. 设备用房分隔

附设在建筑内的消防控制室、灭火设备室、消防水泵房、通风空气调节机房、变配电室等，应采用耐火极限不低于 2.00h 的防火隔墙和不低于 1.50h 的楼板与其他部位分隔。设置在丁、戊类厂房内的通风机房应采用耐火极限不低于 1.00h 的防火隔墙和不低于 0.50h 的楼板与其他部位分隔。通风空气调节机房和变配电室开向建筑内的门应采用甲级防火门，消防控制室和其他设备房开向建筑内的门应采用乙级防火门。锅炉房、变压器室等与其他部位之间应采用耐火极限不低于 2.00h 的防火隔墙和不低于 1.50h 的不燃性楼板分隔。在隔墙和楼板上不应开设洞口，必须在隔墙上开设门、窗时，应设置甲级防火门、窗。锅炉房内设置的储油间，其总储存量不应大于 $1m^3$ 且储油间应采用防火墙与锅炉间分隔；必须在防火墙上开门时，应设置甲级防火门；变压器室之间、变压器室与配电室之间，应设置耐火极限不低于 2.00h 的防火隔墙；油浸变压器、多油开关室、高压电容器室，应设置防止油品流散的设施。油浸变压器下面应设置能储存变压器全部油量的事故储油设施。

布置在民用建筑内的柴油发电机房应采用耐火极限不低于 2.00h 的防火隔墙和不低于 1.50h 的不燃性楼板与其他部位分隔，门应采用甲级防火门；机房内设置的储油间时，其总储存量不应大于 $1m^3$，储油间应采用防火墙与发电机间分隔；必须在防火墙上开门时，应设置甲级防火门。

4. 中庭防火分隔

中庭也称为"共享空间"，是建筑中由上、下楼层贯通而形成的一种共享空间。近年来，随着建筑物大规模化和综合化趋势的发展，出现了贯通数层，乃至数十层的大型中庭空间建筑。建筑中庭的设计在世界上非常流行，在大型中庭空间中，可以用于集会、举办音乐会、舞会和各种演出，其大空间的团聚气氛显示出良好的效果。

中庭空间具有以下几方面特点：在建筑物内部、上下贯通多层空间；多数以顶棚或外墙的一部分采用钢结构和玻璃，使阳光充满内部空间；中庭空间的用途是不确定的。

(1)中庭建筑的火灾危险性

设计中庭的建筑，最大的问题是发生火灾时，其防火分区被上、下贯通的大空间破坏。因此，当中庭防火设计不合理或管理不善时，有火灾急速扩大的可能性。其危险在于以下四方面：

① 火灾不受限制地急剧扩大。中庭空间一旦失火，属于"燃料控制型"燃烧，因此，很容易使火势迅速扩大。

② 烟气迅速扩散。由于中庭空间形似烟囱，因此易产生烟囱效应。若在中庭下层发生火灾，烟火就进入中庭；若在上层发生火灾，中庭空间未考虑排烟时，就会向周围楼层扩散到整个建筑物。

③ 疏散危险。由于烟气在多层楼迅速扩散，楼内人员会产生心理恐惧，人们争先恐后夺路逃命。人们极易出现伤亡。

④ 自动喷水灭火设备难启动。中庭空间的顶棚很高，因此采取以往的火灾探测和自动喷水灭置等方法不能达到火灾早期探测和初期灭火的效果。即使在顶棚下设置了自动洒水喷头，由于顶棚太高，温度达不到额定值，洒水喷头无法启动。

灭火和救援活动可能受到的影响：

① 可能出现要同时在几层楼进行灭火的状况。

② 消防队员不得不逆向疏散人流的方向进入火场。

③ 火灾迅速多方位扩大，消防队难以围堵、扑灭火灾。

④ 火灾时，顶棚和壁面上的玻璃因受热破裂而散落，对扑救人员造成威胁。

⑤ 建筑物中庭的用途不确定，将会有大量不熟悉建筑情况的人员参与活动，并可能增加大量自燃物，如临时舞台、照明设施、座位等，将会加大火灾发生的概率，加大火灾时疏散人员的难度。

(2)中庭建筑火灾的防火设计要求

在建筑物内设置中庭时，防火分区的建筑面积应按上、下层相连通的建筑面积叠加计算。当中庭相连通的建筑面积之和大于一个防火分区的最大允许建筑面积时，应符合下列规定：

① 中庭应与周围相连通的空间进行防火分隔。采用防火隔墙时，其耐火极限不应低于1.00h；用防火玻璃时，防火玻璃与其固定部件整体的耐火极限不应低于1.00h，但采用C类防火玻璃时，应设置闭式自动喷水灭火系统保护；采用防火卷帘时，其耐火极限不应低于3.00h，并应符合规范的相关规定；与中庭相连通的门、窗，应采用火灾时能自行关闭的甲级防火门、窗。

② 高层建筑内的中庭回廊应设置自动喷水灭火系统和火灾自动报警系统。

③ 中庭应设置排烟设施。

④ 中庭内不应布置可燃物。

5. 玻璃幕墙防火分隔

现代建筑中，经常采用类似幕帘式的墙板。这种墙板一般都比较薄，最外层多采用玻璃、铝雀或不锈钢等观赏性较高的材料，形成饰面，改变了框架结构建筑的艺术面貌。幕墙工程技术飞速发展。当前多以精心设计和高度工业化的型材体系为主。由于幕墙框料及玻璃均可预制，大幅度降低了工地上复杂细致的操作工作量；新型轻质保温材料、优质密封材料和施工工艺的较快发展，促使非承重轻质外墙的设计和构造发生了根本性改变。然而，发生火灾时玻璃幕墙在火灾初期即会爆裂，导致火灾在建筑物内蔓延，垂直的玻璃幕墙和水平楼板、隔墙间的缝隙是火灾扩散的途径。

玻璃幕墙的防火措施有以下三方面要求：

① 对于不设窗间墙的玻璃幕墙，应在每层楼板外沿，设置耐火极限不低于1.00h、高度不低于1.2m的不燃性实体墙或防火玻璃墙；当室内设置自动喷水灭火系统时，该部分墙体的高度不应小于0.8m。

② 为了阻止火灾时幕墙与楼板、隔墙之间的洞隙蔓延火灾，幕墙与每层楼板交界处的水平缝隙和垂直缝隙，应该用防火封堵材料严密填实，如图1-6所示。

③窗间墙、窗槛墙的填充材料应采用防火封堵材料，以阻止火灾通过幕墙与墙体之间的空隙蔓延。需要注意的是，当玻璃幕墙遇到防火墙时，应遵循防火墙的设置要求。防火墙不应与玻璃直接连而应与其框架连接。

6. 管道井防火分隔

楼梯间、电梯井、采光天井、通风管道井、电缆井、垃圾井等竖井串通各层的楼板，形成竖向连通孔洞，其烟囱效应十分危险。这些竖井应该单独设置，以防烟火在竖井内蔓延。否则烟火一旦侵入，就会形成火灾向上层蔓延的通道，其后果将不堪设想。高层建筑各种竖井的防火设计构造要求，见表1-13。

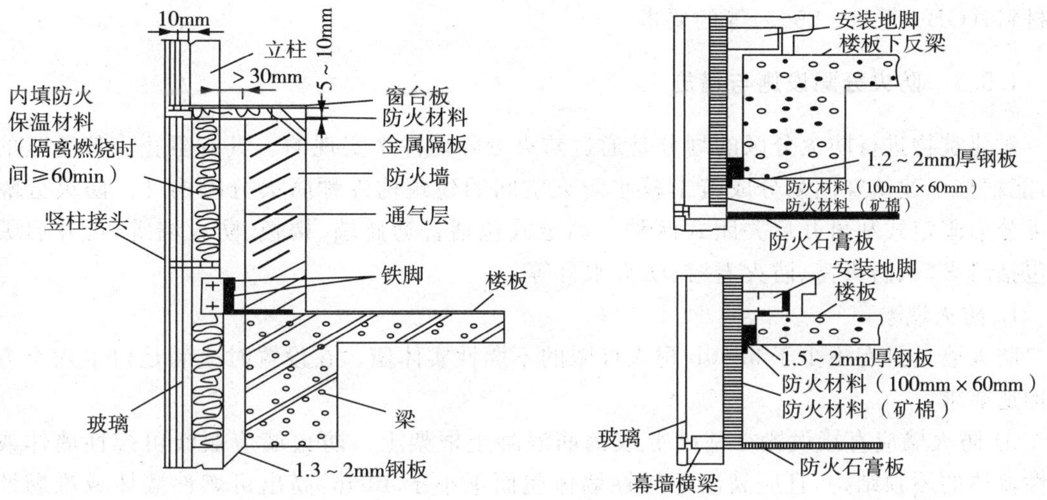

图 1-6　玻璃幕墙防火构造

表 1-13　井道防火分隔要求

名称	防火要求
电梯井	① 应独立设置 ② 井内严禁敷设可燃气体和甲、乙、丙类液体管道，并不应敷设与电梯无关的电缆，电线等 ③ 井壁应为耐火极限不低于 2.00h 的不燃性墙体 ④ 井壁除开设电梯门洞和通气孔洞外，不应开设其他洞口 ⑤ 电梯门不应采用栅栏门
电缆井 管道井 排烟道 排气道	① 这些竖井应分别独立设置 ② 井里应为耐火极限不低于 1.00h 的不燃性墙体 ③ 墙壁上的检查门应采用丙级防火门 ④ 高度不超过 100m 的高层建筑，其电缆井、管道井应每隔 2～3 层在楼板处用相当于楼板耐火极限的不燃性墙体作防火分隔，建筑高度超过 100m 的建筑物，应每层作防火分隔 ⑤ 电缆井、管道井与房间、吊顶、走道等相连通的孔洞，应用不燃性板料与防火封地材料严密填实

7. 变形缝防火分隔

为防止因建筑变形破坏管线而引发火灾并使烟气通过变形缝扩散，电线、电缆、可燃气体和甲、乙、丙类液体的管道穿过建筑内的变形缝时，应在穿过处加设不燃材料制作的套管或采取其他防变形措施，并应采用防火封堵材料封堵。

8. 管道空隙防火封堵

防烟、排烟、供暖、通风和空气调节系统中的管道及建筑内的其他管道，在穿越防火隔墙、楼板和防火分区处的孔隙应采用防火封堵材料封堵。

防火封堵材料，均要符合国家有关标准《防火膨胀密封件》(GB 16807—2009)和《防火封堵材料》(GB 23864—2009)等的要求。

1.5.3 防火分隔设施与措施

对建筑物进行防火分区的划分是通过防火分隔构件来实现的。具有阻止火势蔓延的作用，能把整个建筑空间划分成若干较小防火空间的建筑构件称防火分隔构件。防火分隔构件可分为固定式和可开启关闭式两种。固定式包括普通砖墙、楼板、防火墙等，可开启关闭式包括防火门、防火窗、防火卷帘、防火水幕等。

1. 防火墙

防火墙是具有不少于3.00h耐火极限的不燃性实体墙。在设置时应满足以下六个方面的构造要求。

① 防火墙应直接设置在基础上或钢筋混凝土框架上。防火墙应截断可燃性墙体或难燃性墙体的屋顶结构，且应高出不燃性墙体屋面不小于40cm，高出可燃性墙体或难燃性墙体屋面不小于50cm。

② 防火墙中心距天窗端画的水平距离小于4m，且天窗端面为可燃性墙体时，应采取防止火势蔓延的措施。

③ 建筑物外墙如为难燃性墙体时，防火墙应突出墙的外表面40cm，或防火墙带的宽度，从防火墙中心线起每侧不应小于2m。

④ 防火墙内不应设置排气道。防火墙上不应开设门、窗、洞口，如必须开设时，应采用能自行关闭的甲级防火门、窗。可燃气体和甲、乙、丙类液体管道不应穿过防火墙。其他管道如必须穿过时，应用防火封堵材料将缝隙紧密填塞。

⑤ 建筑物内的防火墙不应设在转角处。如设在转角附近，内转角两侧上的门窗洞口之间最近的水平距离不应小于4m。紧靠防火墙两侧的门、窗、洞口之间最近的水平距离不应小于2m。

⑥ 设计防火墙时，应考虑防火墙一侧的屋架、梁、楼板等受到火灾的影响而破坏时，不致使防火墙倒塌。

2. 防火卷帘

防火卷帘是在一定时间内，连同框架能满足耐火稳定性和完整性要求的卷帘，由帘板、卷轴、电动机、导轨、支架、防护罩和控制机构等组成。

(1)类型

按叶板厚度可分为轻型(厚度为0.5～0.6mm)防火卷帘和重型(厚度为1.5～1.6mm)防火卷帘。

一般情况下，厚度为0.8～1.5mm的防火卷帘适用于楼梯间或电动扶梯的隔墙，厚度为1.5mm以上的防火卷帘适用于防火墙或防火分隔墙。按卷帘动作方向可分为：上卷，宽度可达10m，耐火极限可达4.00h；侧卷，宽度可达80～100m，≥90°转弯，耐火极限可达4.3h。

按材料可分为：普通型钢质，耐火极限可达到1.50h、2.00h；复合型钢质，中间加隔热材料，耐火极限可达到2.50h、3.00h、4.00h。此外，还有非金属材料制作的复合防火卷帘，主要材料是石棉布，有较高的耐火极限。

(2)设置要求

替代防火墙的防火卷帘应符合防火墙耐火极限的判定条件，或在其两侧设冷却水幕，计算水量时，其火灾延续时间按不小于3.00h考虑。

设在疏散走道和前室的防火卷帘应具有延时下降功能。在卷帘两侧设置启闭装置，并应能电动和手动控制。

需在火灾时自动降落的防火卷帘，应具有信号反馈的功能。

应有防火防烟密封措施。两侧压差为20Pa时，漏烟量小于$0.2m^3/(m^2 \cdot min)$。

不宜采用侧式防火卷帘。

防火卷帘的耐火极限不应低于规范对所设置部位的耐火极限要求。

防火卷帘应符合现行国家标准《防火卷帘》(GB 14102—2005)的规定。

(3)设置部位

防火卷帘一般设置在电梯厅、自动扶梯周围，中庭与楼层走道、过厅相通的开口部位，生产车间中大面积工艺洞口以及设置防火墙有困难的部位等。

需要注意的是，为保证安全，除中庭外，当防火分隔部位的宽度不大于30m时，防火卷帘的宽度不应大于10m；当防火分隔部位的宽度大于30m时，防火卷帘的宽度不应大于该防火分隔部位宽度的1/3，且不应大于20m。

3. 防火门窗

(1)防火门

防火门是指具有一定耐火极限，且在发生火灾时能自行关闭的门。建筑中设置的防火门，应保证门的防火和防烟性能符合现行国家标准《防火门》(GB 12955—2008)的有关规定，并经消防产品质量检测中心检测试验认证后才能使用。

① 分类

按耐火极限：防火门分为甲、乙、丙三级，耐火极限分别不低于1.50h、1.00h和0.50h，对应的分别应用于防火墙、疏散楼梯门和竖井检查门。

按材料：可分为木质、钢质、复合材料的防火门。

按门扇结构：可分为带亮子、不带亮子；单扇、多扇。

② 防火要求

疏散通道上的防火门应向疏散方向开启，并在关闭后应能从任一侧手动开启。设置防火门的部位，一般为房间的疏散门或建筑某一区域的安全出口。建筑内设置的防火门既要能保持建筑防火分隔的完整性，又要能方便人员疏散和开启。因此，防火门的开启方式、开启方向等均要保证在紧急情况下人员能快捷开启，不会导致阻塞。

用于疏散走道、楼梯间和前室的防火门，应能自动关闭；双扇和多扇防火门，应设置顺序闭门器。

除允许设置常开防火门的位置外，其他位置的防火门均应采用常闭防火门。常闭防火门应在门扇的明显位置设置“保持防火门关闭”等提示标志。为方便平时经常有人通行而需要保持常开的防火门，在发生火灾时，应具有自动关闭和信号反馈功能，如设置与报警系统联动的控制装置和闭门器等。

为保证分区间的相互独立，设在变形缝附近的防火门，应设在楼层较多的一侧，且门开启后不应跨越变形缝，防止烟火通过变形缝蔓延。平时关闭后应具有防烟性能。

(2)防火窗

防火窗是采用钢窗框、钢窗扇及防火玻璃制成的，能起到隔离和阻止火势蔓延的作用，一般设置在防火间距不足部位的建筑外墙上的开口或天窗、建筑内的防火墙或防火隔墙上需要观察等部位以及要防止火灾竖向蔓延的外墙开口部位。

防火窗按照安装方法可分固定窗扇与活动窗扇两种。固定窗扇防火窗不能开启，平时可以采光，遮挡风雨，发生火灾时可以阻止火势蔓延；活动窗扇防火窗能够开启和关闭，起火时可以自动关闭，阻止火势蔓延，开启后可以排除烟气，平时还可以采光和通风。为了使防火窗的窗扇能够开启和关闭，需要安装自动和手动开关装置。

防火窗的耐火极限与防火门相同。设置在防火墙、防火隔墙上的防火窗，应采用不可开启的窗扇或具有火灾时能自行关闭的功能。

防火窗应符合现行国家标准《防火窗》(GB16809—2008)的有关规定。

4. 防火分隔水幕

防火分隔水幕可以起到防火墙的作用，在某些需要设置防火墙或其他防火分隔物而无法设置的情况下，可采用防火水幕进行分隔。

防火分隔水幕宜采用雨淋式水幕喷头，水幕喷头的排列不少于 3 排，水幕宽度不宜小于 6m，供水强度不应小于 2L/(s·m)。

5. 防火阀

防火阀是在一定时间内能满足耐火稳定性和耐火完整性的要求，用于管道内阻火的活动式封闭装置。空调、通风管道一旦窜入烟火，就会导致火大范围蔓延。因此，在风道贯通防火分区的部位(防火墙)，必须设置防火阀。

防火阀平时处于开启状态；发生火灾时，管道内烟气温度达到 70℃时，易熔合金片就会熔断断开而防火阀自动关闭。

(1)防火阀的设置部位

① 穿越防火分区处。

② 穿越通风、空气调节机房的房间隔墙和楼板处。

③ 穿越重要或火灾危险性大的房间隔墙和楼板处。

④ 穿越防火分隔处的变形缝两侧。

⑤ 竖向风管与每层水平风管交接处的水平管段上。但当建筑内每个防火分区的通风、空气调节系统均独立设置时，水平风管与竖向总管的交接处可不设置防火阀。

公共建筑的浴室、卫生间和厨房的竖向排风管，应采取防止回流措施或在支管上设置公称动作温度为 70℃的防火阀。公共建筑内厨房的排油烟管道宜按防火分区设置，且在与竖向排风管连接的支管处应设置公称动作温度为 150℃的防火阀。

(2)防火阀的设置要求

① 防火阀宜靠近防火分隔处设置。

② 防火阀安装时，应在安装部位设置方便维护的检修口。

③ 在防火阀两侧各 2.0m 范围内的风管及其绝热材料应采用不燃材料。

④ 防火阀应符合现行国家标准《建筑通风和排烟系统用防火阀门》(GB 15930—2007)

的规定。

6. 排烟防火阀

排烟防火阀是安装在排烟系统管道上起隔烟、阻火作用的阀门。它在一定时间内能满足耐火稳定性和耐火完整性的要求，具有手动和自动功能。当管道内的烟气达到 280℃时排烟防火阀自动关闭。

排烟防火阀的设置场所：排烟管进入排风机房处；穿越防火分区的排烟管道上；排烟系统的支管上。

1.5.4　防烟分区

防烟分区是在建筑内部采用挡烟设施分隔而成，能在一定时间内防止火灾烟气向同一防火分区的其余部分蔓延的局部空间。

划分防烟分区的目的：一是为了在火灾时，将烟气控制在一定范围内；二是为了提高排烟口的排烟效果。防烟分区一般应结合建筑内部的功能分区和排烟系统的设计要求进行划分，不设排烟设施的部位(包括地下室)可不划分防烟分区。

1. 防烟分区面积划分

设置排烟系统的场所或部位应划分防烟分区：防烟分区不宜大于 2000m^2，长边不应大于 60m。当室内高度超过 6m，且具有对流条件时，长边不应大于 75m。设置防烟分区应满足以下要求：

① 防烟分区应采用挡烟垂壁、隔墙、结构梁等划分。

② 防烟分区不应跨越防火分区。

③ 每个防烟分区的建筑面积不宜超过规范要求。

④ 采用隔墙等形成封闭的分隔空间时，该空间宜作为一个防烟分区。

⑤ 储仓高度不应小于空间净高的 10%，且不应小于 500mm，同时应保证疏散所需的清晰高度；最小清晰高度应由计算确定。

2. 防烟分区分隔措施

划分防烟分区的构件主要有挡烟垂壁、隔墙、防火卷帘、建筑横梁等。其中隔墙为非承重、只起分隔作用的墙体；防火卷帘在前面已经做了介绍。这里重点介绍挡烟垂壁和建筑横梁。

(1)挡烟垂壁

挡烟垂壁是用不燃材料制成，垂直安装在建筑顶棚、横梁或吊顶下，能在火灾时形成一定的蓄烟空间的挡烟分隔设施。

挡烟垂壁常设置在烟气扩散流动的路线上、烟气控制区域的分界处，和排烟设备配合进行有效的排烟。其从顶棚下垂的高度一般应距顶棚面 50cm 以上，称为有效高度。当室内发生火灾时，所产生的烟气由于浮力作用而积聚在顶棚下，只要烟层的厚度小于挡烟垂壁的有效高度，烟气就不会向其他场所扩散。

挡烟垂壁分固定式和活动式两种。固定式挡烟垂壁是指固定安装的、能满足设定挡烟高度的挡烟垂壁。活动式挡烟垂壁可从初始位置自动运行至挡烟工作位置，并满足设定挡烟高度的挡烟垂壁。

(2)建筑横梁

当建筑横梁的高度超过 50cm 时，该横梁可作为挡烟设施使用。

知识拓展

消防案例题目：

某木器厂房，共 2 层，采用木屋顶和砖墙组成的砖木结构，每层划分为一个防火分区，建筑面积均为 4000m²，共设置四部不靠外墙且疏散楼梯净宽度均为 1.10m 的防烟楼梯间。该厂房总平面布局及周边厂房、仓库等的相关信息如图 1-7 所示。该厂房首层东侧设有建筑面积为 500m²的独立办公、休息区，采用耐火极限 2.50h 的不燃烧体防火隔墙、耐火极限 1.00h 的不燃烧体楼板和乙级防火门与车间分隔，并设有 1 个独立的安全出口，首层西南侧设有建筑面积为 50m²的中间仓库，采用防火墙和耐火极限 1.50h 的不燃烧体楼板与车间分隔，储存主要成分均为甲苯和二甲苯的油漆和稀释剂；首层南侧设有建筑面积为 150m²且采用封闭喷漆工艺的油漆间；二层设有四个车间，车间之间通过净宽度均为 1.40m 的疏散走道分隔，疏散走道两侧的隔墙均采用耐火极限 0.50h 的不燃烧体隔墙；除首层外门净宽度均为 1.20m 外，其他门的净宽度均为 0.90m；厂房内任一点到最近安全出口的距离均不大于 40m。该厂房按有关国家工程建设消防技术标准配置了室内外消火栓给水系统、自动喷水灭火系统等消防设施及器材。

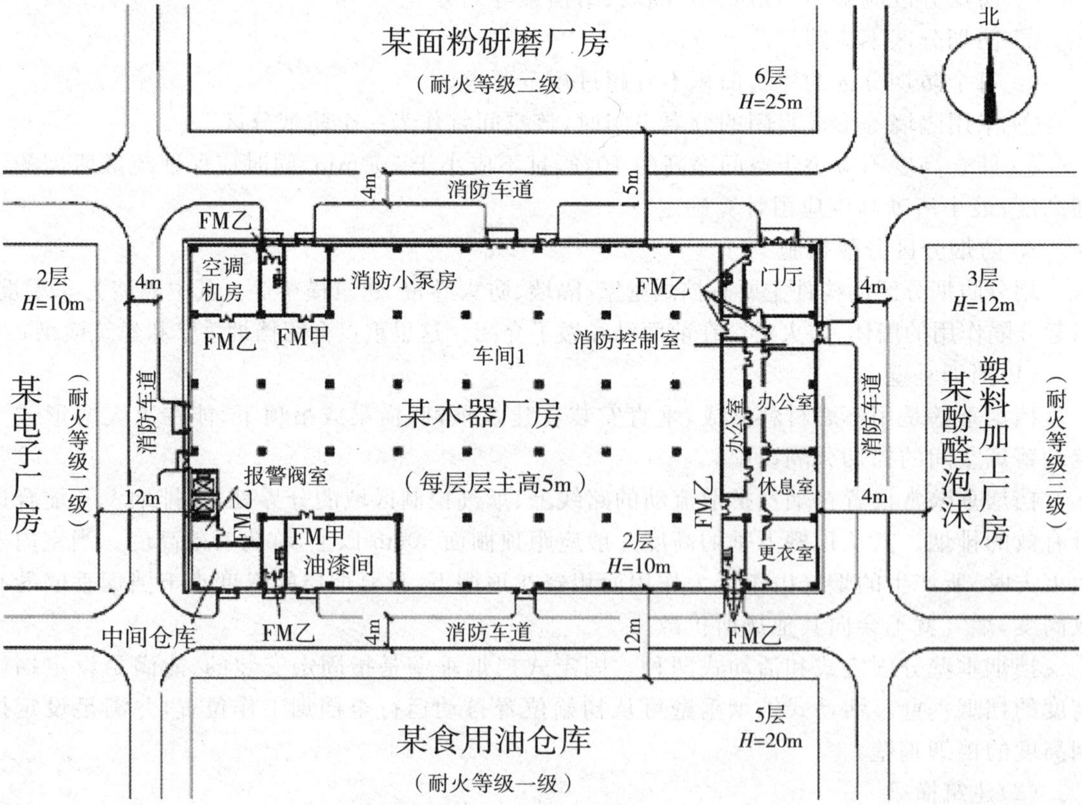

图 1-7　建筑总平面图

本案例分析要点：

根据使用功能，分析木器厂房及周边厂房、仓库的生产或储存物品火灾危险性分类；根据建筑高度，对木器厂房及周边厂房、仓库进行高度分类；并由此分析情景描述中的防火间距、消防车道、耐火等级、建筑层数、平面布置、构造防火、防火分区和安全疏散等建筑防火技术措施是否符合相关国家工程建设消防技术标准的规定。

本案例关键知识点及依据：

1. 厂房和仓库分类

生产的火灾危险性分类要分析整个生产过程中的每个环节引起火灾的可能性。生产的火灾危险性分类按其中最危险的物质确定，通常可根据以下因素分析确定：

① 生产中使用的全部原材料的性质。

② 生产中操作条件的变化是否会改变物质的性质。

③ 生产中产生的全部中间产物的性质。

④ 生产的最终产品及其副产品的性质。

⑤ 生产过程中的环境条件。

许多产品可能有若干种不同工艺的生产方法，其中使用的原材料也各不相同，因而其所具有的火灾危险性也可能各异，分类时应注意区别对待。

同一座厂房或厂房的任一防火分区内有不同火灾危险性生产时，该厂房或防火分区内的生产火灾危险性分类应按火灾危险性较大的部分确定。当火灾危险性较大的生产部分占本层或本防火分区面积的比例小于 5%时，可按火灾危险性较小的部分确定。

根据《建筑设计防火规范》(GB 50016—2006)的规定，情景描述中的各厂房和仓库的分类见表 1-14。

表 1-14　各厂房和仓库的分类

厂房(仓库)名称	建筑概况	生产或储存物品的火灾危险性特征	生产或储存物品的火灾危险性类别	按建筑层数和高度分类
木器厂房	2 层 10m	生产中使用可燃固体	丙类	多层厂房
电子厂房	2 层 10m	生产中使用可燃固体	丙类	多层厂房
面粉研磨厂房	6 层 25m	生产中产生能与空气形成爆炸性混合物的浮游状态的粉尘	乙类	高层厂房
酚醛泡沫颜料加工厂房	3 层 12m	常温下使用和加工难燃烧物质的热压成型生产	丁类	多层厂房
食用油厂房	5 层 20m	储存闪点大于 60℃的液体	丙类 1 项	多层仓库

2. 厂房的耐火等级与层数

该木器厂房采用木屋顶和砖墙组成的砖木结构，根据《建筑设计防火规范》(CB 50016—

2006)的规定,其耐火等级应为三级;另外,丙类厂房的耐火等级不应低于三级,耐火等级三级的丙类厂房最多允许层数不应超过2层。

3. 防火间距

根据《建筑设计防火规范》(GB 50016—2006)的规定,该木器厂房与面粉碾磨厂房、食用油仓库、电子厂房及酚醛泡沫塑料加工厂房之间的防火间距分别不应小于15m、12m、12m及14m。

4. 消防车道

根据《建筑设计防火规范》(GB 50016—2006)的规定,该木器厂房的占地面积大于3000m^2,应设置环形消防车道;确有困难时,应沿建筑物的两个长边设置消防车道。消防车道的净宽度和净空高度均不应小于4m。供消防车停留的空地,其坡度不宜大于3%。消防车道与厂房之间不应设置妨碍消防车作业的障碍物。环形消防车道至少应有两处与其他车道连通。尽头式消防车道应设置回车道或回车场,回车场的面积不应小于12m×12m;供大型消防车使用时,不宜小于18m×18m。消防车道路面及其下面的管道和暗沟等应能承受大型消防车的压力。消防车道可利用变通道路,但应满足消防车通行与停靠的要求。

5. 丙类厂房内办公室、休息室及中间仓库布置

根据《建筑设计防火规范》(GB 50016—2006)的规定,该木器厂房内设置办公室、休息室时,其办公室、休息室应采用耐火极限不低于2.50h的不燃烧体防火隔墙和不低于1.00h的楼板与其他部位分隔,并应至少设置1个独立的安全出口,如隔墙上需开设相互连通的门时,应采用乙级防火门;设置甲类中间仓库其中间仓库是指为满足日常生产需要,需要在厂房内存放从仓库或上道工序的厂房(或车间)所取得一定数量的原材料、半成品、辅助材料的场所储量不宜超过1昼夜的需要量并应靠外墙布置,还应采用防火墙和耐火极限不低于1.50h的不燃烧体楼板与其他部位分隔。

6. 构造防火

根据《建筑设计防火规范》(GB 50016—2006)的规定,附设在该木器厂房内的消防水泵房、消防控制室、固定灭火系统的设备室和通风空气调节机房等,应采用耐火极限不低于2.00h的隔墙和不低于1.50h的楼板与其他部位隔开;除消防水泵房隔墙上的门应采用甲级防火门外,其他隔墙上的门均应采用乙级防火门。

7. 防火分区

根据《建筑设计防火规范》(GB 50016—2006)的规定,该木器厂房地上每个防火分区的最大允许建筑面积均不应大于2000m^2;厂房内设置自动灭火系统时,每个防火分区的最大允许建筑面积可按上述规定增加1倍;厂房内局部设置自动灭火系统时,其防火分区增加面积可按该局部面积的1倍计算。

8. 安全疏散

根据《建筑设计防火规范》(GB 50016—2006)的规定,该木器厂房每个防火分区、一个防火分区的每个楼层的安全出口(安全出口是指供人员安全疏散用的楼梯间、室外楼梯的出入口或直通室内外安全区域的出口)不应少于2个且应分散布置,相邻2个安全出口最近边缘之间的水平距离不应小于5m。该厂房内疏散楼梯的最小净宽度不宜小于1.10m,疏散走道

的最小净宽度不宜小于 1.40m，门的最小净宽度不宜小于 0.90m；首层外门的总净宽度应按该层或该层以上人数最多的一层计算，且该门的最小净宽度不应小于 1.20m。该厂房应设置封闭楼梯间或室外楼梯；但因其封闭楼梯间不能天然采光和自然通风，故按防烟楼梯间的要求设置。该厂房内任一点到最后安全出口的距离不应大于 40m；厂房的疏散门应向疏散方向开启，并应采用平开门，不应采用推拉门、卷帘门、吊门和转门。

本章思考题

1. 火灾的特性与熄灭的方法是什么？
2. 歌舞娱乐放映游艺场所在平面布置中应注意哪些事项？
3. 歌舞厅设置在地下一层时，应注意哪些事项？
4. 防火间距的确定主要原则是什么？

第2章　火灾自动报警系统

本章导读

本章主要介绍了火灾自动报警系统的发展历程、基本组成、工作原理和基本形式；火灾报警控制器的分类、技术性能、型号含义；火灾探测器的原理、分类、型号含义、选择与布置；各种报警设备的使用、选择与布线；火灾自动报警系统的工作过程及相关知识。通过本章的学习，对火灾报警系统有一个整体概念，能熟练选择和布置火灾探测器，选择合适的报警控制器。

2.1　概述

火灾自动报警系统是人们为了及早发现和通报火灾，并及时采取有效的措施控制和扑灭火灾，而设置在建筑物中或其他场所的一种自动消防设施，是人们同火灾做斗争的有力工具。

2.1.1　火灾自动报警系统的发展历程

1. 火灾自动报警系统的形成

1847年，美国牙科医生Channing和缅甸大学教授Farmer研究出世界上第一台城镇火灾报警发送装置，拉开了人类开发火灾自动报警系统的序幕。此阶段主要是感温探测器。20世纪40年代末期，瑞士物理学家Ernst Meili博士研究的离子感烟探测问世。70年代末期，出现了光电感光探测器。80年代，随着电子技术、计算机技术及火灾自动报警系统的迅速发展，各种类型的探测器不断形成，同时在线制上也有了许多改进。

2. 火灾自动报警系统的发展

火灾自动报警系统的发展大致可分为五个阶段：

(1)传统的(多线制开关量式)火灾自动报警系统

这代产品主要用于20世纪70年代以前。特点是简单、成本低。其明显不足之处：一是因火灾判断依据仅仅是根据所探测的某个火灾现象参数是否超过其自身设定值(阈值)来确定是否报警，因此无法排除环境和其他因素的干扰。灵敏度选低了，会使报警不及时或漏报；灵敏度选高了，又形成误报。另外，由于探测器内部元器件失效或漂移现象等因素，也会发生误报。根据国外统计数据表明，误报与真实火灾报警之比达20∶1。二是性能差、功能少，无法满足发展需要。例如，多线制系统费钱、费工；不具备现场编程能力；不能识别报警的个别探测器(地址编码)及探测器类型；无法自动探测系统重要组件的真实状态；不能自动补偿探测器灵敏度的漂移；当线路短路或开路时，不能切断故障点，缺乏故障自诊断、自排除能力；电源功耗大，等等。

(2)总线制可寻址开关量式火灾探测报警系统

这代产品在 20 世纪 80 年代初形成，二总线制系统被广泛使用。其优点为省钱、省工；所有探测器并联到总线上；每只探测器设置一个地址编码；使用多路数据传输法；还可连接带地址码模块的手动报警按钮、水流指示器及其他中继器等；增设了可现场编程的键盘；系统自检和复位功能；火灾地址和时钟记忆与显示功能；故障显示功能；探测点开路、短路时隔离功能；准确地确定火情部位，增强了火灾探测或判断火灾发生的能力等，但对火灾的判断和处置没有大的改进。

(3)模拟量传输式智能火灾报警系统

这代产品于 20 世纪 80 年代后期形成。其特点是探测方法做了改进，即把探测器的模拟信号不断地送到控制器去评估或判断，控制器用适当的算法辨别虚假或真实火灾及其发展程度，或探测器受污染的状态。可以把模拟量探测器看作一个传感器，通过一个串联发讯装置，不仅能提供探测器位置信号，还能将火灾敏感现象参数(如烟雾浓度、温度等)以模拟值(一个真实的模拟信号或者等效的数字编码信号)传送给控制器，对火警的判断和发送由控制器决定，报警方式有多火灾参数复合式、分级报警式和响应阈值自动浮动式等。还能降低误报，提高系统的可靠性。在这种集中智能系统中，探测器无智能，属于初级智能系统。

(4)分布智能火灾自动报警系统(也称多功能智能火灾自动报警系统)

这代产品，其探测器具有智能，相当于人的感觉器官，可对火灾信号进行分析和智能处理，做出恰当的判决，然后将这些判决信息传给控制器，控制器相当于人的大脑，既能接收探测器送来的信息，又能对探测器的运行状态进行监视和控制。由于探测部分和控制部分的双重智能处理，使系统运行能力大大提高。此类系统分三种，即智能侧重于探测部分、智能侧重于控制部分和双重智能。

(5)无线火灾自动报警系统、空气样本分析系统(同时出现在 20 世纪 90 年代)和早期可视烟雾探测火灾报警系统(VSD)

无线火灾自动报警系统，由传感器——发射机、中继器以及控制中心等三大部分组成。以无线电波为传播媒体，传感器与发射机合成一体，由高能电池供电，每个中继器只接收自己组内的传感器、发射机信号。当中继器接收到组内某传感器的信号时，进行地址对照，一致时接收数据，并由中继器将信号传给控制中心，控制中心显示信号。该系统的优点：节省布线费及工时、安装开通容易；适用于不易布线的楼宇、工厂、仓库及改造工程等。

空气样本分析系统，其采用高灵敏吸气式感烟探测器(HSSD 探测器)，主要抽取空气样本并进行烟粒子探测，还采用了特殊设计的检测室，高强度的光源和高灵敏度的光接收器件，使感烟灵敏度增加了几百倍。这一阶段还相继产生了光纤温度探测报警系统和载波系统等。

早期可视烟雾探测火灾报警系统(VSD)，其是利用计算机对闭路电视监控系统中的摄像机提供的图像进行分析，采用先进的图像处理技术，加上广角探测和已知的误报现象算法，自动识别烟雾的特定方式，并提醒操作人员在最短时间内到达现场。

火灾自动报警系统的产品不断更新换代，使火灾系统发生了一次次变革。其发展速度越来越快，探测技术不断提高，探测性能越来越完善，为及时而准确的报警提供了重要保障。

2.1.2 火灾自动报警系统的组成与类型

1. 火灾自动报警系统的组成

火灾自动报警系统由触发器件、火灾报警装置、火灾警报装置、电源和控制装置这五大部分组成，对于复杂系统还包括消防控制设备。

(1)触发器件

在火灾自动报警系统中，自动或手动产生火灾报警信号的器件称为触发器件，主要包括火灾探测器和手动报警按钮。

火灾探测器的作用：它是火灾自动探测系统的传感部分，能在现场发出火灾报警信号或向控制和指示设备发出现场火灾状态信号的装置，可形象地称之为“消防哨兵”，俗称“电鼻子”。相当于火灾自动报警系统的“眼睛”。

手动报警按钮的作用：也是向报警器报告发生火情的设备，只不过探测器是自动报警，而它是手动报警，准确性更高。

(2)火灾报警装置

在火灾自动报警系统中，用以接收、显示和传递火灾报警信号，并能发出控制信号和具有其他辅助功能的控制指示设备称为火灾报警装置，火灾报警控制器就是其中最基本的一种。

火灾报警控制器的作用：当发生火情时，能发出区别环境声光的声或光报警信号。

① 可向探测器供电，接收探测信号并转换成声、光报警信号，指示着火部位和记录报警信息。

② 可通过火灾发送装置启动火灾报警信号，或通过消防自动灭火装置启动自动灭火设备和消防联动控制设备。

③ 自动监视系统是否正常运行，如遇故障发出声光报警信号。

火灾报警控制器相当于火灾自动报警系统的“大脑”。

(3)火灾警报装置

在火灾自动报警系统中，用以发出区别于环境声、光的火灾警报信号的装置称为火灾警报装置。主要包括声光报警器和讯响器。

(4)电源

火灾自动报警系统属于消防用电设备，其主电源应当采用消防电源，备用电源一般采用蓄电池组。系统电源除为火灾报警控制器供电外，还为相关的消防控制设备供电。

(5)控制装置(联动设备)

在火灾自动报警系统中，当接收到火灾报警后，能自动或手动启动相关消防设备并显示其工作状态的装置，称为控制装置。主要包括：火灾报警控制器；自动灭火系统的控制装置；室内消火栓系统的控制装置；防烟排烟系统及空调通风系统的控制装置；常开防火门、防火卷帘的控制装置；电梯迫降控制装置；以及火灾应急广播、火灾警报装置、消防通信设备、火灾应急照明与疏散指示标志的控制装置等。

控制装置一般设置在消防控制中心，以便于实行集中统一控制。如果控制装置位于被控消防设备所在现场，其动作信号则必须返回消防控制室，以便实行集中与分散相结合的控制方式。

火灾报警系统的核心为火灾报警控制器，其主要外部设备为火灾探测器及模块。

2. 火灾自动报警系统的工作原理

火灾自动报警系统是为了尽早探测到火灾的发生并发出火灾警报，启动有关防火、灭火装置而在建筑物中设置的一种自动消防设施。通过设置在建筑物中的火灾探测器和手动报警按钮，火灾自动报警系统可在火灾发生的初期自动探测到火灾，并通过警报装置发出火灾警报，组织人员撤离，同时启动防烟、排烟及防火、灭火设施，以便于人员撤离，防止火灾发展和蔓延，控制和扑灭火灾。

火灾自动报警系统的工作原理，如图 2－1 所示。在火灾发生的初期，系统通过设置在现场的感烟、感温和感光探测器等火灾触发器件，自动接收火灾燃烧所产生的烟雾、温度变化和热辐射等物理量信号，并将其转换为电信号，送入火灾报警控制器；也可通过手动报警按钮以手动的方式向火灾报警控制器通报火警。火灾报警控制器对输入的报警信号进行处理、分析，经判断为火灾时，立即以声、光信号等火灾警报装置向人发出火灾警报，并记录、显示火灾发生的时间和位置，同时向防烟排烟系统、自动喷水灭火系统、室内消火栓系统、管网气体灭火系统、泡沫灭火系统、干粉灭火系统，以及防火门、防火卷帘、挡烟垂壁等防烟、防火设施发出控制指令，启动各种消防装置，指挥人员疏散，控制火灾蔓延、发展。

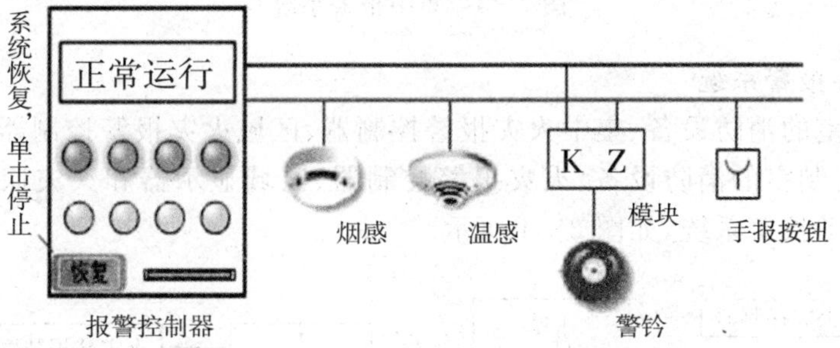

图 2－1　火灾自动报警系统的工作原理示意图

3. 火灾自动报警系统的类型

根据火灾自动报警系统联动功能的复杂程度及报警系统保护范围的大小，将火灾自动报警系统分为区域报警系统、集中报警系统和控制中心报警系统三种基本形式。

(1)区域报警系统

由区域火灾报警控制器和火灾探测器等组成，或由火灾报警控制器和火灾探测器等组成，是功能简单的火灾自动报警系统，如图 2－2 所示。

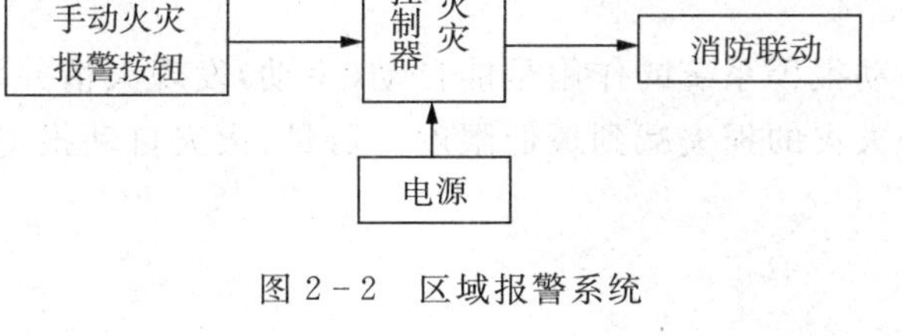

图 2－2　区域报警系统

(2)集中报警系统

由集中火灾报警控制器、区域火灾报警控制器和火灾探测器等组成,或由火灾报警控制器、区域显示器和火灾探测器等组成的功能较复杂的火灾自动报警系统,如图 2-3 所示。

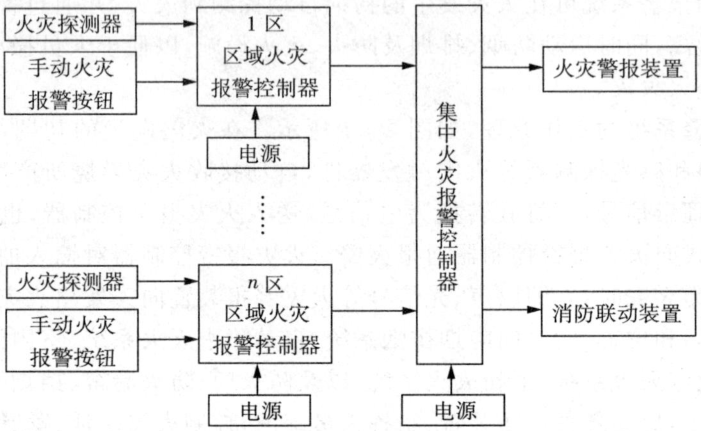

图 2-3 集中报警系统

(3)控制中心报警系统

由消防控制室的消防设备、集中火灾报警控制器、区域火灾报警控制器和火灾探测器等组成,或由消防控制室的消防设备、火灾报警控制器、区域显示器和火灾探测器等组成的功能复杂的火灾自动报警系统,如图 2-4 所示。

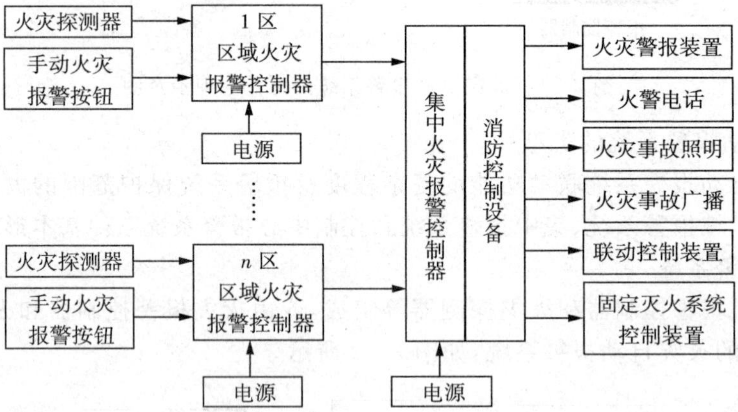

图 2-4 控制中心报警系统

综上所述,火灾自动报警系统的作用是能自动(手动)发现火情并及时报警,以不失时机地控制火情的发展,将火灾的损失减到最低限度。可见,火灾自动报警系统是消防系统的核心部分。

2.2　火灾报警控制器

2.2.1　火灾报警控制器的种类及区别

火灾报警控制器是火灾自动报警系统的心脏，是消防系统的指挥中心，控制器可为火灾探测器供电，接收、处理和传递探测点的故障及火警信号，并能发出声、光报警信号，同时显示及记录火灾发生的部位和时间，并能向联动控制器发出联动通知信号。

1. 火灾报警控制器的分类、功能及型号

(1)火灾报警控制器的分类

火灾报警控制器种类繁多，从不同角度有不同分类，具体分类如图 2－5 所示，外形如图 2－6 所示。

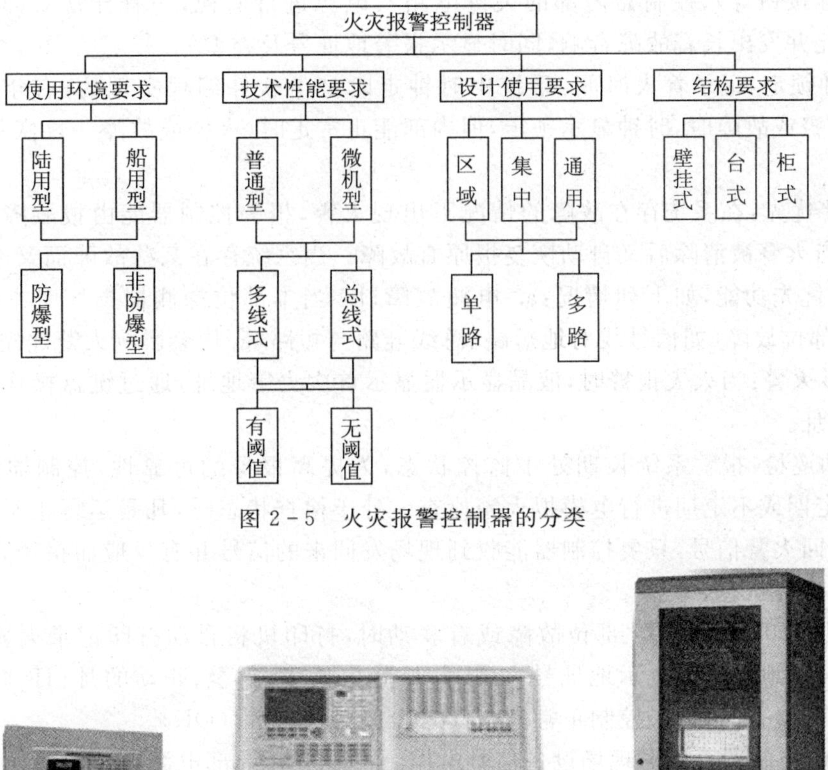

图 2－5　火灾报警控制器的分类

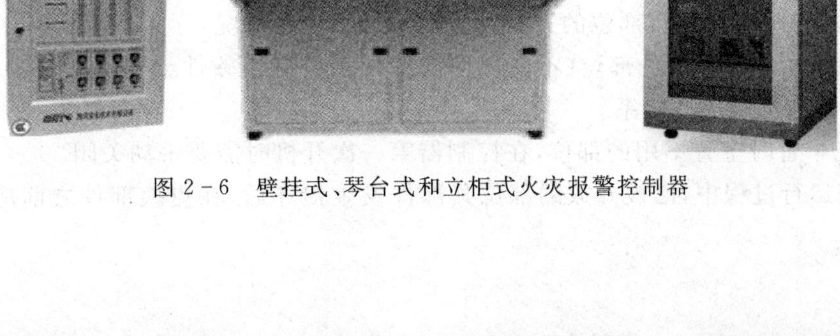

图 2－6　壁挂式、琴台式和立柜式火灾报警控制器

(2)火灾报警控制器的基本功能

① 主备电源:在控制器中备有浮充备用电池,在控制器投入使用时,应将电源盒上方的主、备电开关全打开,当主电网有电时,控制器自动利用主电网供电,同时对电池充电;当主电网断电时,控制器会自动切换改用电池供电,以保证系统的正常运行。在主电供电时,面板主电指示灯亮,时钟口正常显示时分值。在备电供电时,备电指示灯亮,时钟口只有秒点闪烁,无时分显示,这是节省用电,其内部仍在正常走时;当有故障或火警时,时钟口又重新显示时分值,且锁定首次报警时间。在备电供电期间,控制器报警型号 26 和主电故障,此外,当电池电压下降到一定数值时,控制器报警型号 24 故障。当备电低于 20V 时关机,以防电池过放而损坏。

② 火灾报警:当接收到探测器、手动报警按钮、消火栓按钮及输入/输出模块所连接的设备发来的火警信号时,均可在报警器中报警,火灾指示灯亮并发出火警变调音响,同时显示首次报警地址号及总数。

③ 故障报警:系统在正常运行时,主控单元能对现场所有的设备(如探测器、手动报警按钮、消火栓按钮等)、控制器内部的关键电路及电源进行监视,一有异常立即报警。报警时,故障灯亮并发出长音故障音响,同时显示报警地址号及类型号。

④ 时钟锁定,记录着火时间:系统中时钟走时是由软件编程实现的,有年、月、日、时、分。当有火警或故障时,时钟显示锁定,但内部能正常走时,火警或故障一旦恢复,时钟将显示实际时间。

⑤ 火警优先:在系统存在故障的情况下出现火警,报警控制器能由报故障自动转变为报火警,而当火警被清除后又自动恢复报原有故障。当系统存在某些故障而又未被修复时,会影响火警优先功能,如下列情况:a. 电瓶故障;b. 当本部位探测器损坏时本部位出现火警;c. 总线部位故障(如信号线对地短路、总线开路与短路等)均会影响火警优先。

⑥ 调显火警:当火灾报警时,液晶显示器显示首次火警地址,通过键盘操作可以调显其他的火警地址。

⑦ 自动巡检:报警系统长期处于监控状态,为提高报警的可靠性,控制器设置了检查键,供用户定期或不定期进行电模拟火警检查。处于检查状态时,凡是运行正常的部位均能向控制器发回火警信号,只要控制器能收到现场发回来的信号并有反应而报警,则说明系统处于正常的运行状态。

⑧ 自动打印:当有火警、部位故障或有联动时,打印机将自动打印记录火警、故障或联动的地址号,此地址号同显示地址号一致,并打印出故障、火警、联动的月、日、时、分。当对系统进行手动检查时,如果控制正常,则打印机自动打印正常(OK)。

⑨ 测试:控制器可以对现场设备信号电压、总线电压、内部电源电压进行测试。通过测量电压值,判断现场部件、总线、电源等的正常与否。

⑩ 部位的开放及关闭:部位的开放及关闭有以下三种情况:

a. 子系统中空置不用的部位(不装现场部件),在控制器软件编程中即被永久关闭。如需开放新部位应与制造厂联系。

b. 系统中暂时空置不用的部位,在控制器第一次开机时需要手动关闭。

c. 系统运行过程中,已被开放的部位其部件发生损坏后,在更换部件之前应暂时关闭,更换部件后再将其开放。

部位的暂时关闭及开放有以下两种方法：

a. 逐点关闭及逐点开放：在控制器正常运行中，将要关闭（或开放）的部位的报警地址显示号用操作键输入控制器，逐个地将其关闭或开放。被关闭的部位如果安装了现场部件，则该部件不起作用；被开放部位如果未安装现场部件则将报出该部位故障。对于多部件部位（指编码不同的部件具有相同的显示号），进行逐点关闭（或开放），是将该部位中的全部部件实现了关闭（或开放）。

b. 统一关闭及统一开放：统一关闭是在控制器报警（火警或故障）的情况下，通过操作键将当时存在的全部非正常部位进行关闭；统一开放是在控制器运行中，通过操作键将所有在运行中曾被关闭的部位进行开放。当部位是多部件部位时，统一关闭也只是关闭了该部位中的不正常部件。系统中只要有部位被关闭了，面板上的“隔离”灯就被点亮。

⑪ 显示被关闭的部位：在系统运行过程中，已开放的部位在其部件出现故障后，为了维持整个系统正常运行，应将该部位关闭。但应能显示出被关闭的部位，以便人工监视部位的火情并及时更换部件。操作相应的功能键，控制器便顺序显示所有在运行中被关闭的部位。当部位是多部件部位时，这些部件中只要有一个是关闭的，它的部位号就能被显示出来。

⑫ 输出：

a. 控制器中有 V 端子、VG 端子间输出 DC24V、2A。向本控制器所监视的某些现场部件和控制接口提供 24V 电源。

b. 控制器有端子 L1、L2，可用双绞线将多台控制器连通组成多区域集中报警系统，系统中有一台作集中报警控制器，其他作区域报警控制器。

c. 控制器有 GTRC 端子，用来同 CRT 联机，其输出信号是标准 RS232 信号。

⑬ 联机控制：可分“自动”联动和“手动”启动两种方式，但都是总线联动控制方式。

在联动方式时，先按 E 键与自动键，“自动”灯亮，使系统处于自动联动状态。当现场主动型设备（包括探测器）发生动作时，满足既定逻辑关系的被动型设备将自动被联动。联动逻辑因工程而异，出厂时已存贮于控制器中。手动启动在“手动允许”时才能实施，手动启动操作应按操作顺序进行。

无论是自动联动还是手动启动，应该动作的设备编号均应在控制板上显示，同时启动灯亮。已经发生动作的设备的编号也在此显示，同时回答灯亮。启动与回答能交替显示。

⑭ 阈值设定：报警阈值（即提前设定的报警动作值）对于不同类型的探测器其大小不一，目前报警阈值是在控制器的软件中设定。这样控制器不仅具有智能化、高可靠的火灾报警，而且可以按各探测部位所在应用场所的实际情况不同，灵活方便地设定其报警阈值，以便更加可靠地报警。

（3）型号

火灾报警控制器型号是按照中华人民共和国公共安全行业标准《火灾报警控制器产品型号编制方法》（GA/T228—1999）的规定，其含义如下：

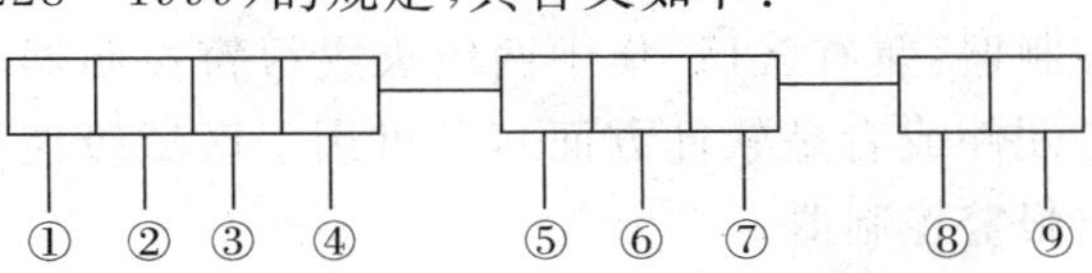

①J(警)——消防产品中的分类代号(火灾报警设备)。

②B(报)——火灾报警控制代号。

③④应用范围特征代号:B(爆)——防爆型(位置在前),省略为非防爆型;C(船)——船用型(位置在后),省略为陆用型。

⑤分类特征代号及参数:Q(区)——区域;J(集)——集中;T(通)——通用,既可作集中报警,又可作区域报警;L(联)——联动型。

分类特征参数用一或两位阿拉伯数字表示:对于分类特征代号为集中、通用、集中(联动型)、通用(联动型)的火灾报警控制器,其分类特征参数是可连接的火灾报警控制器数;对于分类特征代号为区域、区域(联动型)的火灾报警控制器,其分类特征参数可省略。

⑥结构特征代号:G(柜)——柜式;T(台)——台式;B(壁)——壁挂式。

⑦传输方式特征代号及参数,传输方式特征代号用一位字母表示:D——多线制;Z——总线制;W——无线制;H——总线无线混合制或多线无线混合制。

传输方式特征参数,总线制或总线无线混合制,其为总线数;其他传输方式,该参数可省略。

⑧厂家代号,一般二至三位。

⑨主参数代码:一般表示报警器的路数。例如:40,表示40路。型号举例:

JB-TB8-2700/063B:8路通用火灾报警控制器。

JB-JG-60-2700/065:60路柜式集中报警控制器。

JB-QB-40:40路壁挂式区域报警控制器。

2. 区域与集中报警控制器的区别

(1)区域报警控制器

其直接与火灾探测器相连,处理各种报警信息。区域报警控制器种类日益增多,而且功能不断完善和齐全。区域报警控制器一般都是由火警部位记忆显示单元、自检单元、总火警和故障报警单元、电子钟、电源、充电电源及与集中报警控制器相配合时需要的巡检单元等组成。区域报警控制器有总线制区域报警器和多线制区域报警器之分。外形有壁挂式、立柜式和台式三种。区域报警控制器可以在一定区域内组成独立的火灾报警系统,也可以与集中报警控制器连接起来,组成大型火灾报警系统,并作为集中报警控制器的一个子系统。总之,能直接接收保护空间的火灾探测器或中继器发来的报警信号的单路或多路火灾报警控制器称为区域报警器。

(2)集中报警控制器

其一般不与火灾探测器相连而与区域火灾报警控制器相连,处理区域级火灾报警控制器送来的报警信号,常使用在较大型的系统中。集中报警控制器能接收区域报警控制器(包括相当于区域报警控制器的其他装置)或火灾探测器发来的报警信号,并能发出某些控制信号使区域报警控制器工作。集中报警控制器的接线形式根据不同的产品有不同的线制,如线两线制、三线制、四线制、全总线制及二总线制等。

(3)通用火灾报警控制器:兼有区域、集中两级火灾报警控制器的双重特点。通过设置或修改某些参数(可以是硬件或者是软件方面),既可用于区域级使用,连接控制器;又可用于集中级,连接区域火灾报警控制器。

3. 报警控制器的信号传输方式

目前国内报警控制器的信号传输方式主要有四种：

(1)有线传输方式

这种方式简单可靠，但在探测报警的回路数多时，传输线的数量也相应增多，就带来工程投资大、施工布线工程工作量大等问题，故只适用于范围较小的报警系统使用。当集中报警控制器采用这种传输方式时，它只能显示区域号，而不能显示探测部位号。

(2)分时巡回检测方式

采用脉冲分配器将振荡器产生的连续方波转换成有先后时序的选通信号，按顺序逐个选通每一报警回路的探测器，选通信号的数量等于巡检的点数，从总的信号线上接受被选通探测器送来的火警信号。这种方式减少了部分传输线路，但由于采用数码显示火警部位号，在几个火灾探测回路同时送来火警信号，其部位的显示就不能一目了然了，而且需要配接微型机或复示器来弥补无记忆功能的不足。

(3)混合传输方式

这种传输方式可分为两种形式：

① 区域火灾报警控制器采用一一对应的有线传输方式，所有区域火灾报警控制器的部位号与输出信号并联在一起，与各区域火灾报警控制器的选通线，全部连接到集中火灾报警控制器上；而集中火灾报警控制器采用分时巡回检测方式，逐个选通各区域火灾报警控制器的输出信号。这种形式，信号传输原理较为清晰，线路适中，在报警速度和可靠方面能得到较好的保证。

② 区域火灾报警控制器采用分时巡回检测方式，采用区域选通线加几根总线的总线断续传输方法。这种形式，使区域火灾报警控制器到集中火灾报警控制器的集中传输线大大减少。

(4)总线制编码传输方式

总线制地址编码传输方式的火灾报警控制器，其信号传输方式的最大优点是大大减少了火灾报警控制器和各火灾探测器的传输线。区域火灾报警控制器到所有火灾探测器的连线总共只有 2～4 根，连接上百个火灾探测器，能辨别是哪一个火灾探测器处于火灾报警状态或故障报警状态。这种传输方式使火灾报警控制器在接受某个火灾探测器的状态信号前，先发出该火灾探测器的串行地址编码。该火灾探测器将当时所处的工作状态(正常监视、火灾报警或故障报警)信号送回，由火灾报警控制器进行判别、报警显示等。在区域火灾报警控利器和集中火灾报警控制器信号传输上，采用数据总线方式或 RS232、RS424 等标准串行接口，用几根线就满足了所有区域火灾报警控制器到集中火灾报警控制器的信号传输。这个传输方式使传输线数量大大减少，给整个火灾自动报警系统的施工、安装带来了方便，降低了传输线路的投资费用和安装费用。

2.2.2　火灾报警控制器的构造及原理

1. 火灾报警控制器的结构

火灾报警控制器已完成了模拟化向数字化的转变，下面以二总线火灾报警控制器为例，介绍其构造。

二总线火灾报警控制器集先进的微电子技术、微处理技术于一体，性能完善，控制方便、灵活。硬件结构包括微处理机(CPU)、电源、只读存储器(ROM)、随机存储器(RAM)及显示、音响、打印机、总线、扩展槽等接口电路。JB－QB－GST200(联动型)汉字液晶显示火灾报警控制器的外形结构为壁挂式，如图 2－7 所示，其内部结构，如图 2－8 所示。

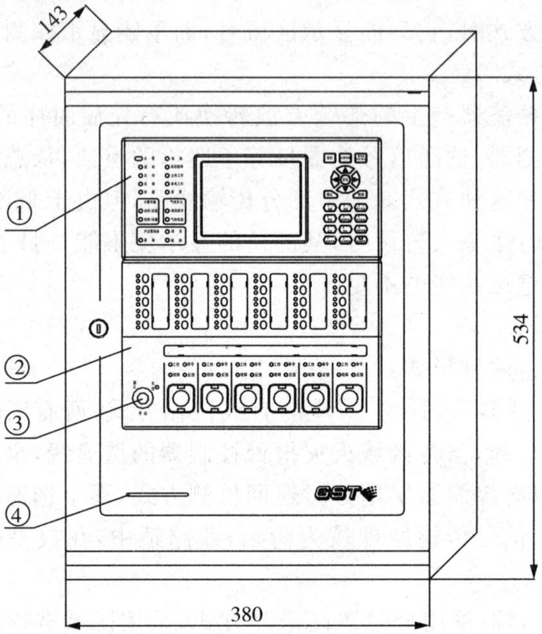

①显示操作盘；②智能手动操作盘；③多线制锁；④打印机

图 2－7　JB－QB－GST200 控制器外形示意图

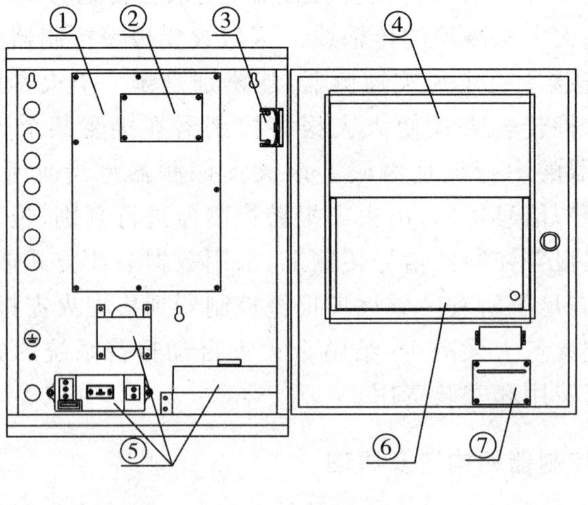

①主板；②联网板；③扬声器；④显示操作盘；⑤电源系统；⑥智能手动操作盘；⑦打印机

图 2－8　JB－QB－GST200 控制器内部结构图

2. JB－QB－GST200 火灾报警控制器的特点

JB－QB－GST200 火灾报警控制器(联动型)是海湾公司推出的新一代火灾报警控制器,为适应工程设计的需要该控制器兼有联动控制功能,可与海湾公司的其他产品配套使用组成配置灵活的报警联动一体化控制系统,具有较高的性能价格比,特别适合中小型火灾报警及消防联动一体化控制系统的应用。

(1)配置灵活、可靠性高

控制器是采用双微处理器并行处理的系列产品,包括 16 点、32 点、64 点、96 点、128 点、192 点、242 点火灾报警控制器以及火灾报警控制器(联动型)十四种控制器,可以满足小型工程的不同需要。不论对联动类还是报警类总线设备,控制器都设有不掉电备份,保证系统调试完成时注册到的设备全部受到监控。

(2)功能强、控制方式灵活

该控制器为一个完全开放的系统,可通过扩展接口连接数字化网络系统,完成控制器网络通信要求。同时本控制器可挂接防盗模块并设有自动防盗功能,可自动定时开启和关闭防盗模块。

(3)智能化操作、简单方便

具有智能化操作的特点,即在特定的信息屏幕下,可通过快捷键来实现对外部设备的相关操作,而不需要输入设备的二次编码,从而大大简化了操作过程,提供了良好的人机界面。

(4)窗口化、汉字菜单式显示界面

采用窗口化菜单式命令,增加了每屏中所包含的信息量,当有多种类型的信息存在时,通过"◁""▷"键操作可以方便地看到各种全面细致的显示信息,汉字菜单做到明白易懂、方便直观,通过简单的操作(选择数字或移动光条)就可实现系统提供的多种功能。

(5)全面的自检功能

开机自检时,不仅自动检测本机设备(指示灯、功能键等),同时还逐条检测外部设备的注册信息及联动公式信息,如信息发生变化系统将做相应的处理。

(6)配备智能化手动消防启动盘

该控制器配接的智能化手动消防启动盘,操作方便、可靠性高,手动消防启动盘上的每一个启/停键均可通过定义与系统所连接的任意一个总线设备关联,完成对该总线制联动设备的启/停控制,彻底解决了报警联动一体化系统的工程布线、设备配置及安装调试存在的固有问题。

(7)独立的气体喷洒控制密码和联动公式编程

控制器对具有特殊重要意义的气体喷洒设备提供了独立的控制密码和联动编程空间,并有相应的声光指示,使气体喷洒设备受到了更严格的监控。

(8)可配接汉字式火灾显示盘

该控制器可配接海湾公司生产的汉字式火灾显示盘,汉字信息无须下载,方便可靠,并可以通过对火灾显示盘的设备定义,灵活地实现火灾显示盘的分楼区及分楼层显示功能。

(9)开关电源

其供电电源为低压开关电源,对主、备电均作稳压处理,保证低压时系统仍能正常工作。充电部分采用开关恒流定压充电,保证交流输入 187V 对电池的可靠快速充电。控制器具有备电保护功能，备电供电时，如备电电压低于 10V 系统将自动切断备电。

3. 控制器对外接线端子

控制器对外接端子，如图 2－9 所示。

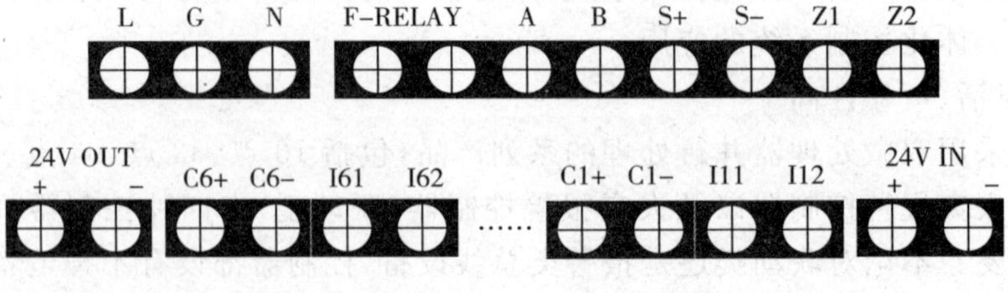

图 2－9　JB－QB－GST200 控制器对外接线端子

L、G、N：交流 220V 接线端子及交流接地端子；

F－RELAY：故障输出端子，当主板上 NC 短接时，为常闭无源输出；当 NO 短接时，为常开无源输出；

A、B：连接火灾显示盘的通讯总线端子；

S＋、S－：警报器输出，带检线功能，终端需要接 0.25W 的 4.7kΩ 电阻，输出时有 DC24V/0.15A 的电源输出；

Z1、Z2：无极性信号二总线端子；

24V IN(＋、－)：外部 DC24V 输入端子，可为直接控制输出和辅助电源输出提供电源；

24V OUT(＋、－)：辅助电源输出端子，可为外部设备提供 DC24V 电源，当采用内部 DC24V 供电时，最大输出容量为 DC24V/0.3A，当采用外部 DC24V 供电时，最大输出容量为 DC24V/2A；

Cn＋、Cn－(n＝1～6)：多线制控制输出端子；

In1、In2(n＝1～6)：多线制控制输入端子。

2.2.3　火灾报警控制器的接线

接线形式根据不同产品有不同线制，如两线制、三线制、四线制、全总线制及二总线等，这里仅介绍传统的两线制及现代的全总线制两种。

1. 两线制

两线制的接线计算方法因不同厂家的产品有所区别，以下介绍的计算方法具有一般性。区域报警控制器的输入线数为：$N+1$ 根，N 为报警部位数。

区域报警控制器的输出线数为：$10+n/10+4$。式中，n 为区域报警器所监视的部位数；10 为部位显示器的个数；$n/10$ 为巡检分组的线数；4 为一根地线，一根层号线，一根故障线，一根总检线。

集中报警控制器的输入线数为：$10+n/10+S+3$。式中，S 为集中报警器所控制区域报警控制器的台数；3 为一根地线，一根故障线，一根总检线。

例：某 50 层的高层建筑，每层设一台区域报警控制器，每台区域报警控制器带 50 个报警点，每个报警点有一只探测器，试计算报警器的线数并画出布线圈。

解：区域报警器的输入线数为：50＋1＝51(根)

区域报警器的输出线数为：10＋50/10＋4＝19(根)，集中报警器的输入线数为：10＋50/10＋50＋3＝68(根)，两线制接线如图 2－10 所示，这种接线大多在小系统中应用，目前已很少使用。

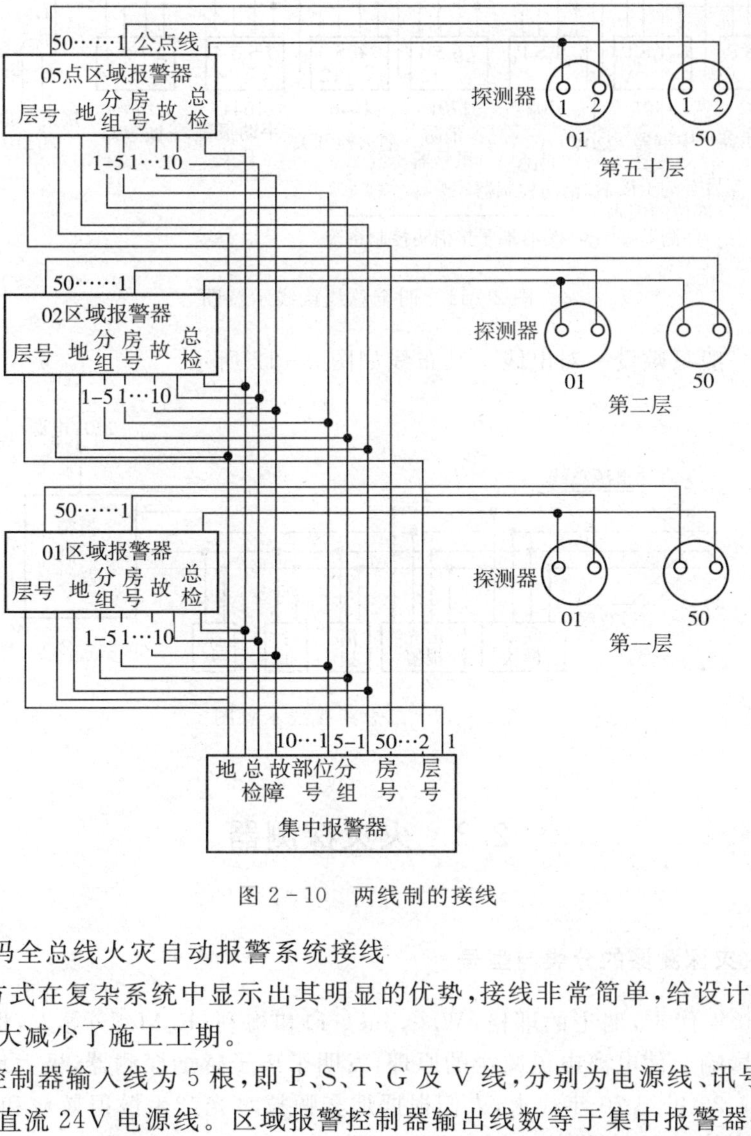

图 2－10　两线制的接线

2. 地址编码全总线火灾自动报警系统接线

这种接线方式在复杂系统中显示出其明显的优势，接线非常简单，给设计和施工带来了较大的方便，大大减少了施工工期。

区域报警控制器输入线为 5 根，即 P、S、T、G 及 V 线，分别为电源线、讯号线、巡检控制线、回路地线及直流 24V 电源线。区域报警控制器输出线数等于集中报警器接出的六条总线，即 P_0、S_0、T_0、G_0、C_0(同步线)、D_0(数据线)。之所以称之为四全总线(或称总线)，是因为该系统中所使用的探测器、手动报警按钮等设备均采用 P、S、T、G 四根线引至区域报警控制器上。其布线如图 2－11 所示。

3. 地址编码二总线火灾自动报警系统接线

因为是无极性二总线安装接线，因此这种接线方式使用更加简便。需要 24V 电源的部位，引入无极性 24V 电源总线即可。因为整个火灾自动报警系统中，以报警设备为主，所以

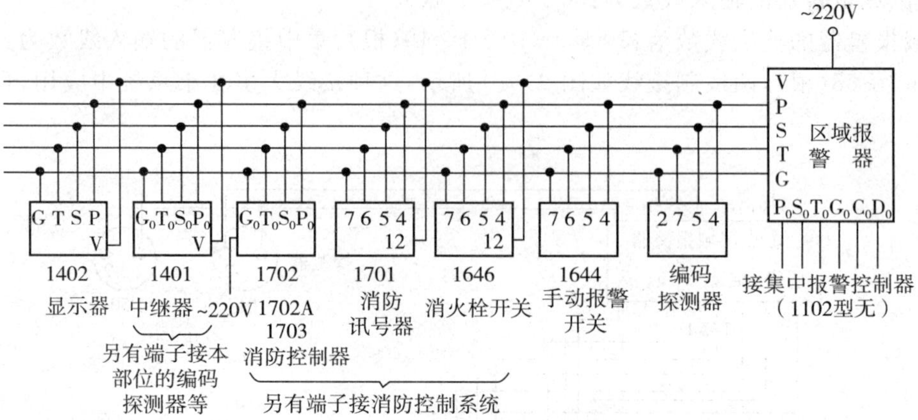

图 2-11　四全总线接线示意图

在施工布线中一般只敷设一对电线。其布线如图 2-12 所示。

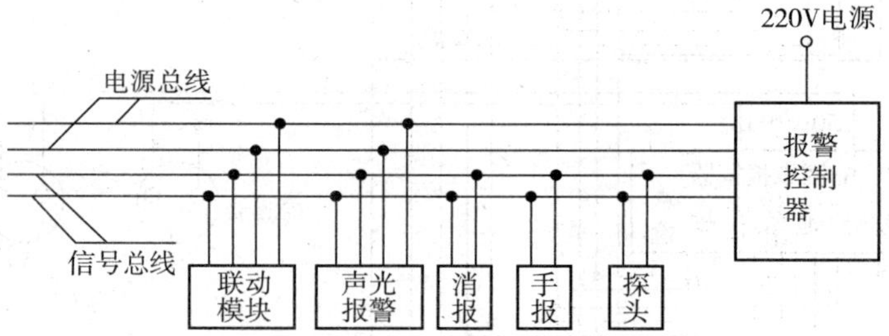

图 2-12　二总线接线示意图

2.3　火灾探测器

2.3.1　火灾探测器的分类与型号

20 世纪 40 年代末，瑞士的耶格（W. C. Jaeger）和梅利（E. Meili）等人，根据电离后的离子受烟雾粒子影响会使电离电流减小的原理，发明了离子感烟探测器，极大地推动了火灾探测技术的发展。20 世纪 70 年代末，人们根据烟雾颗粒对光产生散射效应和衰减效应，发明了光电感烟探测技术。由于光电感烟探测器具有无放射性污染、受风速和环境湿度影响较小、成本低等优点，光电感烟探测器逐渐取代离子感烟探测器。

1. 探测器的分类

根据对可燃固体、可燃液体、可燃气体及电气火灾等的燃烧试验，为了准确无误地对不同物体的火灾进行探测，目前研制出来的常用探测器有感烟、感温、感光、复合及可燃气体探测器五种系列。另外，根据探测器警戒范围的不同，又分为点型和线型探测器。其具体分类情况，如图 2-13、图 2-14、图 2-15、图 2-16 所示。

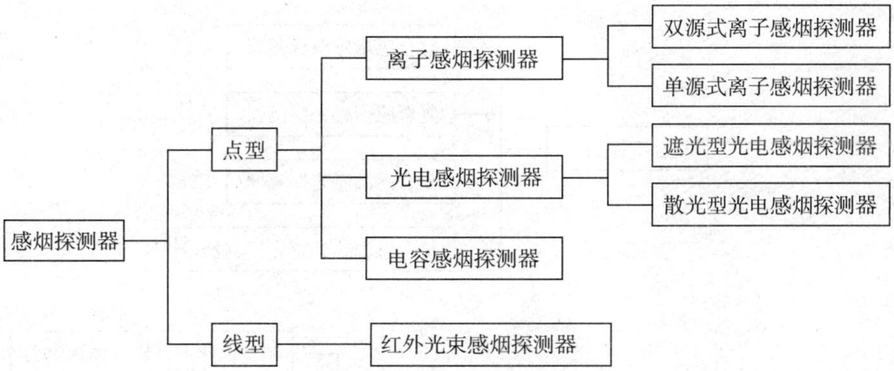

图 2－13　感烟探测器分类

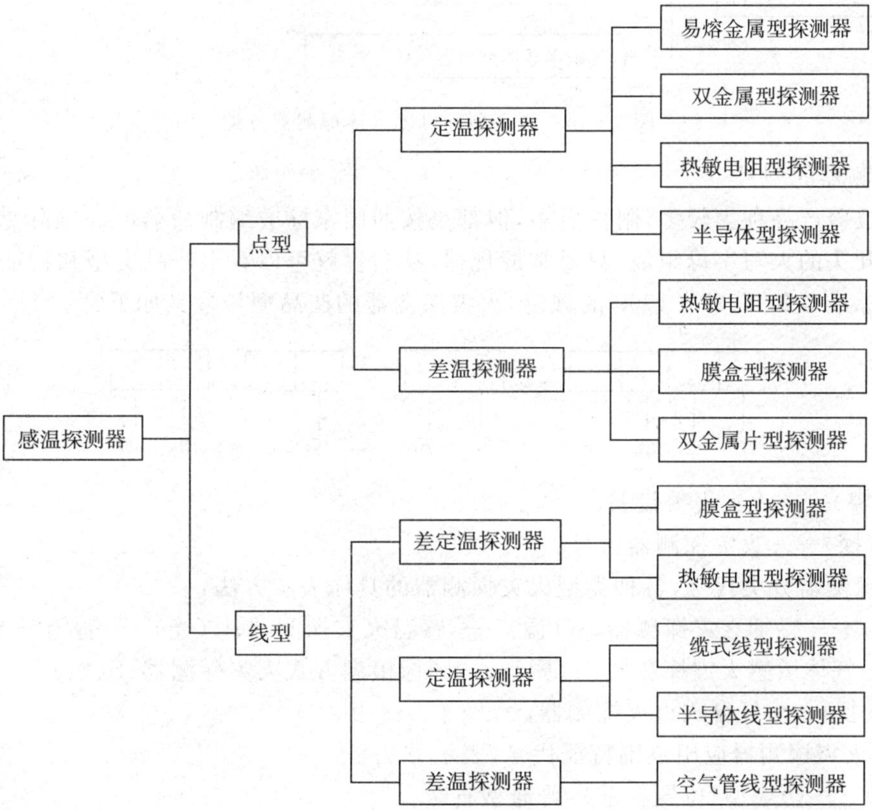

图 2－14　感温探测器分类

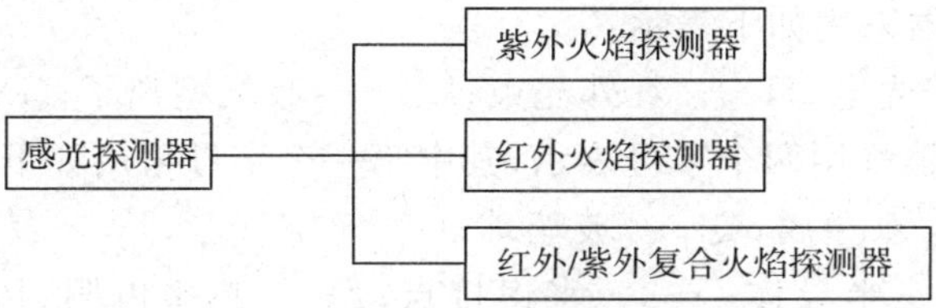

图 2－15　感光探测器分类

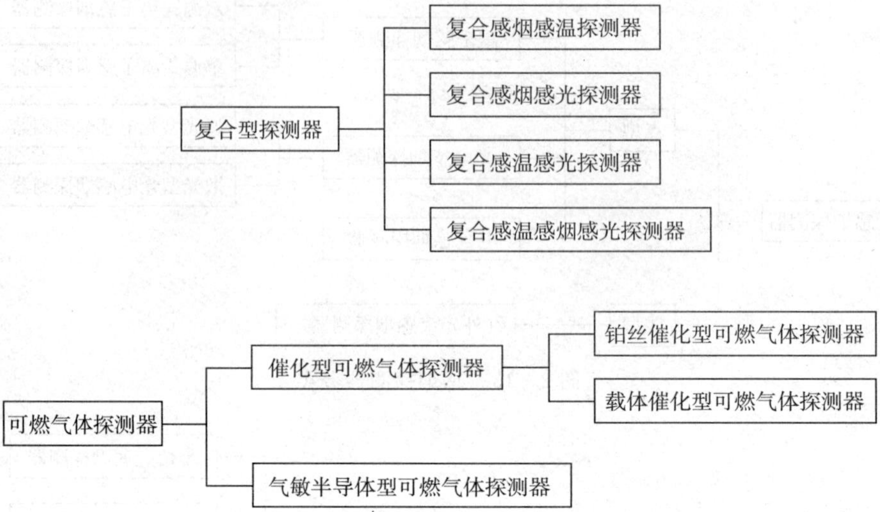

图 2-16　复合型和可燃气体探测器分类

2. 探测器的型号

火灾报警产品种类较多，附件更多，但都是按照国家标准编制命名的。国际型号均是按汉语拼音开头的大写字母组成，只要掌握规律，从名称就可以看出产品类型和特征。

按照标准 GA/T227—1999 的规定，火灾探测器的产品型号含义如下：

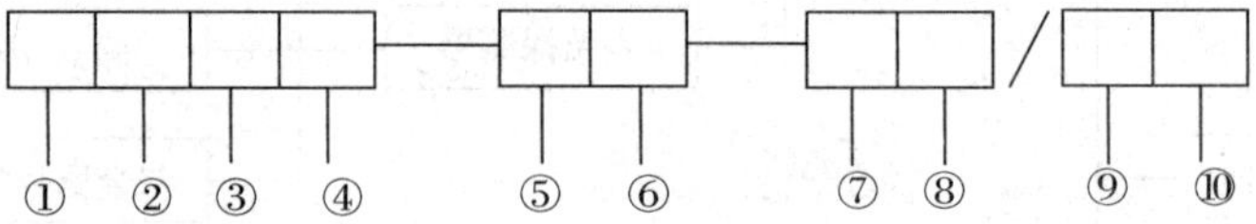

① J(警)——火灾报警设备。

② T(探)——火灾探测器代号。

火灾探测器分类代号，各种类型火灾探测器的具体表示方法：

Y(烟)——感烟火灾探测器；W(温)——感温火灾探测器；G(光)——感光火灾探测器；Q(气)——气体敏感火灾探测器；T(图)——图像摄像方式火灾探测器；S(声)——感声火灾探测器；F(复)——复合式火灾探测器。

③ ④火灾探测器应用范围特征代号，表示方法是：

B(爆)——防爆型(位置在前)，普通型省略；

C(船)——船用型(位置在后)，陆用型省略。

⑤ 火灾探测器中传感器特征代号，常用表示方法叙述如下：

a. 感烟火灾探测器采用如下表示：

L——离子；G——光电；H——红外光束；LX——吸气型离子；GX——吸气型光电。

b. 感温火灾探测器采用两个字母表示，其中第一个字母采用如下字符表示：

M——膜盒；S——双金属；Q——玻璃球；G——空气管；J——易熔金属；L——热敏电缆；O——热电偶；B——半导体；Y——水银接点；Z——热敏电阻；R——易熔材料；X——光纤。

第二个字母采用如下字符表示：

D——定温；C——差温；O——差定温。

c. 感光火灾探测器表示方法：Z——紫外；H——红外；D——多波段。

d. 气体敏感火灾探测器表示方法：B——半导体；C——催化。

e. 复合火灾探测器，采用上述代号组合，图像摄像方式和感声式火灾探测器特征省略。

⑥表示火灾探测器的传输方式代号，表示方法是：W——无限传输方式；M——编码方式；F——非编码方式。

⑦⑧表示厂家及产品代号，一般是4～6位：前2～3位采用字母表示厂家代号，后2～3位采用数字表示产品代号。

⑨⑩火灾探测器主参数和自带报警声响标志，一般定温、差定温火灾探测器用灵敏度级别表示，差温、感烟火灾探测器无须反应，其他火灾探测器采用能够代表其响应特征的参数表示。

2.3.2　火灾探测器的构造与原理

1. 感烟探测器

感烟探测器是响应环境烟雾浓度的探测器，根据探测烟范围的不同，感烟探测器可分为点型感烟探测器和线型感烟探测器。其中点型感烟探测器可分为离子感烟探测器、光电感烟探测器，光电感烟探测器又可分为散光型光电感烟探测器和遮光型光电感烟探测器；线型感烟探测器可分为红外光束、激光等火灾探测器。点型感烟探测器外形如图2-17所示。

1—光电感烟探测器；2—离子感烟探测器

图2-17　点型感烟探测器外形示意图

(1)离子感烟探测器

离子感烟探测器是利用电离室离子流的变化基本正比于进入电离室的烟雾浓度来探测火灾的。离子感烟探测器有双源双室和单源双室之分，它利用放射源制成敏感元件，并由内电离室、外电离室和电子线路或编码线路组成，如图2-18所示。在串联两个电离室两端直接接入24V直流电源，两个电离室形成一个分压室，其电压之和为24V。外电离室是开孔的，烟可顺利通过；内电离室是封闭的，不能进烟，但能与周围环境缓慢相通，以补偿外电离室环境的变化对其工作状态发生的影响。

放射源由物质镅^{241}(^{241}Am)α放射源构成。放射源产生的α射线使内外电离室内空气电离，形成正负离子，在电离室电场作用下，形成通过两个电离室的电流。这样可以把两电离室看成两个串联的等效电阻，两电阻交接点与"地"直接维持某一电压值。

当发生火灾时，烟雾进入外电离室，镅^{241}产生的 α 射线被阻挡，使其电离能力降低，因而电离能力减小。正负离子被体积比其大得多的烟粒子吸附，外电离室等效电阻增大；而内电离室因无烟进入，其等效电阻不变，因而引起两电阻交接点电压变化。当交接点电压变化到某一值，即烟雾浓度达到一定值（由报警阈值确定），交接点的超阈部分经过处理后，开关电路动作，发出报警信号。如图 2－19 所示，即：正常状态，$V=V_1+V_2$；烟雾进入外电离室后，V_1变为V_{11}，V_2变为V_{22}，当$V_{11}<V_1$，$V_{22}>V_2$时，即第 2 接点的电位发生变化。

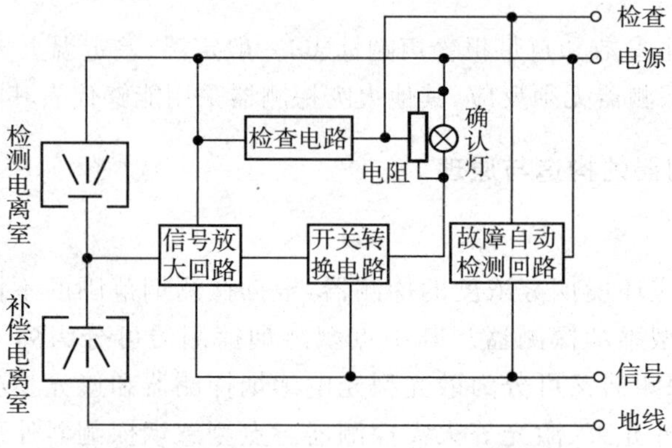

图 2－18　离子感烟探测器方框图

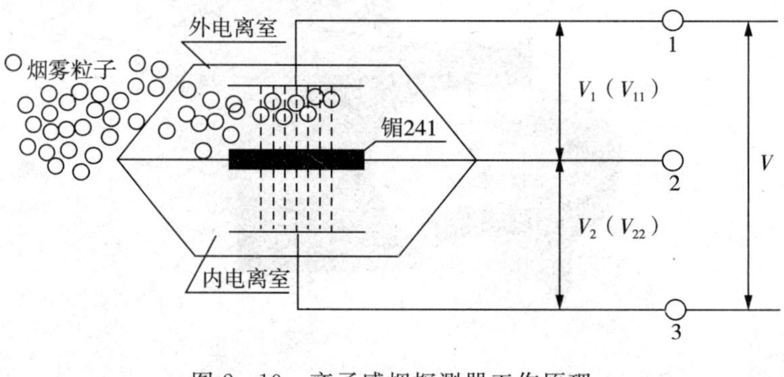

图 2－19　离子感烟探测器工作原理

由于离子感烟探测器自身的误报率相对较高，且后期维护费用高，加之有一定的环境污染，所以现在已基本不适用了。

(2)光电感烟探测器

光电感烟探测器是利用烟雾能够改变光的传播特性而研制的。根据烟雾粒子对光线的吸收和散射作用，其可分为散光型和遮光型两种。

① 散光型感烟探测器：其工作原理如图 2－20 所示。E 为红外发光管，正常情况下，其发射的红外光线由于黑框的遮挡，不能射到光敏管上，探测器处于监视状态。当有烟粒子进入探测室时，烟粒子的散射作用使符合一定角度的散射光被红外光敏二极管接收，该光敏元件的响应与散射光的大小有关，而散射光的大小又由烟雾粒子的浓度决定；当连续几个光脉

冲作用后认定火灾的发生，放大器推动晶闸管电路翻转，发出报警信号。

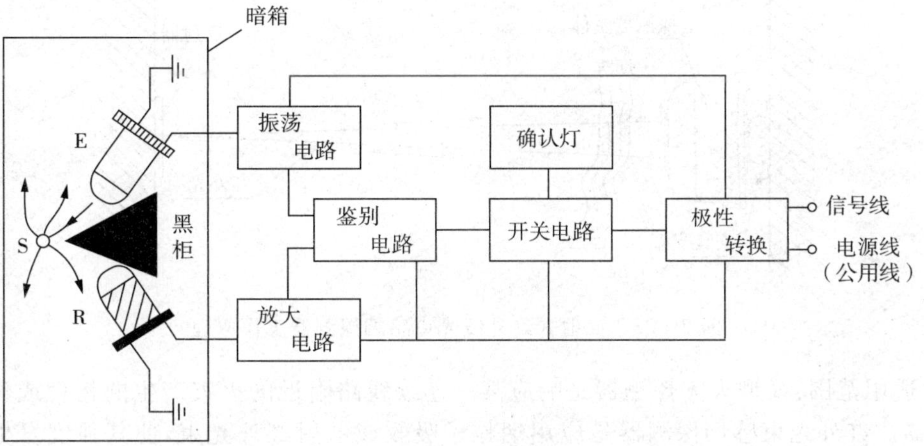

图2-20　散光型感烟探测器的工作原理

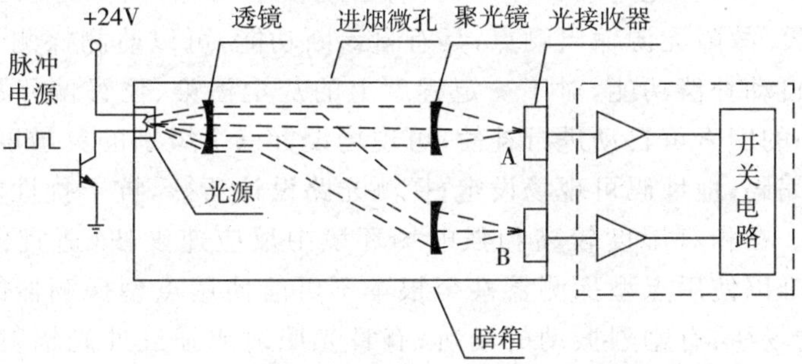

图2-21　遮光型感烟探测器的工作原理

② 遮光型感烟探测器：其工作原理如图2-21所示。该探测器由一个和周围空气相通的暗箱、发光光源和接收光敏元件组成。发光二极管发出的单色光通过透镜聚成光束投射在光敏管上，正常情况下，探测器处于监视状态；当光源与光敏管之间有烟雾存在时，光源发出的光受烟粒子的散射和吸收作用，到达光敏元件上的光通量明显减少，当光强度下降到给定值时，开关电路接通，送出报警信号。

(3)红外线光束感烟探测器

① 构造及原理：其工作原理和遮光型感烟探测器相同，由发射器和接收器两部分组成(距离一般可达到100m)，但反射式红外线光束感烟探测器将发射部分和接收部分合二为一。该探测器的工作原理：利用烟雾对红外光束的吸收和散射作用，当火灾产生的烟雾使红外光束的强度减少到一定值时，发出报警信号。如图2-22、图2-23所示。

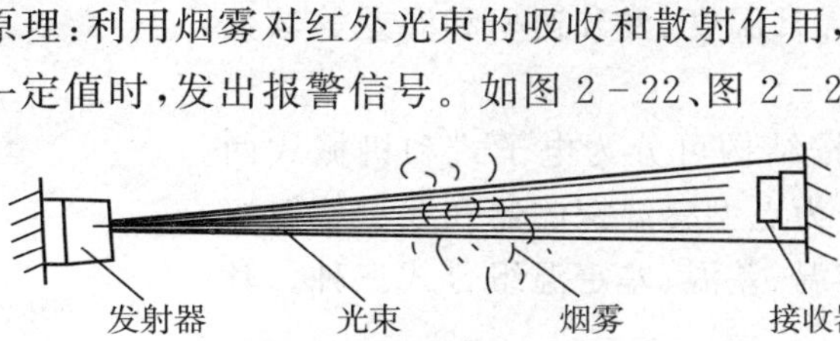

图2-22　红外线光束感烟探测器工作原理

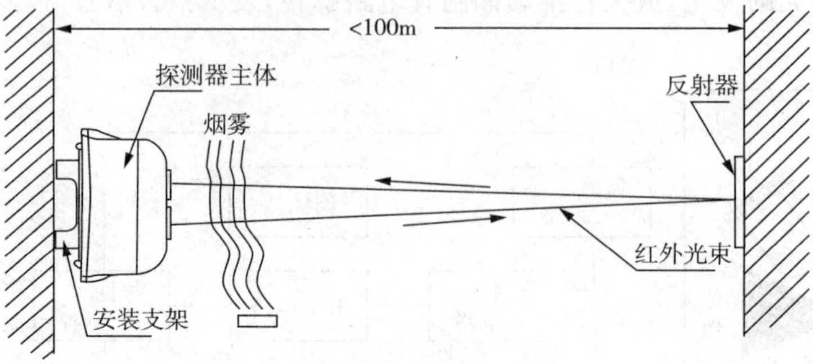

图 2-23　反射式红外线光束感烟探测器工作原理

② 适用范围：线型火灾探测器是响应某一连续线路附近的火灾产生的物理或化学现象的探测器。红外光束感烟探测器是应用烟粒子吸收或散射红外光束，使其强度发生变化而报警的一种探测器。

特点：安装简单、方便，光路准直性好；具有自动校准功能，确保可以由单人在短时间内完成调试；具有火警、故障无源输出触点；具有自诊断功能，可以监测探测器；保护面积大，安装位置较高；具有自动补偿功能，对于一定程度上的灰尘污染、位置偏移及发射管的老化等致使接收信号减小的因素可自动进行补偿；可现场设置三个级别的灵敏度，适用于不同扬尘程度的场所；电子编码、地址码可现场设定；探测光路设计巧妙，抗干扰性能强；密封设计，具有防腐、防水性能。在相对湿度较高和强电场环境中反应速度快，适宜保护较大空间的场所，尤其适宜保护难以使用点型探测器甚至根本不可能使用点型探测器的场所。不宜使用线型光束探测器的场所：有剧烈振动的场所；有日光照射或强红外光辐射源的场所；在保护空间有一定浓度的灰尘、水气粒子且粒子浓度变化较快的场所。

(4)感烟探测器的灵敏度

感烟灵敏度(或称响应灵敏度)是探测器响应烟参数的敏感程度。感烟探测器分为高、中、低(或Ⅰ、Ⅱ、Ⅲ)级灵敏度，在烟雾相同的情况下，高灵敏度意味着可对较低浓度的烟粒子响应。灵敏度等级上用标准烟(试验气溶胶)在烟箱中标定感烟探测器几个不同的响应阈值的范围。

感烟灵敏度等级的调整有两种方法：一种是电调整法，另一种是机械调整法。

一般来讲，高灵敏度用于禁烟场所，中级灵敏度用于卧室等少烟场所，低级灵敏度用于多烟场所。高、中、低级灵敏度的探测器的感烟动作率分别为10%、20%、30%。

2. 感温探测器

感温探测器是响应异常温度、温升速率和温差等参数的探测器。

感温式火灾探测器按结构可分为电子式和机械式两种；按结构造型的不同分为点型感温探测器和线型感温探测器；按原理又可分为定温、差温、差定温组合式三种。其外形如图 2-24 所示。

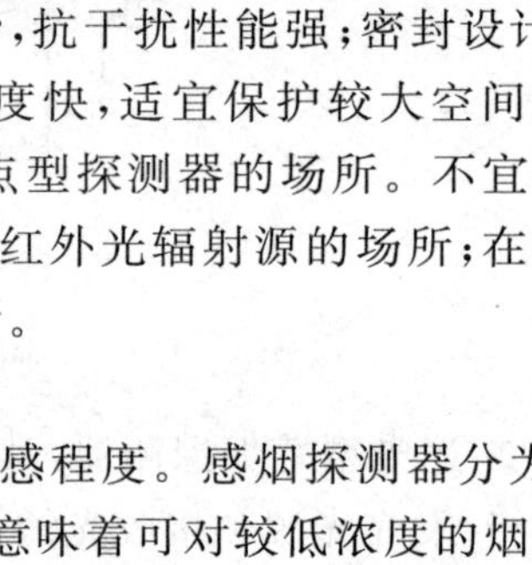

图 2-24　点型感温探测器外形示意图

(1)点型定温探测器

定温探测器是随着环境温度的升高,达到或超过预定值时响应的探测器。

① 双金属型定温探测器:双金属定温火灾探测器是以具有不同热膨胀系数的双金属片作为敏感元件的一种定温火灾探测器。常用的结构形式有圆筒状和圆盘状两种。圆筒状的结构如图 2-25(a)、(b)所示,由不锈钢管、铜合金片以及调节螺栓等组成。两个铜合金片上各装有一个电接点,其两端通过固定块分别固定在不锈钢管和调节螺栓上。由于不锈钢管的膨胀系数大于铜合金片,当环境温度升高时,不锈钢外筒的伸长大于铜合金片,因此铜合金片被拉直。在图 2-25(a)中两接点闭合发出火灾报警信号;在图 2-25(b)中两接点打开发出火灾报警信号;图 2-25(c)所示为双金属圆盘状定温火灾探测器结构示意图。

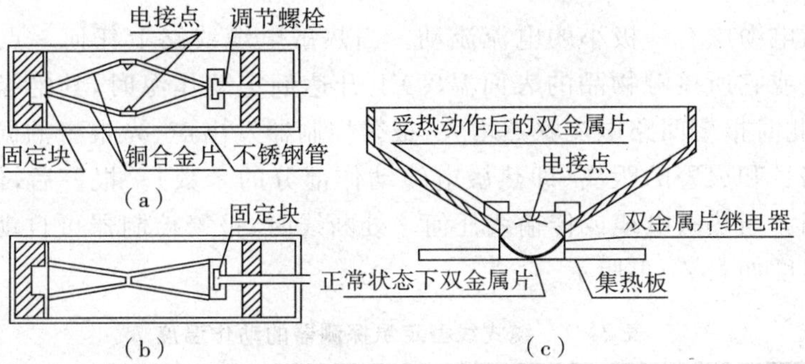

图 2-25　定温探测器结构示意图

② 缆式线型定温探测器

缆式线型定温探测器是指采用线缆式结构的线型定温探测器。

Ⅰ. 热敏电缆线型定温探测器的构造及原理

该探测器由两根弹性钢丝、热敏绝缘材料、塑料色带及塑料外护套组成,如图 2-26 所示。它是在两根导线之间用一种在常温下呈绝缘特性的材料填充隔离,一旦发生火灾,在失火范围的电缆温度升高到预定值时,该绝缘材料熔化,使两根导线短路而发出报警信号。该探测器主要由智能缆式线型感温探测器编码接口箱、热敏电缆及终端模块三部分构成的一个报警回路,此报警回路再通过智能缆式线型感温探测器编码接口箱与报警总线相连,以便传输火灾信息到报警主机上。其系统构成如图 2-27 所示,其中接口 1 可带两路感温电缆,接口 n 带单路感温电缆。

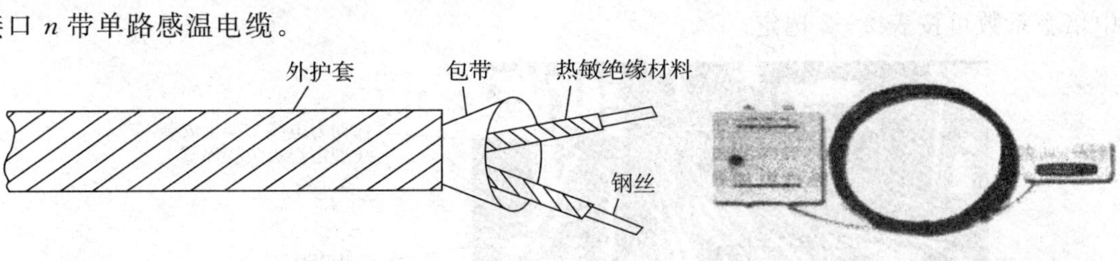

(a) 缆式线型定温探测器构造　(b) 智能缆式线型感温探测器外形

图 2-26　缆式线型定温探测器构造及外形

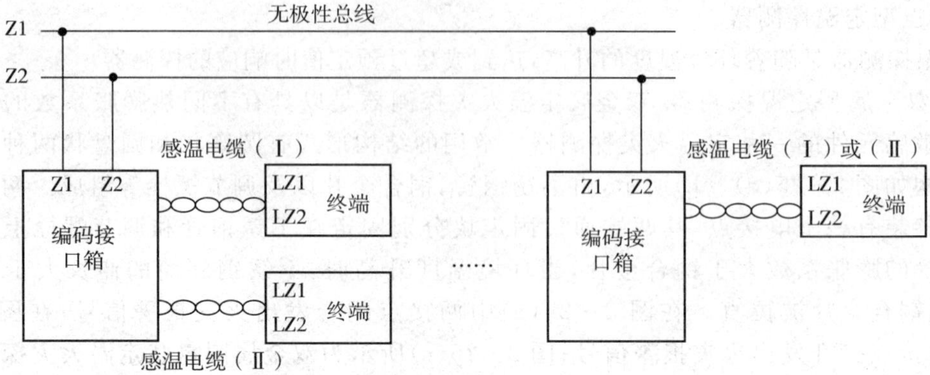

图 2-27　智能缆式线型感温探测器系统的组成

在每一热敏电缆中有一极小的电流流动。当热敏电缆线路上任何一点的温度(可以是“电缆”周围空气或它所接触物品的表面温度)上升达额定动作温时,其绝缘材料熔化,两根钢丝互相接触,此时报警回路电流骤然增大,报警控制器发出声、光报警的同时,数码管显示火灾报警的回路号和火警的距离(即热敏电缆动作部分的米数)。报警后,经人工处理热敏电缆可重复使用。当热敏电缆或传输线任何一处断线时,报警控制器可自动发出故障信号。探测器的动作温度如表 2-1 所示。

表 2-1　缆式线型定温探测器的动作温度

安装地点允许的温度范围(℃)	额定动作温度(℃)	备　注
－30～40	68±10	适用于室内、可架空及靠近安装使用
－30～55	85±10	适用于室内、可架空及靠近安装使用
－40～75	105±10	适用于室内、室外
－40～100	138±10	适用于室内、室外

Ⅱ. 探测器的动作温度及热敏电缆长度的选择

a. 探测器动作温度:应按表 2-1 选择。

b. 热敏电缆长度的选择:热敏电缆托架或支架上的动力电缆上表面接触安装时,如图 2-28所示,热敏电缆的长度按下列公式计算:

热敏电缆的长度＝托架长×倍率系数

其中倍率系数可按表 2-2 选定。

图 2-28　热敏电缆在动力电缆上表面接触安装

表2-2　倍率系数的确定

托架宽(m)	倍率系数	托架宽(m)	倍率系数
1.2	1.75	0.5	1.15
0.9	1.50	0.4	1.10
0.6	1.25		

热敏电缆以正弦波方式安装在动力电缆上时，其固定卡具的数目计算方法如下：

固定卡具数目＝正弦波半渡个数×2＋1

(2)差温探测器

差温探测器是当火灾发生时，室内温度升高速率达到预定值时响应的探测器。按其工作原理可分机械式和电子式。

① 点型差温火灾探测器

当火灾发生时，室内局部温度将以超过常温数倍的异常速率升高。差温火灾探测器就是利用对这种异常速率产生感应而研制的一种火灾探测器。

当环境温度以不大于1℃/min的温升速率缓慢上升时，差温火灾探测器将不发出火灾报警信号，较为适用于产生火灾时温度快速变化的场所。点型差温火灾探测器主要有膜盒差温、双金属片差温、热敏电阻差温火灾探测器等几种类型。常见的是膜盒差温火灾探测器，它由感温外壳、波纹片、漏气孔及电接点等几部分构成，其结构如图2-29所示。

这种探测器具有灵敏度高、可靠性好、不受气候变化影响的特点，因而应用非常广泛。

② 空气管式线型差温探测器

它是一种感受温升速率的火灾探测器，由敏感元件空气管 ϕ3mm×0.5mm紫铜管(安装于要保护的场所)、传感元件膜盒和电路部分(安装在保护现场或装在保护现场之外)组成，如图2-30所示。

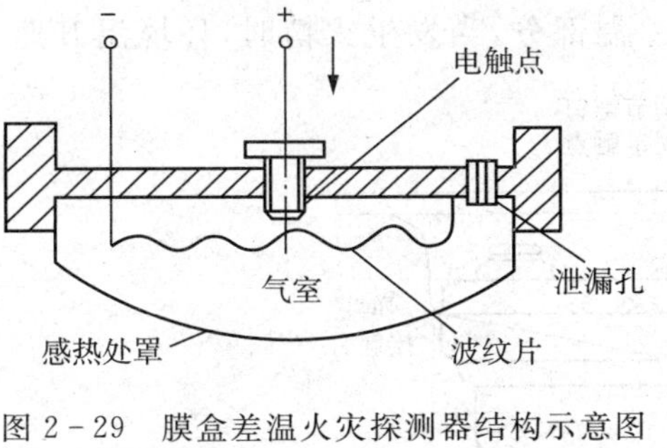

图2-29　膜盒差温火灾探测器结构示意图

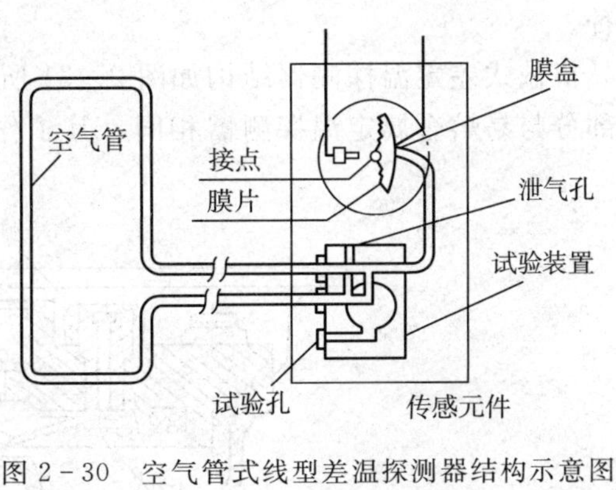

图2-30　空气管式线型差温探测器结构示意图

工作原理：正常情况下，气温正常，受热膨胀的气体能从传感元件泄气孔排出，不推动膜盒片，动、静结点不闭合；发生火灾时，灾区温度快速升高，使空气管感受到温度变化，管内的空气受热膨胀，泄气孔无法立即排出，膜盒内压力增加推动膜片，使之产生位移，动、静接点闭合，接通电路，输出报警信号。

空气管式线型差温探测器的灵敏度为三级，如表 2-3 所列。由于灵敏度不同，其使用场所也不同，表 2-4 所给出了不同灵敏度空气管式线型差温探测的适用场合。

表 2-3 空气管线型差温探测器灵敏度

种类	动作温升速率(℃/min)	不动作温升速率
1	7.5	1℃/min 持续上升 10min
2	15	2℃/min 持续上升 10min
3	30	3℃/min 持续上升 10min

说明：以第 2 种规格为例，当空气管总长度的 1/3 感受到以 15℃/min 速率上升的温度时，1min 之内会给出报警信号。而空气管总长度的 2/3 感受到以 2℃/min 速率上升的温度时，10min 之内不应发出报警信号。

表 2-4 3 种不同灵敏度空气管线型差温探测器的使用场合

种类	最大空气管长度(m)	使用场合
1	＜80	书库、仓库、电缆隧道、地沟等温度变化率较小的场合
2	＜80	暖房设备等温度变化较大的场合
3	＜80	消防设备中要与消防泵自动灭火装置联动的场合

以上所描述的差温和定温感温探测器中除缆式线型定温探测器因其特殊的用途还在使用外，其他均已被下面介绍的差定温组合式探测器所取代。

(3)差定温组合式探测器

这种探测器是将温差式、定温式两种感温探测元件组合在一起，同时兼有两种功能。其中某一种功能失效，另一种功能仍能起作用，因而大大提高了可靠性，分为机械式和电子式两种。

机械式差定温探测器结构如图 2-31 所示，温差探测部分与膜盒形基本相同，而定温探测部分与易熔金属定温探测器相同。其工作原理：差温部分，当发生火情时，环境温升速率

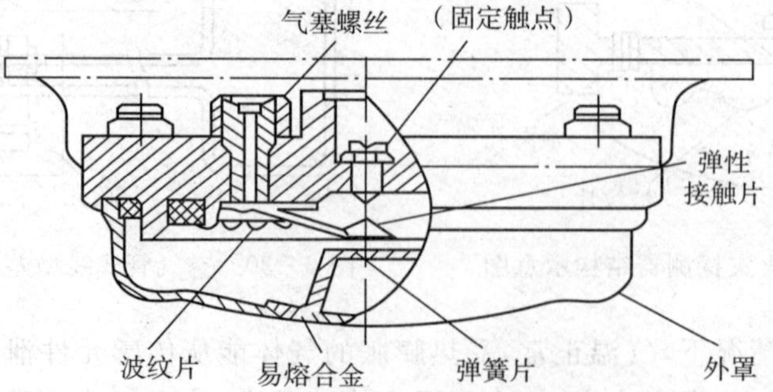

图 2-31 差定温火灾探测器结构示意图

达到某一数值，波纹片在受热膨胀的气体作用下，压迫同定在波纹片上的弹性接触片向上移动与固定触头接触，发出报警。定温部分，当环境温度达到一定值时，易熔金属熔化，弹簧片弹回，也迫使弹性接触片和固定触点接触，发出报警信号。电子式差定温探测器原理：由感温电阻将现场的温度信号传至探测器内部的单片机，再由单片机根据其内部的火灾特征曲线判断现场是否着火，并将结果通过总线传至火灾报警主机上。这也是现在普遍使用的一种差定温感温探测器，其接线方式与感烟探测器相同。

(4)感温探测器的灵敏度

感温探测器在火灾条件下响应温度参数的敏感程度，称为感温探测器的灵敏度。感温探测器的灵敏度分为Ⅰ、Ⅱ、Ⅲ级。定温、差定温探测器灵敏度级别标志：Ⅰ级灵敏度(62℃)：绿色；Ⅱ级灵敏度(70℃)：黄色；Ⅲ级灵敏度(78℃)：红色。

3. 感光探测器

点型感光探测器是一种对火焰中特定波段的电磁辐射(红外光、可见光、紫外光)敏感的探测器，又称火焰探测器，可分为红外火焰探测器(波长大于700nm)和紫外火焰探测器(波长小于400nm)两种。由于光的传播速度极快，因此这种探测器对快速发生的火灾(如易燃、可燃液体火灾)或爆炸，能够及时响应，是对这类火灾早期通报火警的理想探测器。又由于电磁波不受气流扰动的影响，所以感光探测器是唯一能在室外使用的探测器。

(1)红外火焰探测器

其是对火焰辐射中红外光敏感的一种探测器，工作原理如图2-32所示。当红外火焰探测器探测到燃烧的火焰时，安装于红外光敏元件前方的红外滤光片只透过红外光辐射，对应的波长在850～1200nm。红外光经透镜聚焦在红外光敏元件上，该敏感元件将光信号变换成电信号，经选频放大器鉴别出火焰信号(即滤除火焰闪烁频率5～30Hz以外的信号)并进行放大。为防止现场其他红外辐射源偶然波动可能引起的误报，通常还接一个延时电路延时1～15s，才能发出警报信号。该探测器适用于电缆地沟、坑道、库房、地下铁道及隧道等处。

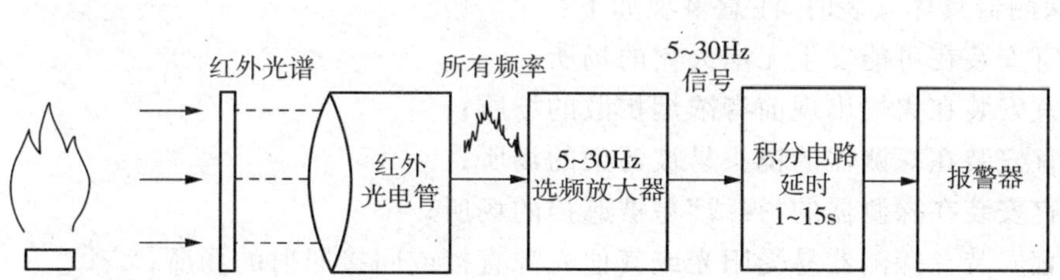

图2-32　红外火焰探测器工作原理

(2)紫外火焰探测器

其是对火焰辐射中紫外光敏感的一种探测器，构造、工作原理及外形如图2-33所示。当光敏管接收到185～245nm的紫外线时，产生电离作用而放电，使其内阻变小，导电电流增加，电子开关导通，光敏管工作电压降低；当电压降低到$V_{熄灭}$电压时，光敏管停止放电，使导电电流减小，电子开关断开，此时电源电压通过RC电路充电，又使光敏管的工作电压重新升高到$V_{导通}$电压。然后重复上述过程，这样便产生了一串脉冲，脉冲的频率与紫外线强度成正比，同时与电路参数有关。

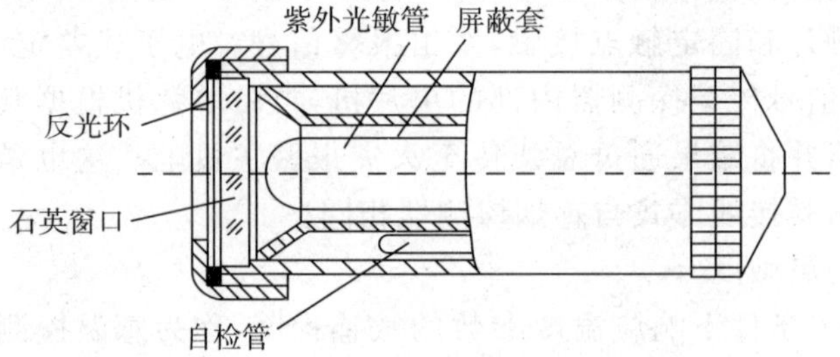

(a) 结构示意图

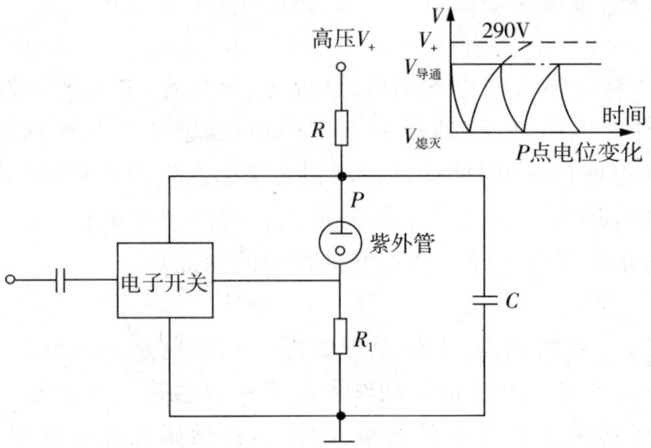

(b) 工作原理图

(c) 外形

图 2-33　红外火焰探测器工作原理

(3)安装

感光探测器具体安装时，注意事项如下：

① 不宜安装在可能发生无焰火灾的场所；

② 不宜安装在火焰出现前有浓烟扩散的场所；

③ 不宜安装在探测器的镜头易被污染的场所；

④ 不宜安装在探测器的“视线”易被遮挡的场所；

⑤ 不宜安装在探测器易受阳光或其他光源直接或间接照射的场所；

⑥ 不宜安装在正常情况下有明火作业、X 射线及弧光等影响的场所。

4. 可燃气体探测器

对探测区域内，某一点周围的特殊气体参数敏感的探测器称为可燃气体探测器（又称气体火灾探测器）。该探测器是根据远低于可燃气体爆炸浓度的下限值，就其火灾的危险性而进行报警的，以保证在火灾之前采取通风措施。其探测的气体主要有天燃气、液化气、酒精、一氧化碳等，可分为催化型可燃气体探测器和半导体型可燃气体探测器两种。

(1)催化型可燃气体探测器

其敏感元件是催化燃烧元件——一个很小的多孔陶瓷小珠（直径约为 1mm），例如

Al_2O_3 和一个 Pt 加热线圈烧结到一起，如图 2－34 所示，把小球浸渍在某种催化剂（Pt、Th、Pd 等）以加速某些气体的氧化作用。该活性小珠在电路中是桥式连接，其参考桥臂由一类似结构的惰性小珠构成。两个小珠相邻地放在探测器壳体中，Pt 线圈被加热到 500℃左右，可氧化的气体在催化的活性小珠热表面上氧化，但在惰性小珠上不氧化。因此，活性小珠的温度稍高于惰性小珠的温度，两个小珠的温差可由 Pt 加热线圈电阻的相应变化测出。对于低浓度气体来说，电路输出信号 S 与气体浓度 C 成正比，即

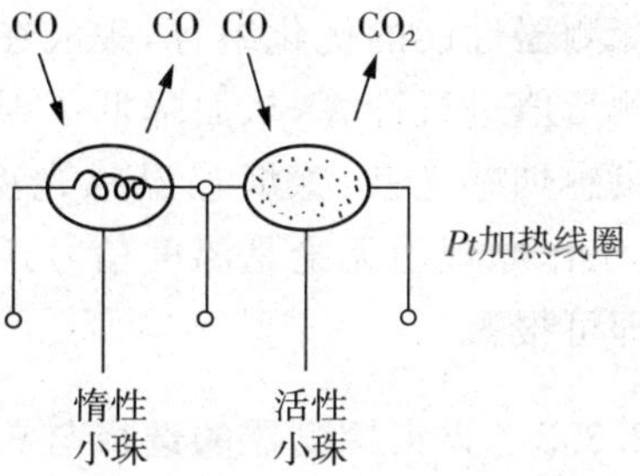

图 2－34　催化燃烧气体敏感元件示意图

$$S=A\times C$$

式中，S——电路输出信号；

A——系数（A 与燃烧热成正比）；

C——气体浓度。

由催化燃烧敏感元件制成的探测器仅对可氧化的气体敏感。它主要用于监测易爆气体（其浓度在爆炸下限的 1/100 到 1/10，即大于 1.0×10^{-4}）。探测器的灵敏度可勉强探出典型火灾初期阶段的气体浓度，而探测器的功率较大（约 1W），在大多数情况下，由于在 1 年左右时间内有较大的漂移，所以需要重新进行电气调零。

（2）半导体型可燃气体探测器

其敏感元件是金属氧化物半导体。当氧化物暴露在 200～300℃的还原性气体中时，大多数氧化物的电阻将明显降低。由于半导体表面接触的气体的氧化作用，被离子吸收的氧原子从半导体表面移出，形成的自由电子增强了半导体元件的导电性。加入特殊的催化剂，如 Pt、Pd 和 Gd，可加速表面反应。这一效应是可逆的，即当还原性气体小时，半导体元件又恢复到高阻值状态。

应用较多的是以二氧化锡（SnO_2）材料适量掺杂（添加微量钯（Pd）等贵金属做催化剂）。在高温下烧结成多晶体为 N 型半导体材料，在 230～300℃温度下，如遇可燃性气体——浓度为 1.0×10^{-5} 的一氧化碳，其足够灵敏。其他类型的可燃气体探测器还有氧化锌系列，它是在氧化锌材料中掺杂铂（Pt）作催化剂，对煤气具有较高的灵敏度；掺杂钯（Pd）作催化剂，对一氧化碳和氢气比较敏感。

有时还采用其他材料作敏感元件，例如 $\gamma-Fe_2O_3$ 系列，它不使用催化剂也能获得足够的灵敏度，并因不使用催化剂而大大延长其使用寿命。

（3）适用场所及作用

用于探测溶剂仓库、压气机站、炼油厂、输油输气管道的可燃性气体，也用于预防潜在的爆炸或毒气危害的工业场所及民用建筑（煤气管道、液化气罐等），起防爆、防火、监测环境污染的作用。

5. 复合型火灾探测器

复合型火灾探测器是可以响应两种或两种以上火灾参数的探测器，是两种或两种以上

火灾探测器性能的优化组合，集成在每个探测器内的微处理机芯片，对相互关联的每个探测器的测量值进行计算，从而降低了误报率。通常有感烟感温型、感温感光型、感烟感光型、红外光束感烟感光型、感烟感温感光型复合探测器。其中，以烟温复合型探测器应用最为广泛，其工作原理为无论是温度信号还是烟雾信号，只要有一种火灾信号达到相应的阈值时探测器即可报警。

2.3.3 火灾探测器的选择与布置

在火灾自动报警系统中，探测器的选择是否合理，关系到系统能否正常运行，因此探测器种类及数量的确定十分重要。另外，合理的布置是保证探测质量的关键环节，因此在选择和布置时，应符合国家规范。

1. 探测器种类的选择

应根据探测区域内的环境条件、火灾特点、房间高度、安装场所的气流状况等，选用其所适宜类型的一种探测器或几种探测器的组合。

(1)根据火灾特点、环境条件及安装场所确定探测器的类型

火灾受可燃物质的类别、着火的性质、可燃物质的分布、着火场所的条件、火载荷重、新鲜空气的供给程度以及环境温度等因素的影响。一般把火灾的发生与发展分为四个段：

① 前期：火灾尚未形成，只出现一定量的烟，基本上未造成物质损失。

② 早期：火灾开始形成，烟量大增，温度上升，已开始出现火苗，造成较小损失。

③ 中期：火灾已经形成，温度很高，燃烧加速，造成了较大的物质损失。

④ 晚期：火灾已经扩散。

根据以上对火灾特点的分析，对探测器选择：

① 感烟探测器作为前期、早期报警是非常有效的。凡是要求火灾损失小的重要场所，对火灾初期有阴燃阶段，即产生大量的烟和少量的热，很少或没有火焰辐射的火灾，如棉、麻织物的阴燃等，都适于选用。不适于选用的场所有：正常情况下有烟的场所，经常有粉尘及水蒸气等固体、液体微粒出现的场所，发火迅速、产生烟极少爆炸性场合。

② 离子感烟与光电感烟探测器的适用场合基本相同，但应注意它们各有不同的特点。离子感烟探测器对人眼看不到的微小颗粒同样敏感，例如人能嗅到的油漆味、烤焦味等都能引起探测器动作，甚至一些分子量大的气体分子，也会使探测器发生动作，在风速过大的场合，例如风速大于 6m/s 将引起探测器不稳定，且其敏感元件的寿命较光电感烟探测器短。

③ 对于有强烈火焰辐射而仅有少量烟和热产生的火灾，如轻金属及它们的化合物的火灾，应选用感光探测器，但不宜在火焰出现前有浓烟扩散的场所及探测器的镜头易被污染、遮挡以及受电焊、X 射线等影响的场所中使用。

④ 感温型探测器作为火灾形成早期(早期、中期)报警非常有效。因其工作稳定，不受非火灾性烟雾汽尘等的干扰。凡无法应用感烟探测器、允许产生一定物质损失的非爆炸性场合都可采用感温型探测器，特别适用于经常存在大量粉尘、烟雾、水蒸气的场所及相对湿度经常高于 95%的房间，但不宜用于有可能产生阴燃火灾的场所。

⑤ 定温型感温探测器允许温度有较大的变化，其工作比较稳定，但火灾造成的损失较大，在 0℃以下的场所不宜选用。差温型适用于火灾早期报警，火灾造成损失较小，但火灾温

度升高过慢则无反应而漏报。差定温型具有差温型的优点而又比差温型更可靠，所以最好选用差定温型感温探测器。

各种探测器都可配合使用，如感烟与感温探测器的组合，宜用于大中型机房、洁净厂房以及防火卷帘设施的部位等处。对于蔓延迅速、有大量的烟和热产生、有火焰辐射的火灾，如油品燃烧等，宜选用三种探测器的配合。

总之，感烟探测器具有稳定性好、误报率低、寿命长、结构紧凑、保护面积大等优点，得到广泛应用。其他类型的探测器，只在某些特殊场合作为补充使用。为选用方便，归纳为表2-5所列。

表2-5　点型探测器的适用场所或情形一览表

序号	探测器类型 / 场所或情形	感烟		感温				感光		说　明
		离子	光电	定温	差温	差定温	缆式	红外	紫外	
1	饭店、宾馆、教学楼、办公楼的厅堂、卧室、办公室等	√	√							厅堂、办公室、会议室、值班室、娱乐室、接待室灵敏度为中、低，可延时；卧室、病房、休息厅、衣帽间、展览室等，灵敏度档次为高
2	电子计算机房、通讯机房、电影、电视放映室等	√	√							这些场所灵敏度要高或高、中档次联合使用
3	楼梯、走道、电梯、机房等	√	√							灵敏度档次为高、中
4	书库、档案库	√	√							灵敏度档次为高
5	有电器火灾危险	√	√							早期热解产物，气溶胶微粒小，可用离子型；气溶胶微粒大，可用光电型
6	气流速度大于5m/s	×	√							
7	相对湿度经常高于95%以上	×				√				根据不同要求也可选用定温或差温
8	有大量粉尘、水雾滞留	×	×	√	√	√				根据具体要求选用
9	有可能发生无烟火灾	×	×	√	√	√				
10	在正常情况下有烟和蒸汽滞留	×	×	√	√	√				

（续表）

序号	探测器类型 场所或情形	感烟		感温				感光		说　明
		离子	光电	定温	差温	差定温	缆式	红外	紫外	
11	有可能产生蒸汽和油雾		×							
12	厨房、锅炉房、发电机房、茶炉房、烘干车间等			√		√				在正常高温环境下，感温探测器的额定动作温度值可定得高些，或选用高温感温探测器
13	吸烟室、小会议室等				√	√				若选用感烟探测器则应选低灵敏度档次
14	汽车库				√	√				
15	其他不宜安装感烟探测器的厅堂和公共场所	×	×	√	√	√				
16	可能产生阴燃火或者如发生火灾不及早报警将造成重大损失的场所	√	√	×	×	×				
17	温度在0℃以下			×						
18	正常情况下，温度变化较大的场所				×					
19	可能产生腐蚀性气体场所	×								
20	产生醇类、醚类、酮类等有机物质	×								
21	可能产生黑烟		×							
22	存在高频电磁波干扰		×							
23	银行、百货店、商场、仓库	√	√							
24	火灾时有强烈的火焰辐射							√	√	含有易燃材料的房间、飞机库、油库、海上石油钻井和开采平台；炼油裂化厂

（续表）

序号	探测器类型 场所或情形	感烟		感温				感光		说　明
		离子	光电	定温	差温	差定温	缆式	红外	紫外	
25	需要对火焰做出快速反应							√	√	镁和金属粉末的生产，大型仓库、码头
26	无阴燃阶段火灾							√	√	
27	博物馆、美术馆、图书馆	√	√					√	√	
28	电站、变压器室、配电室	√	√					√	√	
29	可能发生无焰火灾							×	×	
30	在火焰出现前有浓烟扩散							×	×	
31	探测器的镜头易被污染							×	×	
32	探测器的“视线”易被遮挡							×	×	
33	探测器易受阳光或其他光源直接或间接照射							×	×	
34	在正常情况下有明火作业以及X射线、弧光灯影响							×	×	
35	电缆隧道、电缆竖井、电缆夹层								√	发电厂、发电站、化工厂、钢铁厂
36	原料堆垛								√	纸浆厂、造纸厂、卷烟厂及工业易燃堆垛
37	仓库堆垛								√	粮食、棉花仓库及易燃仓库堆垛
38	配电装置、开关设备、变压器、电控中心							√		
39	地铁、名胜古迹、市政设施						√			

（续表）

序号	探测器类型 场所或情形	感烟		感温				感光		说　明
		离子	光电	定温	差温	差定温	缆式	红外	紫外	
40	耐碱、防潮、耐低温等恶劣环境						√			
41	皮带运输机生成流水线和滑道的易燃部位						√			
42	控制室、计算机室的闷顶内、地板下及重要设施隐蔽处						√			
43	其他环境恶劣不适合点型感烟探测器安装场所						√			

注：1. 符号说明，在表中“√”表示适合的探测器，应优先选用；“×”表示不适合的探测器，不应选用；空白（无符号），表示需谨慎使用。

2. 在散发可燃气体和可燃气的场所宜选用可燃气体探测器，实现早期报警。

3. 对可靠性要求高，需要有自动联动装置或安装自动灭火系统，采用感烟、感温、感光探测器（同类型或不同类型）的组合。这些场所通常都是重要性很高，火灾危险性很大的。

4. 在实际使用时，如果在所列项目中找不到时，可以参照类似场所，如果有把握或很难判定是否合适，最好做燃烧模拟试验最终确定。

5. 下列场所可不设火灾探测器：

(1)厕所、浴室等；

(2)不能有效探测火灾者；

(3)不便维修、使用（重点部位除外）的场所。

在工程实际中，危险性大又很重要的场所（即需设置自动灭火系统或设有联动装置的场所）均应采用感烟、感温、感光探测器的组合。

① 线型探测器的适用场所

Ⅰ. 下列场所宜选用缆式线型定温探测器：

a. 控制室、计算机室的吊顶内、地板下及重要设施隐蔽处等；

b. 配电装置，包括电阻排、电机控制中心、变压器、变电所、开关设备等；

c. 灰尘收集器、高架仓库、市政设施、冷却塔等；

d. 卷烟厂、造纸厂、纸浆厂及其他工业易燃的原料垛等；

e. 各种皮带输进装置、生产流水线和滑道的易燃部位等；

f. 电缆桥架、电缆夹层、电缆隧道、电缆竖井等；

g. 其他环境恶劣不适合点型探测器安装的危险场所。

Ⅱ. 下列场所宜选用空气管线型差温探测器：

a. 不宜安装点型探测器的夹层、吊顶；

b. 公路隧道工程；

c. 古建筑；

d. 可能产生油类火灾且环境恶劣的场所；

e. 大型室内停车场。

Ⅲ. 下列场所宜选用红外光束感烟探测器：

a. 古建筑、文物保护的厅堂馆所等；

b. 变电站、发电厂等；

c. 隧道工程；

d. 无遮挡大空间的库房、飞机库、纪念馆、档案馆、博物馆等。

② 可燃气体探测器的适用场所：

Ⅰ. 煤气表房、煤气站以及大量存放液化石油气罐的场所；

Ⅱ. 使用管道煤气或燃气的房屋；

Ⅲ. 其他散发或积聚可燃气体和可燃液体蒸气的场所；

Ⅳ. 有可能产生大量一氧化碳气体的场所，宜选用一氧化碳气体探测器。

(2)根据房间高度选择探测器

由于各种探测器特点各异，其适于房间的高度也不一致，为了使选择的探测器能更有效地达到保护的目的，表 2-6 列举了几种常用的探测器对房间高度的要求，仅供学习及设计参考。

表 2-6　根据房间高度选探测器

房间高度 h(m)	感烟探测器	感温探测器			感光探测器
		一级	二级	三级	
$12<h\leqslant 20$	不适合	不适合	不适合	不适合	适合
$8<h\leqslant 12$	适合	不适合	不适合	不适合	适合
$6<h\leqslant 8$	适合	适合	不适合	不适合	适合
$4<h\leqslant 6$	适合	适合	适合	不适合	适合
$h\leqslant 4$	适合	适合	适合	适合	适合

如果高出顶棚的面积小于整个顶棚面积的 10%，只要这一顶棚部分的面积不大于 1 只探测器的保护面积，则该较高的顶棚部分同整个顶棚面积一样看待；否则，较高的顶棚部分，应如同分隔开的房间处理。

在按房间高度选用探测器时，应注意这仅仅是按房间高度对探测器选用的大致划分，具体选用时，还需结合火灾的危险度和探测器本身的灵敏度来进行。如判断不准时，需先做模拟试验后再确定。在符合表 2-5 和表 2-6 的情况下便确定了探测器。如同时有两种以上探测器符合要求，应选保护面积较大的探测器。

2. 探测器数量的确定

在实际工程中，房间功能及探测区域大小不一，房间高度、棚顶坡度也各异，那么如何确定探测器的数量呢？规范规定：每个探测区域内至少设置一只火灾探测器。一个探测区内所设置探测器的数量应按下式计算：

$$N \geqslant \frac{S}{k \cdot A}（只）$$

式中，N——一个探测区域内所设置的探测器的数量，单位用“只”表示，N 应取整数（即小数进位取整数）；

S——一个探测区域的地面面积（m^2）；

A——探测器的保护面积（m^2），指一只探测器能有效探测的地面面积。由于建筑物房间的地面通常为矩形，因此，所谓“有效”探测器的地面面积实际上是指探测器能探测到矩形地面面积。探测器的保护半径 R（m）是指一只探测器能有效探测的单向最大水平距离；

k——安全修正系数。特级保护对象 k 取 0.7～0.8，一级保护对象 k 取 0.8～0.9，二级保护对象 k 取 0.9～1.0。选取 k 值时，根据设计者的实际经验，并考虑发生火灾对人身和财产的损失程度、火灾危险性大小、疏散及扑救火灾的难易程度以及对社会的影响大小等多种因素。

对于一只探测器而言，其保护面积和保护半径的大小与其探测器的类型、探测区域的面积、房间高度及屋顶坡度都有一定的关系。表 2－7 以两种常用的探测器反映了保护面积、保护半径与其他参量的相互关系。

此外，确定探测器的数量时还需考虑通风换气对感烟探测器保护面积的影响，在通风换气的房间，烟的自然蔓延方式受到破坏。换气越频，燃烧产物（烟气体）的浓度越低，部分烟被空气带走，导致探测器接收到的烟减少，或者说感烟探测器灵敏度相对下降。常用的补偿方法有两种：一是压缩每只探测器的保护面积；二是增大探测器的灵敏度。但要注意防误报。感烟探测器的换气系数如表 2－8 所示，计算时需将保护面积 A 乘以压缩系数。

表 2－7　感烟、感温探测器的保护面积和保护半径

火灾探测器的种类	地面面积 S（m^2）	房间高度 h（m）	探测器的保护面积 A 和保护半径 R					
			房间坡度 θ					
			$\theta \leqslant 15°$		$15° < \theta \leqslant 30°$		$\theta > 30°$	
			A（m^2）	R（m）	A（m^2）	R（m）	A（m^2）	R（m）
感烟探测器	$S \leqslant 80$	$h \leqslant 12$	80	6.7	80	7.2	80	8.0
	$S > 80$	$6 < h \leqslant 12$	80	6.7	100	8.0	120	9.9
		$h \leqslant 6$	60	5.8	80	7.2	100	9.0
感温探测器	$S \leqslant 30$	$h \leqslant 8$	30	4.4	30	4.9	30	5.5
	$S > 30$	$h \leqslant 8$	20	3.6	30	4.9	40	6.3

表 2－8　感烟探测器的换气系数

每小时换气次数 N	保护面积的压缩系数	每小时换气次数 N	保护面积的压缩系数
$10<N\leqslant 20$	0.9	$40<N\leqslant 50$	0.6
$20<N\leqslant 30$	0.8	$N>50$	0.5
$30<N\leqslant 40$	0.7		

例如，某房间换气系数为 30 次/h，感烟探测器的保护面积为 $80m^2$，考虑换气影响，探测器的保护面积为：$A=80\times 0.8=64(m^2)$。

例 1　某高层教学楼某阶梯教室被划为一个探测区域，其地面面积为 30m×40m，房顶坡度为 13°，房间高度为 8m，属于二级保护对象，试求：(1)应选用何种类型的探测器；(2)探测器的数量。

解：(1)根据使用场所查表 2－5 知，选感烟或感温探测器均可；但房间高度为 8m，根据表 2－6 知，仅能选感烟探测器。

(2)因其属二级保护对象，k 取 1.0；$S=30m\times 40m=1200m^2>80m^2$，查表 2－7 可知，$A=80m^2$，$R=6.7m$，得：

$$N=\frac{S}{k\cdot A}=\frac{1200}{1.0\times 80}=15(只)$$

由上例可知，对探测器类型的确定必须全面考虑，确定了类型，数量也就被确定了。那么数量确定之后如何布置及安装，在有梁等特殊情况下怎样划分探测区域，则是我们下面要解决的问题。

3. 探测器的布置

探测器布置及安装得合理与否，直接影响保护效果。一般火灾探测器应安装在屋内顶表面或顶棚内部(没有顶棚的场合，安装在室内吊顶板表面上)。考虑到维护管理的方便，其安装面的高度不宜超过 20m。

在布置探测器时，首先考虑安装间距如何确定，再考虑梁的影响及特殊场所探测器安装要求。

(1)安装间距的确定

① 相关规范：

Ⅰ. 探测器周围 0.5m 内，不应有遮挡物(以确保探测效果)。

Ⅱ. 探测器至墙壁、梁边的水平距离，不应小于 0.5m，如图 2－35 所示。

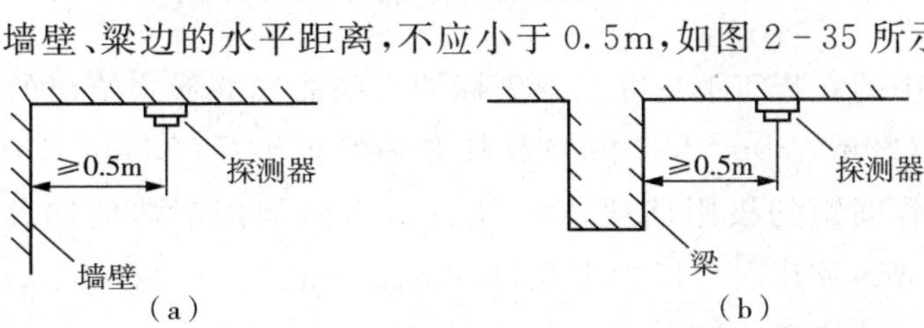

图 2－35　探测器与相邻墙、梁的允许最小距离示意图

② 安装间距的确定：

探测器在房间中布置时，如果是多只探测器，那么两探测器的水平距离和垂直距离称为安装间距，分别用 a 和 b 表示。

安装间距 a、b 的确定方法有以下五种。

Ⅰ. 计算法：从表 2-7 中查得保护面积 A 和保护半径 R，计算直径 $D(D=2R)$。根据所算 D 值大小对应保护面积 A，在图 2-36 曲线粗实线上即由 D 值所包围部分上取点，此点所对应的数即为安装间距 a、b 值。具体布置后，再检验探测器到最远点水平距离是否超过了探测器的保护半径，超过时应重新布置或增加探测器的数量。

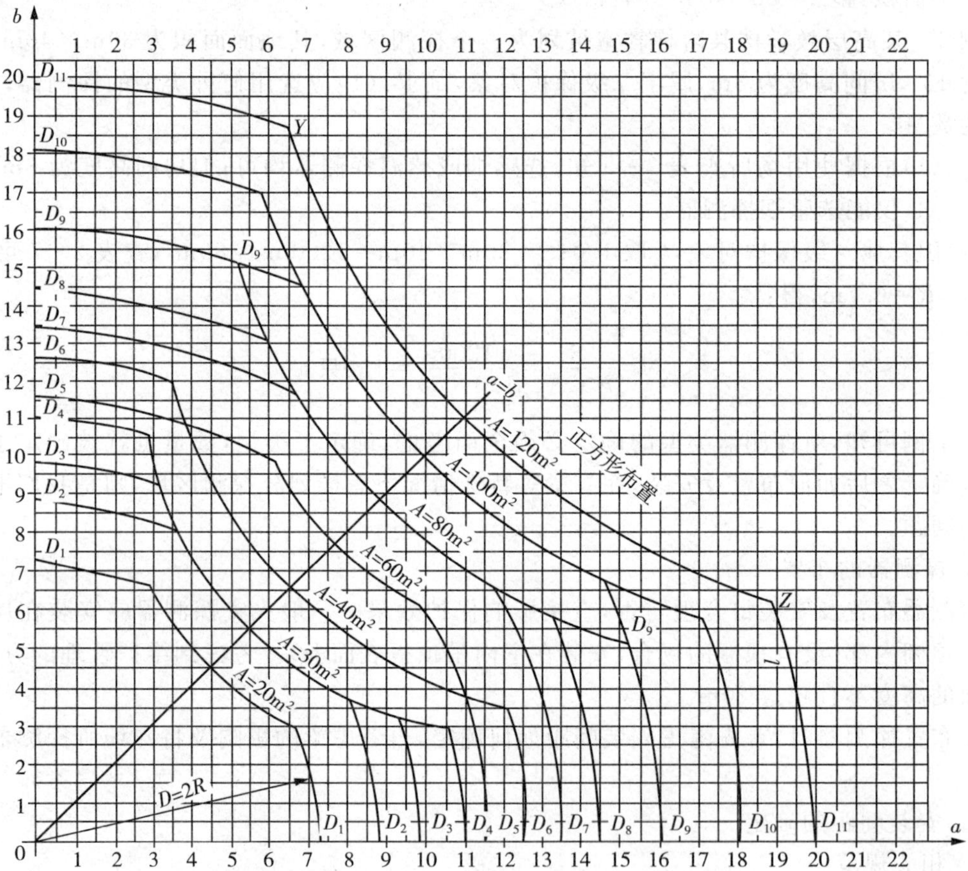

图 2-36 探测器安装间距的极限曲线

图 2-36 曲线中的安装间距是以二维坐标的极限曲线的形式给出的，即给出感温探测器的三种保护面积（20m^2、30m^2 和 40m^2）及其五种保护半径（3.6m、4.4m、4.9m、5.5m 和 6.3m）所适宜的安装间距的极限曲线 $D_1 \sim D_5$；给出感烟探测器的四种保护面积（60m^2、80m^2、100m^2 和 120m^2）及其六种保护半径（5.8m、6.7m、7.2m、8.0m、9.0m 和 9.9m）所适宜的安装间距的极限曲线 $D_6 \sim D_{11}$（含 D_9'）。另，Y、Z 为极限曲线的端点，即在 Y 和 Z 两点间的曲线范围内，保护面积可得到充分利用。

例 2　对例 1 中确定的 15 只感烟探测器的布置如下。

由已查得的 A=SOrr12 和 R=6.7m，计算得：

$$D=2R=2\times 6.7=13.4(\mathrm{m})$$

根据 D=13.4m，由图 2-36 曲线中 D_7 上查得的 Y、Z 线段上，选取探测器安装间距 a、b 的数值，并根据现场实际情况选取 a=8m，b=10m，其布置方式如图 2-37 所示。

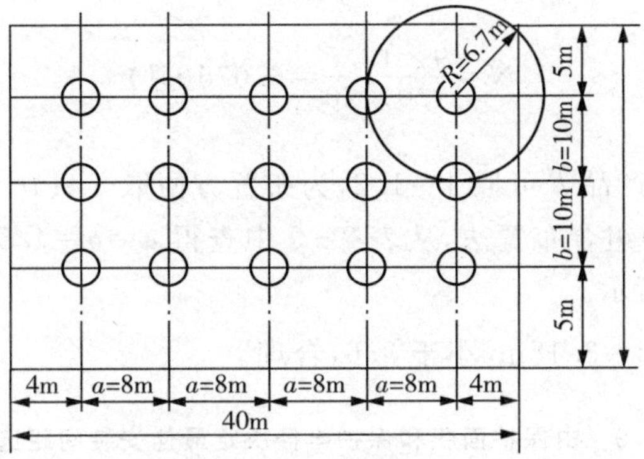

图 2-37　探测器的布置示例

那么这种布置是否合理呢？回答是肯定的，因为只要是在极限曲线内取值一定是合理的。验证如下：

本例中所选用的探测器 R=6.7m，只要每个探测器之间的半径都小于或等于 6.7m 即可有效地进行保护。图 2-37 中，探测器间距最远的半径 $R=\sqrt{4^2+5^2}$，小于 6.7m，距墙的最大值为 5m，不大于安装间距 10m 的一半，显然布置合理。

Ⅱ. 经验法：一般点型探测器为均匀布置法，因此，根据工程实际总结计算方法如下。

$$\text{横向间距}:a=\frac{\text{该房间(探测区域)的长度}}{\text{横向安装间距个数}+1}=\frac{\text{该房间的长度}}{\text{横向探测器个数}}$$

$$\text{纵向间距}:b=\frac{\text{该房间(探测区域)的宽度}}{\text{纵向安装间距个数}+1}=\frac{\text{该房间的宽度}}{\text{纵向探测器个数}}$$

因为距墙的最大距离为安装间距的一半，两侧墙为 1 个安装间距。上例中按经验法布置如下：

$$a=\frac{40}{4+1}=8(\mathrm{m}),b=\frac{30}{2+1}=10(\mathrm{m})$$

由此可见，这种方法不需要查表可非常方便地求出 a、b 值，其布置同图 2-37。

Ⅲ. 查表法：根据人们的实际工作经验，由保护面积和保护半径决定最佳安装间距，如表 2-9 所列。查表法就是根据探测器的种类和数量直接从表 2-9 中查得适当的安装间距

a、b 值，布置即可。

Ⅳ. 正方形组合布置法：这种方法的安装间距 $a=b$（a、b 的计算方法同经验法），且完全无"死角"，但使用时受到房间尺寸及探测器数量多少的约束，很难合适。

例 3 某学院吸烟室地面面积为 9m×13.5m，房间高度为 3m，平顶棚，属于二级保护对象。① 确定探测器类型；②求探测器数量；③进行探测器布置。

解：① 查表 2-5 知，应选感温探测器。

② 为二级保护对象，k 取 1.0，由表 2-7 查得 $A=20\text{m}^2$，$R=3.6\text{m}$，则：

$$N=\frac{9\times 13.5}{1.0\times 20}=6.075(\text{只})$$

取 6 只（因有些厂家产品 k 可取 1～1.2，为布置方便取 6 只）

③ 布置：采用正方形组合布置法，从表 2-9 中查得 $a=b=4.5\text{m}$（基本符合本题各方面要求），布置如图 2-38 所示。

校检：$R=\sqrt{a^2+b^2}/2=3.18\text{m}$，小于 3.6，合理。

表 2-9 由保护面积和保护半径决定最佳安装间距选择表

探测器种类	保护面积 A（m^2）	保护半径 R 的极限值（m）	参照的极限曲线	最佳安装间距 a、b 及其保护半径 R 值（m）									
				$a\times b$	R	$a\times b$	R	$a\times b$	R	$a\times b$	R	$a\times b$	R
感温感测器	20	3.6	D_1	4.5×4.5	3.2	5.0×4.0	3.2	5.5×3.6	3.3	6.0×3.3	3.4	6.5×3.1	3.6
	30	4.4	D_2	5.5×5.5	3.9	6.1×4.9	3.9	6.7×4.8	4.1	7.3×4.1	4.2	7.9×3.8	4.4
	30	4.9	D_3	5.5×5.5	3.9	6.5×4.6	4.0	7.4×4.1	4.2	8.4×3.6	4.6	9.2×3.2	4.9
	30	5.5	D_4	5.5×5.5	3.9	6.8×4.4	4.0	8.1×3.7	4.5	9.4×3.2	5.0	10.6×2.8	5.5
	40	6.3	D_6	6.5×6.5	4.6	8.0×5.0	4.7	9.4×4.3	5.2	10.9×3.7	5.8	12.2×3.3	6.3
感烟感测器	60	5.8	D_5	7.7×7.7	5.4	8.3×7.2	5.5	8.8×6.8	5.6	9.4×6.4	5.7	9.9×6.1	5.8
	80	6.7	D_7	9.0×9.0	6.4	9.6×8.3	6.3	10.2×7.8	6.4	10.8×7.4	6.5	11.4×7.0	6.7
	80	7.2	D_8	9.0×9.0	6.4	10.0×8.0	6.4	11.0×7.3	6.6	12.0×6.7	6.9	13.0×6.1	7.2
	80	8.0	D_9	9.0×9.0	6.4	10.6×7.5	6.5	12.1×6.6	6.9	13.7×5.8	7.4	15.4×5.3	8.0
	100	8.0	D_9'	10.0×10.0	7.1	11.1×9.0	7.1	12.2×8.2	7.3	13.3×7.5	7.6	14.4×6.9	8.0
	100	9.0	D_{10}	10.0×10.0	7.1	11.8×8.5	7.3	13.5×7.4	7.7	15.3×6.5	8.3	17.0×5.9	9.0
	120	9.9	D_{11}	11.0×11.0	7.8	13.0×9.2	8.0	14.9×8.1	8.5	16.9×7.1	9.2	18.7×6.4	9.9

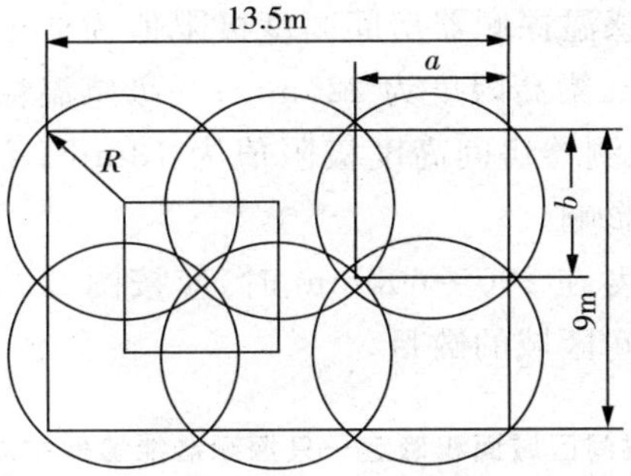

图 2－38　探测器的正方形组合布置

Ⅴ. 矩形组合布置法：

具体做法是：当求得探测器的数量后，用经验法的"a、b"求法公式计算，$a \neq b$ 时可采用矩形组合布置法。

综上可知，正方形和矩形组合布置法的优点是可将保护区的各点完全保护起来，保护区内不存在"死角"，且布置均匀美观。上述五种布置法可根据实际情况选取。

(2)梁对探测器的影响

在顶棚有梁时，由于烟的蔓延受到梁的阻碍，探测器的保护面积会受梁的影响。如果梁间区域的面积较小，梁对热气流（或烟气流）形成障碍，并吸收一部分热量，因而探测器的保护面积必然下降。梁对探测器的影响如图 2－39 及表 2－10 所示，查表 2－10 可以决定一只探测器能够保护的梁间区域的个数，这样就减少了计算工作。

按图 2－39 的规定，房间高度在 5m 以下，感烟探测器在梁高小于 200mm 时，无须考虑梁的影响；房间高度在 5m 以上，梁高大于 200mm 时，探测器的保护面积受房高的影响，可按房间高度与梁高之间的线性关系考虑。

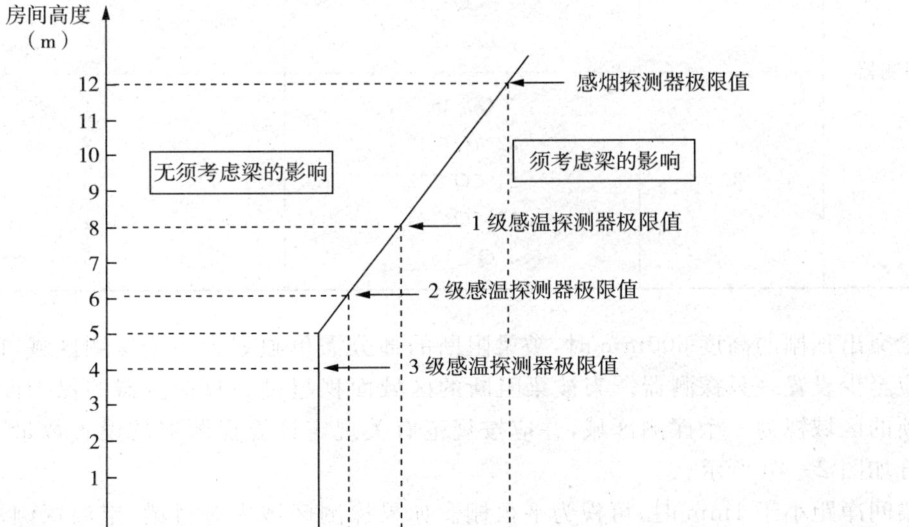

图 2－39　不同高度的房间梁对探测器设置的影响

由图 2-39 可查得三级感温探测器房间高度极限值为 4m，梁高限度 200mm；二级感温探测器房间高度极限值为 6m，梁高限度为 225mm；一级感温探测器房间高度极限值为 8m，梁高限度为 275mm。感烟探测器房间高度极限值为 12mm，梁高限度为 375mm，在线性曲线左边部分均无须考虑梁的影响。

可见当梁突出顶棚的高度在 200～600mm 时，应按图 2-39 和表 2-10 确定梁的影响和一只探测器能够保护的梁间区域的数目。

表 2-10　按梁间区域面积确定一只探测器能够保护的梁间区域个数

探测器的保护面积(m^2)		梁隔断的梁间区域面积 $Q(m^2)$	一只探测器保护的梁间区域的个数
感温探测器	20	$Q>12$	1
		$8<Q\leqslant12$	2
		$6<Q\leqslant8$	3
		$4<Q\leqslant6$	4
		$Q\leqslant4$	5
	30	$Q>8$	1
		$12<Q\leqslant18$	2
		$9<Q\leqslant12$	3
		$6<Q\leqslant9$	4
		$Q\leqslant6$	5
感烟探测器	60	$Q>36$	1
		$24<Q\leqslant36$	2
		$18<Q\leqslant24$	3
		$12<Q\leqslant18$	4
		$Q\leqslant12$	5
	80	$Q>48$	1
		$32<Q\leqslant48$	2
		$24<Q\leqslant32$	3
		$16<Q\leqslant24$	4
		$Q\leqslant16$	5

当梁突出顶棚的高度 600mm 时，被梁阻断的部分需单独划为一个探测区域，即每个梁间区域应至少设置一只探测器。当被梁阻断的区域面积超过一只探测器的保护面积时，应将被阻断的区域视为一个探测区域，并应按规范有关规定计算探测器的设置数量。探测区域的划分如图 2-40 所示。

当梁间净距小于 1mm 时，可视为平顶棚。如果探测区域内有过梁，定温探测器安装在梁上时，其探测器下端到安装面必须在 0.3m 以内；感烟探测器安装在梁上时，其探测器下端到安装面必须在 0.6m 以内，如图 2-41 所示。

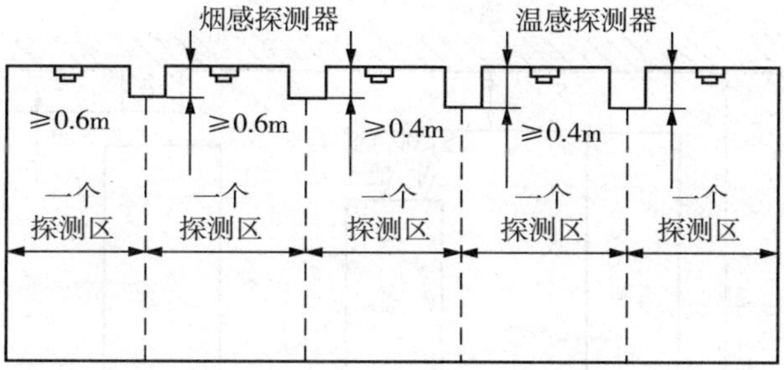

图 2-40　探测区域的划分

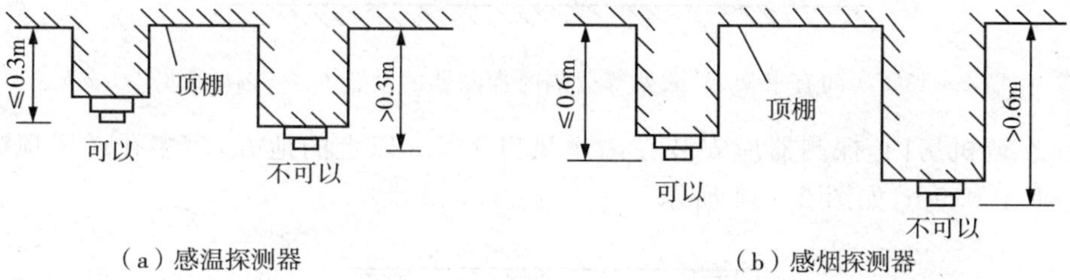

图 2-41　探测器在梁下端安装时至顶棚的尺寸

(3)探测器在一些特殊场合安装时注意事项

① 在宽度小于 3m 的内走道的顶棚设置探测器时应居中布置。感温探测器的安装间距不应超过 10m,感烟探测器安装间距不应超过 15m。探测器至端墙的距离,不应大于探测器安装间距的一半,在内走道的交叉和汇合区域上,必须安装 1 只探测器,如图 2-42 所示。

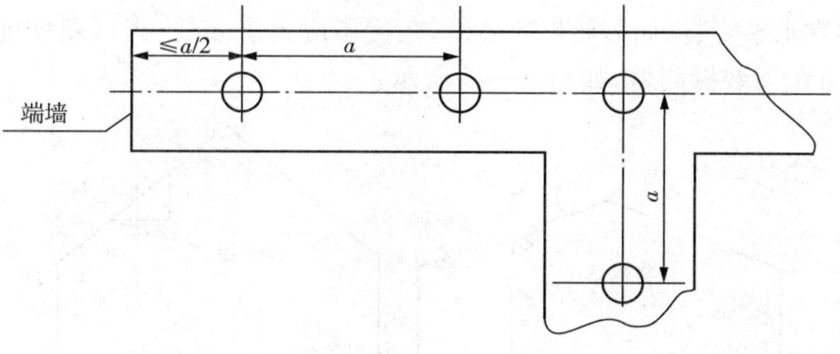

图 2-42　探测器布置在内走道的顶棚上

② 房间被书架、贮藏架或设备等阻断分隔,其顶部至顶棚或梁的距离小于房间净高的 5%时,则每个被隔开的部分至少安装一只探测器,如图 2-43 所示。

例 4　某书库地面面积为 $40m^2$,房间高度为 3m,内有两书架分别安在房中间,书架高度为 2.9m,问:应选用几只感烟探测器?

解:(3m－2.9m)/3m＝3.3%＜5%

所以,需选用 3 只探测器,即每个被隔开的部分均需安装一只探测器。

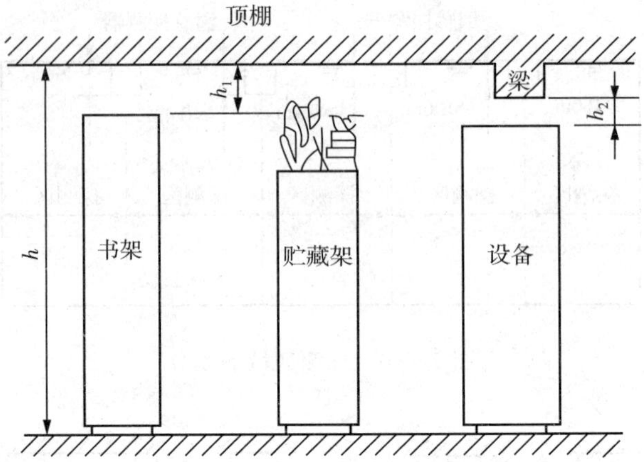

图 2-43　房间有书架、贮藏架等分隔时探测器的设置 $h_1 \geqslant 5\%h$ 或 $h_2 \geqslant 5\%h$

③ 在空调机房内，探测器应安装在离送风口 1.5m 以上的地方，离多孔送风顶棚孔口的距离不应小于 0.5m，如图 2-44 所示。

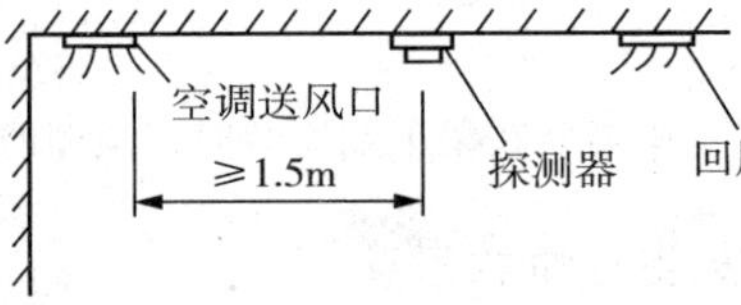

图 2-44　在有空调房间内探测器安装位置示意图

④ 楼梯或斜坡道至少垂直距离每 15m（Ⅲ级灵敏度的火灾探测器为 10m）应安装一只探测器。

⑤ 探测器宜水平安装，如需倾斜安装时，角度不应大于 45°。当屋顶坡度大于 45°时，应加木台或类似方法安装探测器，如图 2-45 所示。

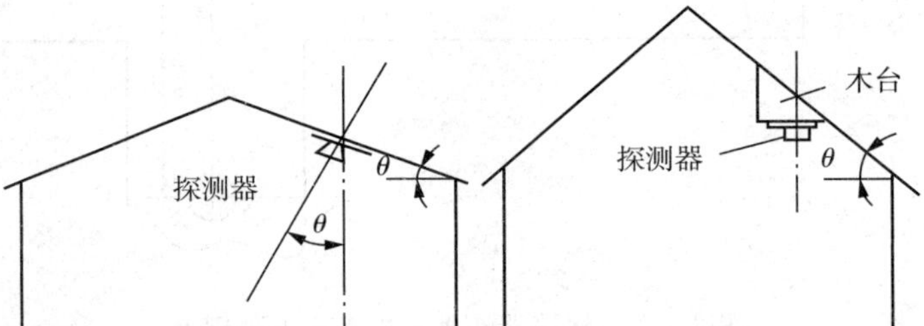

图 2-45　探测器倾斜安装示意图

⑥ 在电梯井、升降机井设置探测器时，其位置宜在井道上方的机房顶棚上，如图 2-46 所示。这种设置既有利于井道中火灾的探测，又便于日常检验维修。因为通常在电梯井、升降机井的提升井绳索的井道盖上有一定的开口，烟会顺着井绳冲到机房内部，为尽早探测火灾，规定用感烟探测器保护，且在顶棚上安装。

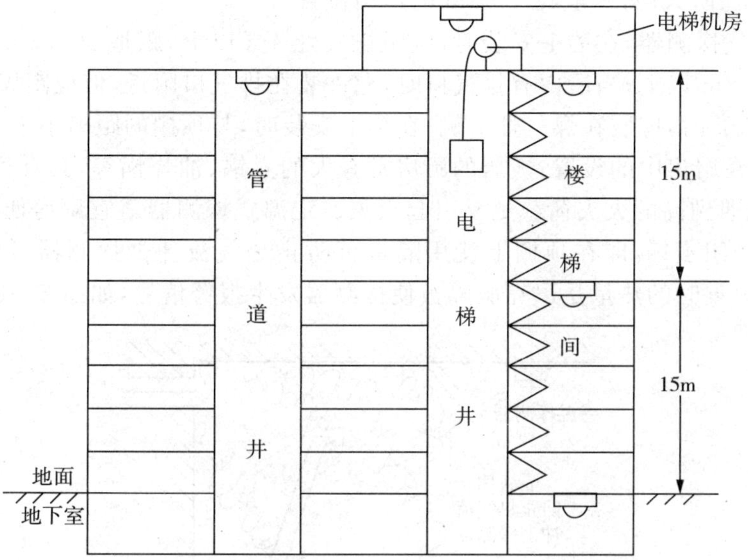

图 2-46　探测器在井道上方机房顶棚上的设置

⑦ 当房屋顶部有热屏障时，感烟探测器下表面距顶棚的距离应符合表 2-11 所列。

表 2-11　感烟探测器下表面距顶棚(或屋顶)的距离

安装高度 H (m)	d(m)		
	θ		
	$\theta \leqslant 15°$	$15° \leqslant \theta \leqslant 30°$	$\theta > 30°$
$H \leqslant 6$	30～200	200～300	300～500
$6 < H \leqslant 8$	70～250	250～400	400～600
$8 < H \leqslant 10$	100～300	300～500	500～700
$10 < H \leqslant 12$	150～350	350～600	600～800

⑧ 顶棚较低(小于 2.2m)、面积较小(不大于 $10m^2$)的房间，安装感烟探测器时，宜设置在入口附近。

⑨ 在楼梯间、走廊等处安装感烟探测器时，宜安装在不直接受外部风吹入的位置处。安装光电感烟探测器时，应避开日光或强光直射的位置。

⑩ 在浴室、厨房、开水房等房间连接的走廊安装探测器时，应避开其入口边缘 1.5m。

⑪ 安装在顶棚上的探测器边缘与下列设施的边缘水平间距宜保持在：

与不突出的扬声器，不小于 0.1m；与照明灯具，不小于 0.2m；与自动喷水灭火喷头，不小于 0.3m；

与多孔送风顶棚孔口，不小于 0.5m；

与高温光源灯具(如碘钨灯、容量大于 100W 的白炽灯等)，不小 0.5m；与电风扇，不小于 1.5m；

与防火卷帘、防火门，一般在 1～2m 的适当位置。

⑫ 对于煤气探测器，在墙上安装时，应距煤气灶 4m 以上，距地面 0.3m；在顶棚上安装时，应距煤气灶 8m 以上；当屋内有排气口时，允许装在排气口附近，但应距煤气灶 8m 以上，当梁高大于 0.8m 时，应装在煤气灶一侧；在梁上安装时，与顶棚的距离小于 0.3m。

⑬ 探测器在厨房中的设置：饭店的厨房常有大的煮锅、油炸锅等，具有很大的火灾危险性，如果过热或遇到高的火灾荷载更易引起火灾。定温式探测器适宜厨房使用，但是应预防煮锅喷出的一团团蒸气，即在顶棚上使用隔板可防止热气流冲击探测器，以减少或根除误报。而当发生火灾时的热量足以克服隔板使探测器发生报警信号，如图 2-47 所示。

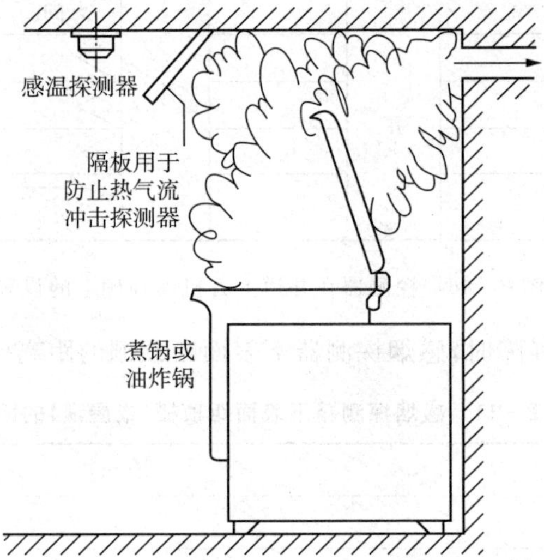

图 2-47 感温探测器在厨房中的布置

⑭ 探测器在带有网格结构的吊装顶棚场所下的设置：在宾馆等较大空间场所，有带网格或格条结构的轻质吊装顶棚，起到装饰或屏蔽作用。这种吊装顶棚允许烟进入其内部，并影响烟的蔓延，在此情况下设置探测器应谨慎处理。

Ⅰ. 如果至少有一半以上网格面积是通风的，可把烟的进入看成是开放式的。如果烟可以充分地进入顶棚内部，则只在吊装顶棚内部设置感烟探测器，探测器的保护面积除考虑火灾危险性外，仍按保护面积与房间高度的关系考虑，如图 2-48 所示。

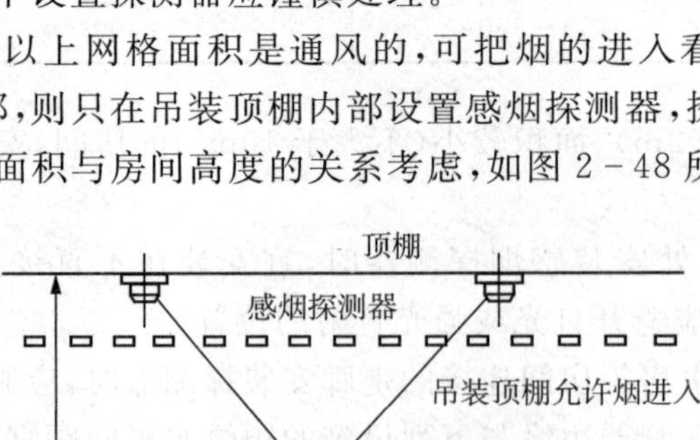

图 2-48 探测器在吊装顶棚中定位

Ⅱ. 如果网格结构的吊装顶棚开孔面积相当小(一半以上顶棚面积被覆盖),则可看成是封闭式顶棚,在顶棚上方和下方空间须单独监视。尤其是当阴燃火发生时,产生热量极少,不能提供充足的热气流推动烟的蔓延,烟达不到顶棚中的探测器,此时可采取二级探测方式,如图 2-49 所示。在吊装顶棚下方光电感烟探测器对阴燃火响应较好,在吊装顶棚上方,采用离子感烟探测器,对明火响应较好,每只探测器的保护面积仍按火灾危险度及地板和顶棚之间的距离确定。

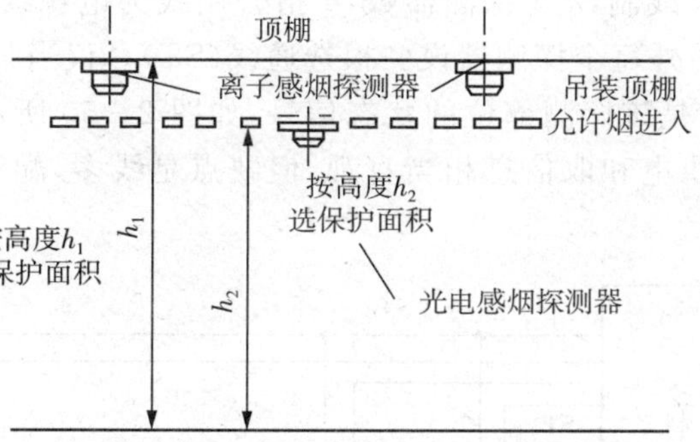

图 2-49　吊装顶棚探测阴燃火的改进方法

⑮ 以下场所可不设置探测器:厕所、浴室及其类似场所;不能有效探测火灾的场所;不便维修、使用(重点部位除外)的场所。

2.3.4　火灾探测器的线制

探测器的接线形式随着科技的发展,变化很快,从多线向少线至总线的发展,给施工、调试和维护带来了极大的方便。我国采用的线制有四线、三线、两线制及四总线制、二总线制等几种。对于不同厂家、不同型号的探测器其线制各异,从探测器到区域报警控制器的线数也有很大差别。

1. 火灾自动报警系统的技术特点

火灾自动报警系统包括四部分:火灾探测器、配套设备(中继器、显示器、模块、总线隔离器、报警开关等)、报警控制器(又叫报警主机)及导线,这就形成了系统本身的技术特点。

(1)系统必须保证长期不间断地运行,在运行期间不但发生火情能报出着火电,而且应具备自动判断系统各设备传输线的断路、短路、电源失电等情况的能力,并给出相应的声光报警,以确保系统的高可靠性。

(2)探测部位之间的距离可以从几米至几十米。控制器到探测部位间可以从几十米到几百米、上千米。一台区域报警控制器可带几十或上百只探测器,有的通用报警控制器做到了带上千个点,甚至上万点。无论什么情况,都要求将探测点的信号准确无误地传输到控制器去。

(3)系统应具有低功耗运行性能。探测器对系统而言是无源的,它只是从控制器上获取正常运行的电源。探测器的有效空间是狭小有限的,要求设计时电子部分必须简练。探测器必须低功耗,否则给控制器供电带来困扰,也就是给控制探测点的容量带来限制。主电源失电时,应有备用电源可连续供电 8h,并在火警发生后,声光报警能长达 50min,这就要求控制器亦应低功耗运行。

2. 火灾自动报警系统的线制

由技术特点可知，线制对系统是相当重要的。线制是指探测器和控制器间的导线数量。更确切地说，线制是火灾自动报警系统运行机制的体现。按线制分，火灾自动报警系统有多线制和总线制之分，总线制又有有极性和无极性之分。多线制目前基本不用，但旧系统部分为多线制系统，因此以下分别叙述。

(1)多线制系统

① 四线制：即 $n+4$ 线制，n 为探测器数，4 指公用线为电源线(+24V)、地线(G)、信号线(S)、自诊断线(T)，另外每个探测器设一根选通线(ST)。仅当某选线处于有效电平时，在信号线上传送的信息才是该探测部位的状态信号，如图 2-50 所示。这种方式的优点是探测器的电路比较简单，供电和取信息相当直观，但缺点是线多，配管直径大，穿线复杂，线路故障也多，故已不用。

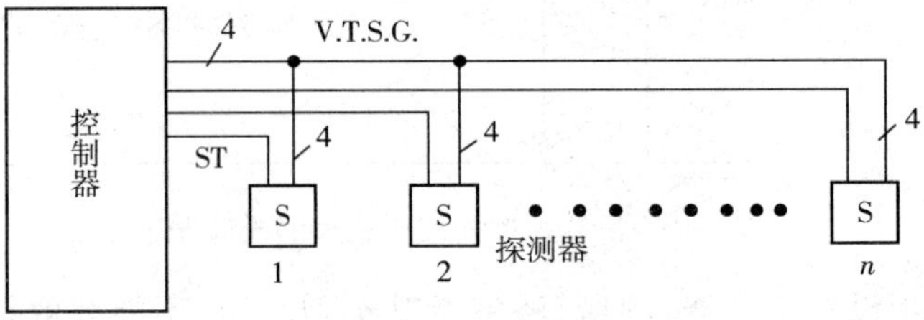

图 2-50　多线制(四线制)接线方式

② 两线制：也称 $n+1$ 线制，即一条公用地线，另一条则承担供电，选通信息与自检的功能，这种线制比四线制简化得多，但仍为多线制系统。

探测器采用两线制时，可完成电源供电故障检查、火灾报警、断线报警(包括接触不良，探测器被取走)等功能。

火灾探测器与区域报警器的最少接线是 $n+n/10$，其中 n 为占用部位号的线数，即探测器信号线的数量，$n/10$(小数进位取整数)为正电源线数(采用红色导线)，也就是每 10 个部位合用一根正电源线。

另外也可以用另一种算法，即 $n+l$，其中 n 为探测器数目(准确地说是房号数)，如探测器数 $n=50$，则总线为 51 根。

前一种计算方法是 $50+50/10=55$ 根，这是已进行了巡检分组的根数，与后一种分组后是一致的。

每个探测器各占一个部位时底座的接线方法：

例如有 10 只探测器，占 10 个部位，无论采用哪种计算方法其接线及线数均相同，如图 2-51所示。

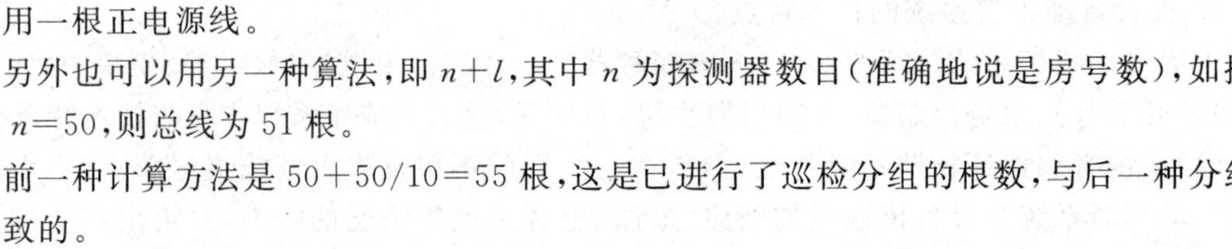

图 2-51　探测器各占一个部位时的接线方法

(2)总线制系统

总线制采用地址编码技术,整个系统只用几根总线,建筑物内布线极其简单,给设计、施工及维护带来了极大的方便,因此被广泛采用。

① 四总线制:四条总线——P 线给出探测器的电源、编码、选址信号;T 线给出自检信号以判断探测部位传输线是否有故障;控制器从 S 线上获得探测部位的信息;G 为公共地线。P、T、S、G 均为并联方式连接,S 线上的信号对探测部位而言是分时的,如图 2-52 所示。

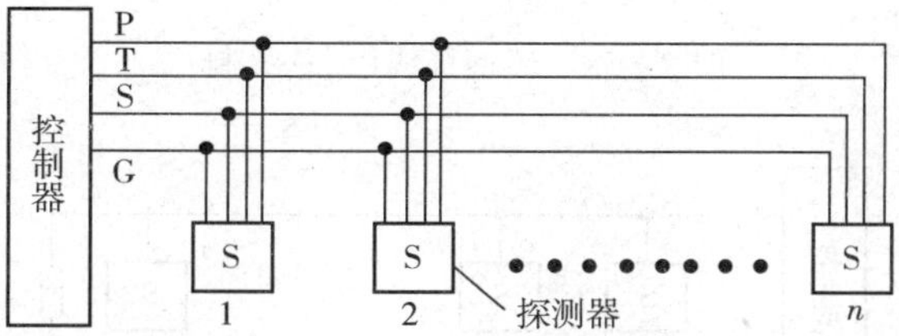

图 2-52　四总线制连接方式

由图 2-52 可见,从探测器到区域报警器只用四根全总线,另外一根 V 线为 DC24V,也以总线形式由区域报警控制器接出来,其他现场设备也可使用。这样控制器与区域报警器的布线为 5 根线,大大简化了系统,尤其是在大系统中,这种线制的优点尤为突出。

② 二总线制:一种最简单的接线方法,用线量更少,但技术的复杂性和难度也相应提高。二总线制中的 G 线为公共地线,P 线则完成供电、选址、自检、获取信息等功能。目前,二总线制应用最多,新型智能火灾报警系统也建立在二总线的运行机制上。二总线系统有树枝型和环型、链接式及混合型几种方式,同时又有有极性和无极性之分,相比之下无极性二总线技术最先进。

树枝型接线:如图 2-53 所示,这种方式应用广泛,这种接线如果发生断线,可以报出断线故障点,但断点之后的探测器不能工作。

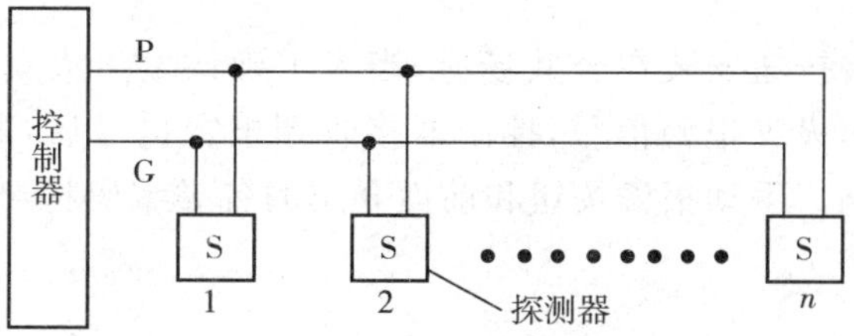

图 2-53　树枝型接线(二总线制)

环形接线:如图 2-54 所示,这种系统要求输出的两根总线再返回控制器另两个输出端子,构成环形。这种接线方式如中间发生断线,不影响系统正常工作。

链式接线:如图 2-55 所示,这种系统的 P 线对各探测器是串联的,对探测器而言,变成了三根线,而对控制器还是两根线。

在实际工程中,应根据情况选用适当的线制。

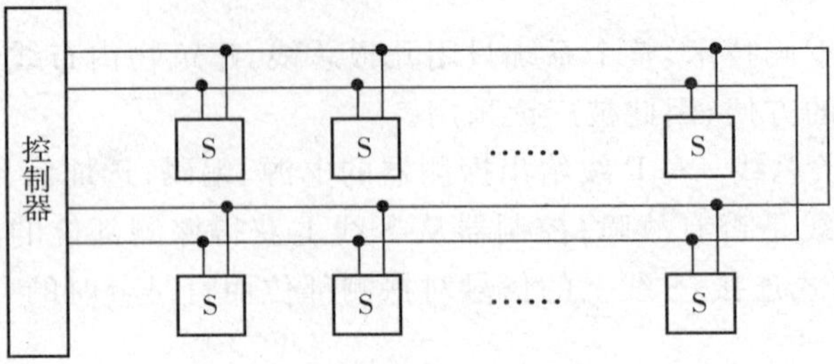

图 2-54　环型接线(二总线制)

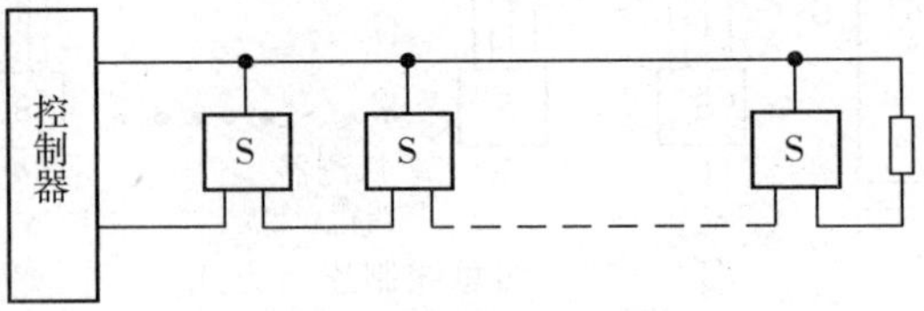

图 2-55　链式连接

2.4　火灾报警系统附件

2.4.1　编码手动报警按钮(亦称手动报警开关)

1. 概述

编码手动开关按钮分成两种,一种为不带电话插孔,另一种为带电话插孔。其编码方式分为微码(二、三进制)和电子编码器编码(十进制)。其设置在公共场所如走廊、楼梯口及人员密集的场所。

工作原理:手动报警按钮安装在公共场所,当人工确认发生火灾时,按下按钮上的有机玻璃片,可向控制器发出火灾报警信号,控制器接收到报警信号后,显示出报警按钮的编号或位置,并发出报警音响。手动报警按钮和前面介绍的各类编码探测器一样,可直接接到控制器总线上。

2. 布线

下面以海湾编码手动报警按钮为例进行介绍其布线。

海湾手动报警按钮常用型号有:J-SAM-GST9121 和 J-SAM-GST9122 两种。

(1)手动火灾报警按钮——J-SAM-GST9121

J-SAM-GST9121 产品特点:

① 采用拔插式结构设计,安装简单方便,按钮上的按片在按下后可用专用工具复位。

② 按下报警按钮按片,可由报警按钮提供独立输出触点,可直接控制其他外部设备。

③ 采用微处理器实现信号处理,用数字信号与控制器进行通信,工作稳定可靠,对电磁干扰有良好的抑制能力。

④ 地址码为电子编码，其地址编码可由手持电子编码器在现场设定或改写。

其外形如图 2－56 所示，接线端子如图 2－57 所示。

图 2－56　J－SAM－GST9121 外形示意图

图 2－57　J－SAM－GST9121 接线端子示意图

其中：

Z1、Z2：无极性信号二总线接线端子；

K1、K2：额定 DC30V/100mA 无源常开输出端子，当报警按钮按下时，输出触点闭合信号，可直接控制外部设备。

应用方法：将手动火灾报警按钮的 Z1、Z2 端子直接接入控制器总线上即可。

(2)手动火灾报警按钮——J－SAM－GST9122

J－SAM－GST9122 产品特点与 J－SAM－GST9121 基本相同，只是 9122 有消防电话插孔，可直接接消防电话。J－SAM－GST9122 外形如图 2－58 所示，接线端子如图 2－59 所示。

图 2－58　J－SAM－GST9122 外形示意图

图 2－59　J－SAM－GST9122 接线端子示意图

其中：

Z1、Z2：报警控制器来的信号总线，无极性；

K1、K2：额定 DC30V/100mA 无源输出端子，当报警按钮按下时，输出触点闭合信号，直接控制外部设备；

TL1、TL2：与 GST－LD－8304 连接的端子。

2.4.2　消火栓报警按钮

1. 概述

消火栓报警按钮(简称消报)作为火灾时启动消防水泵的设备，在消防水系统控制中起着重要作用。目前消火栓报警按钮有总线型和多线型两种，这里以海湾产品为例加以说明。

J－SAM－GST9123 型消火栓按钮为编码型，可直接接入控制器总线，占一个地址编码。消火栓按钮表面装有一按片，当启用消火栓时，可直接按下按片，此时消火栓按钮的红色启动指示灯亮，黄色警示物弹出，表明已向消防控制室发出了报警信息，火灾报警控制器在确认了消防水泵已启动运行后，就向消火栓按钮发出命令信号点亮红色启动指示灯。消火栓按钮上的绿色回答指示灯，只可由火灾报警控制器点亮。本按钮主要具有以下特点：

① 采用底座分离式结构设计，安装简单方便；

② 电子编码，可现场改写；

③ 消火栓按钮为可重复使用型，采用压下报警方式，按下后可用专用钥匙复位；

④ 按下消火栓按钮按片，消火栓按钮提供的独立输出触点，可直接控制其他外部设备；

⑤ 采用微处理器实现对消防设备的控制，用数字信号与火灾报警控制器进行通信，工作稳定可靠，对电磁干扰有良好的抑制能力；

⑥ 由微处理器对运行情况进行监视，给出诊断信息。

其外形如图 2－60 所示，接线端子如图 2－61 所示。

图 2－60　J－SAM－GST9123 外形示意图

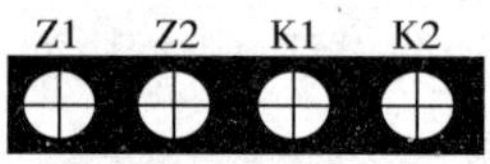

图 2－61　J－SAM－GST9123 接线端子示意图

2. 布线

其中：

Z1、Z2：无极性信号二总线接线端子；

K1、K2：无源常开触点，用于直接启泵控制时，需外接 24V 电源。

J－SAM－GST9123 型消火栓按钮与火灾报警控制器及泵控制箱的连接可分为总线制启泵方式和多线制直接起泵方式。采用总线制起泵方式时，消火栓按钮直接和信号二总线连接，消火栓按钮总线制起泵方式应用接线如图 2－62 所示。这种方式中，消火栓按钮按下，即向控制器发出报警信号，控制器发出启泵命令并确认泵已启动后，将点亮消火栓按钮上的绿色回答指示灯。采用消火栓按钮直接起泵方式应用接线，如图 2－63 所示。

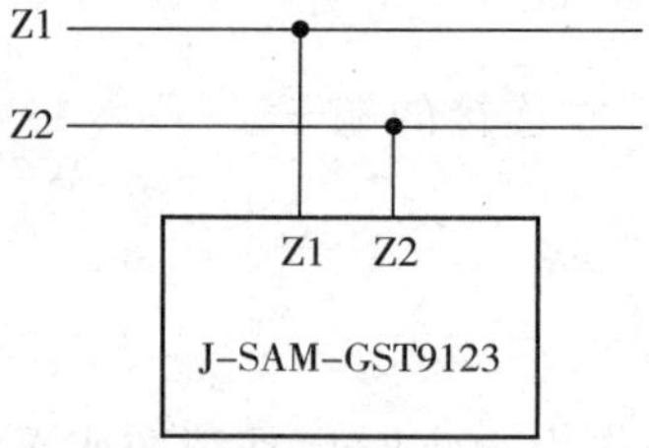

图 2－62　消火栓按钮总线制起泵方式应用接线示意图

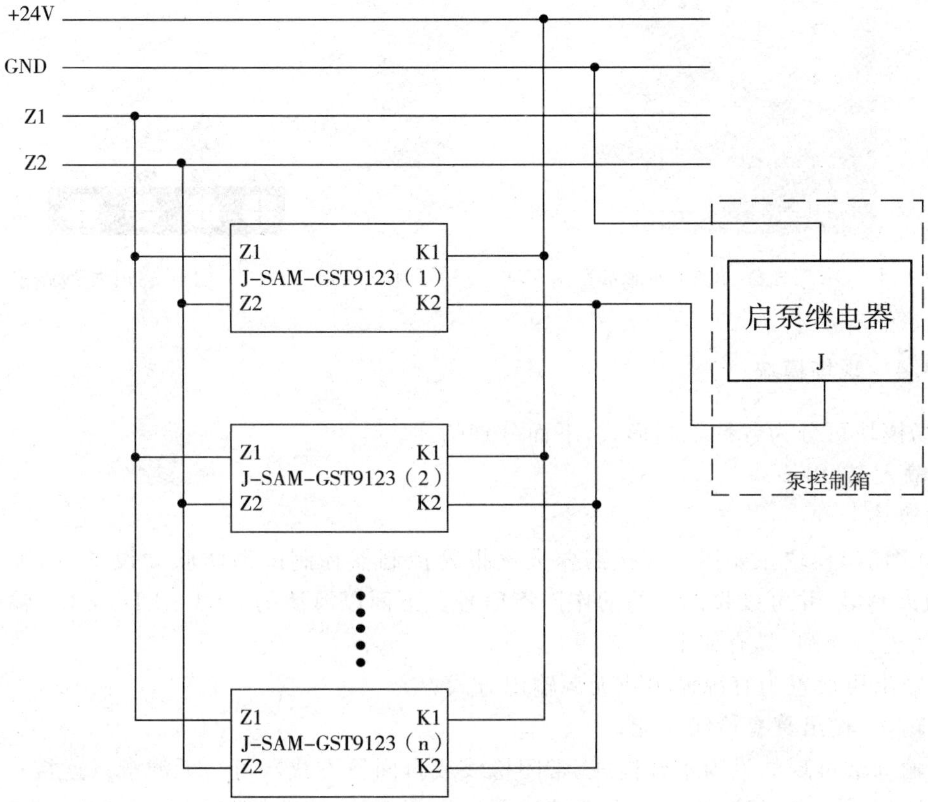

图 2－63　采用消火栓按钮直接起泵方式应用接线图

2.4.3　总线隔离器

1. 概述

在总线制火灾自动报警系统中，往往会出现某一局部总线出现故障（例如短路）造成整个报警系统无法正常工作的情况。总线隔离器的作用：当总线发生故障时，将发生故障的总线部分与整个系统隔离开来，以保证系统的其他部分能够正常工作，同时便于确定出发生故障的总线部位。当故障部分的总线修复后，隔离器可自行恢复工作，将被隔离出去的部分重新纳入系统。下面以海湾的总线隔离器 GST－LD－8313 为例介绍布线。

2. 布线

GST－LD－8313 外形如图 2－64 所示，接线端子如图 2－65 所示。

其中：

Z1、Z2：无极性信号二总线输入端子；

ZO1、ZO2：无极性信号二总线输出端子，动作电流为 100mA。

图 2-64 GST-LD-8313 外形示意图

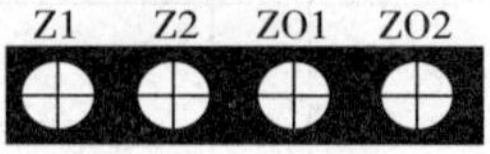

图 2-65 GST-LD-8313 接线端子示意图

2.4.4 现场模块

现场模块可分为各种不同形式，下面分别阐述。

1. 输入/输出模块

(1)概述

输入/输出模块主要用于连接需要火灾报警控制器控制的消防联动设备，如排烟阀、送风阀、防火阀等，并可接收设备的动作回答信号。下面以海湾的 GST-LD-8301 输入/输出模块为例进行介绍，具有如下特点：

① 输出可设置为有源输出或无源输出方式；

② 输入、输出具有检线功能；

③ 输入端可现场设为常开检线、常闭检线或自回答方式⇔可与无源触点连接；

④ 地址码为电子编码，可由电子编码器事先写入，也可由控制器直接更改，工程调试简便可靠；

⑤电路部分和接线底壳采用插接方式，接触可靠、便于施工。

(2)布线

GST-LD-8301 输入/输出模块外形如图 2-66 所示，接线端子如图 2-67 所示。

其中：

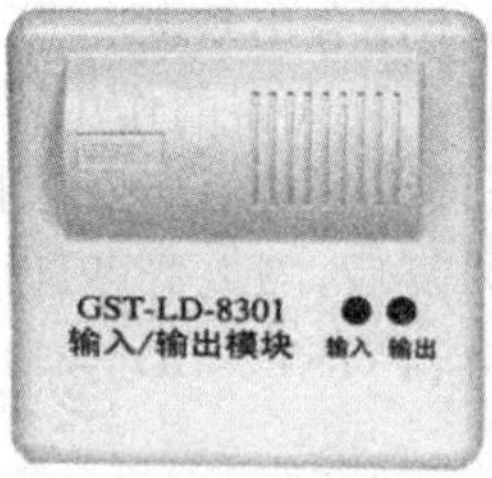

图 2-66 GST-LD-8301 外形示意图

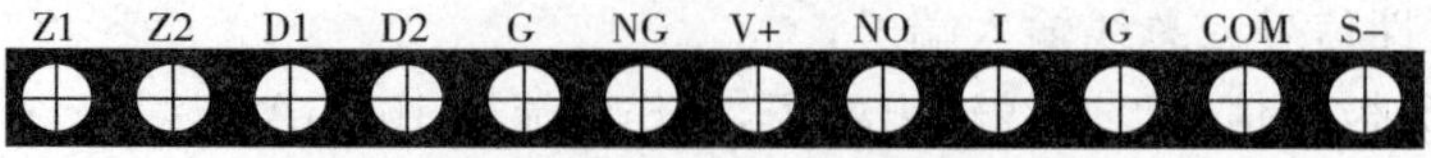

图 2-67 GST-LD-8301 接线端子示意图

Z1、Z2：接火灾报警控制器信号二总线，无极性；

D1、D2：DC24V 电源输入端子，无极性；

G、NG、V＋、NO：DC24V 有源输出辅助端子；出厂默认为有源输出：G 和 NG 短接、V＋和 NO 短接；当需无源常开输出：应将 G、NG、V＋、NO 之间的短路片断开；

I、G：与被控制设备无源常开触点连接，用于实现设备动作回答确认（也可通过电子编码器设为常闭输入或自回答）；

COM、S－：有源输出端子，启动后输出 DC24V，COM 为正极、S－为负极；

COM、NO：无源常开输出端子。

布线要求：信号总线 Z1、Z2 采用阻燃 RVS 型双绞线，截面积≥1.0mm^2；电源线 D1、D2 采用阻燃 BV 线，截面积≥1.5mm^2；G、NG、V＋、NO、COM、S－、I 采用阻燃 RV 线，截面积≥1.0mm^2。

应用方法：模块输入端如果设置为“常开检线”状态输入，模块输入线末端（远离模块端）必须并联一个 4.7kΩ 的终端电阻；模块输入端如果设置为“常闭检线”状态输入模块输入线末端（远离模块端）必须串联一个 4.7kΩ 的终端电阻。模块为有源输出时，G 和 NG、V＋、NO 应该短接，COM、S－有源输出端应并联一个 4.7kΩ 的终端电阻，并串联一个 IN4007 二极管。

检线功能是海湾新国标模块的一项功能，通过加接一个检线电阻实现检线功能，如果线路断开或者没有接好，模块会报故障，这样可以更好的知道设备的状态。

检线分为常开和常闭检线。常开检线就是提供一个常开信号输入时要将电阻与常开触点并联，常闭检线是将电阻和常闭触点串联。电阻要接在靠设备的终端，保证正常情况下输入电阻是一个固定的阻值，如果没有接电阻或者线路断开模块都会报故障，这样就可以实现检线功能。

① 模块通过有源输出直接驱动一台排烟口或防火阀等（电动脱扣式）设备的接线示意图，如图 2－68(a)、图 2－68(b)所示。

② 模块通过无源输出触点控制设备的接线示意图，如图 2－69(a)、图 2－69(b)所示。

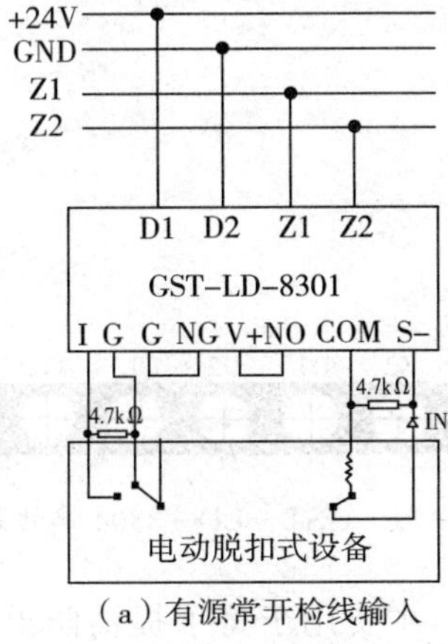

（a）有源常开检线输入

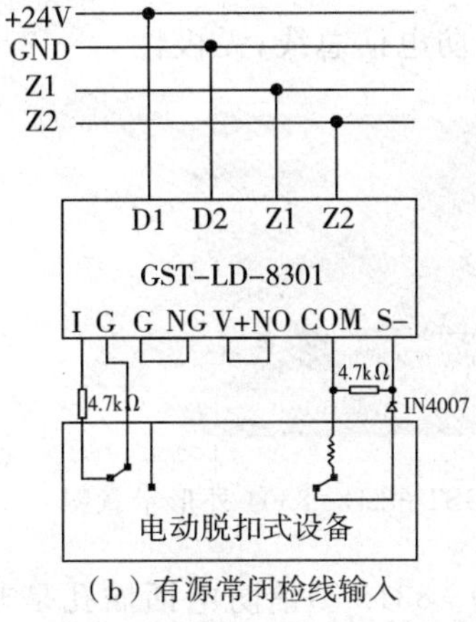

（b）有源常闭检线输入

图 2－68　8301 输入/输出模块有源输出驱动电动脱扣式设备接线示意图

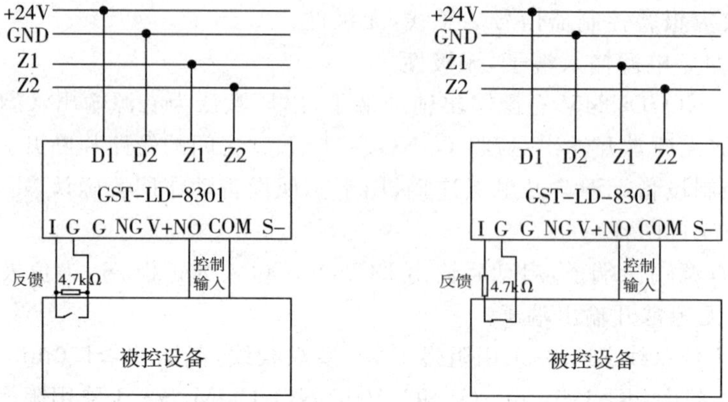

（a）无源常开检线输入　　（b）无源常闭检线输入

图 2－69　8301 输入/输出模块无源输出驱动控制设备接线示意图

2. 消防电话模块

(1)概述(以海湾 GST－LD－8304 为例)

海湾 GST－LD－8304 消防电话模块，主要用于将手提/固定消防电话分机连入总线制消防电话系统。可直接与总线制电话分机连接，也可通过 GST－LD－8312 消防电话插孔与电话分机连接。当消防电话分机的话筒被提起，该部电话即被消防电话接口自动向消防电话系统请求接入，系统接受请求后，由火灾报警控制器向该接口发出启动命令，连入总线制消防电话系统；也可利用火灾报警控制器直接启动接口，实现对固定分机的呼叫。接口可安装在水泵房、电梯机房等门口。

(2)布线

GST－LD－8304 消防电话模块外形如图 2－70 所示，接线端子如图 2－71 所示。

其中：

Z1、Z2：接火灾报警控制器两总线，无极性；

D1、D2：DC24V 电源，无极性；

TL1、TL2：与 GST－LD－8312 连接的端子；

L1、L2：消防电话总线，无极性。

图 2－70　GST－LD－8304 外形示意图

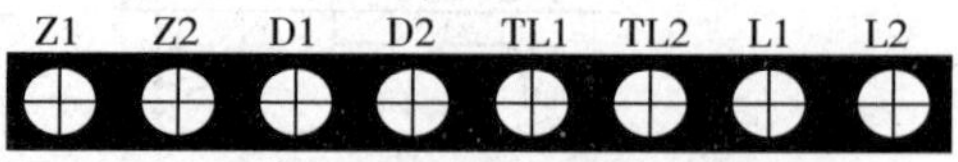

图 2－71　GST－LD－8304 接线端子示意图

GST－LD－8312 型消防电话插孔是非编码设备，主要用于将手提消防电话分机连入消防电话系统。消防电话插孔需通过 GST－LD－8304 消防电话接口接入消防电话系统，不能直接接入消防电话总线。消防电话插座电路部分和接线底壳采用插接方式，接触可靠、便于施工。多个消防电话插孔可并联使用，接线方便、灵活。每只消防电话接口最多可连接 100 只消防电话插孔。

GST－TS－100A/GST－TS－100B 型消防电话分机是消防专用总线制通信设备，GST－TS－100A 型消防电话分机为固定式安装，摘机即呼叫电话主机；GST－TS－100B 型消防电话分机为手提式，可直接插入电话插孔呼叫电话主机。通过消防电话分机可迅速实现对火灾的人工确认，并可及时掌握火灾现场情况，便于指挥灭火工作。

消防电话与报警控制器的接线，如图 2－72 所示。

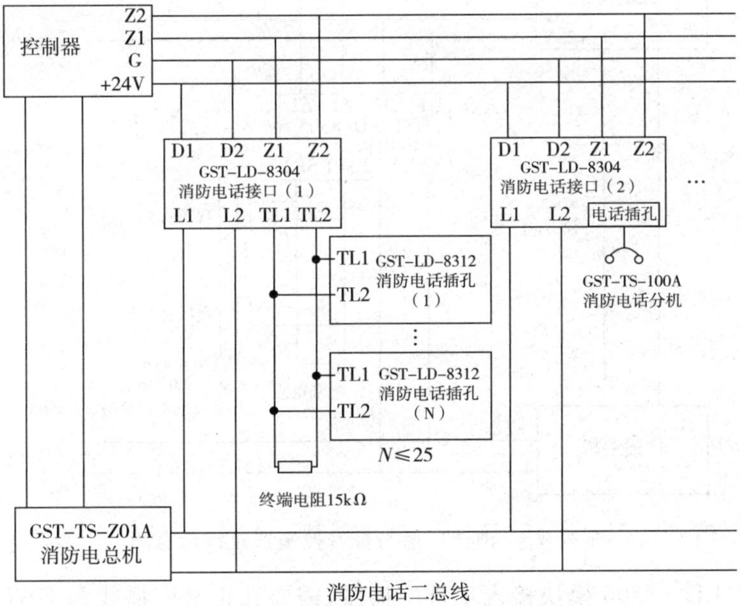

图 2－72　消防电话与报警控制器接线示意图

3. 消防广播模块

(1)概述(以海湾 GST－LD－8305 为例)

GST－LD－8305 型消防广播模块，用于总线制消防应急广播系统中正常广播和消防广播间的切换。模块在切换到消防广播后自回答，并将切换信息传回火灾报警控制器，以表明切换成功。

(2)布线

GST－LD－8305 消防电话模块外形如图 2－73 所示，接线端子如图 2－74 所示。

其中，

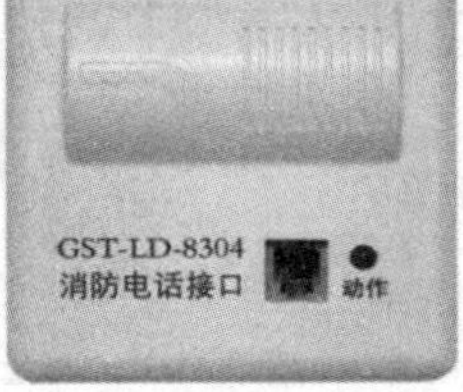

图 2－73　GST－LD－8305 外形示意图

图 2－74　GST－LD－8305 接线端子示意图

Z1、Z2：接火灾报警控制器信号二总线，无极性；

D1、D2：DC24V 电源输入端子，无极性；

ZC1、ZC2：正常广播线输入端子；

XF1、XF2：消防广播线输入端子；

SP1、SP2：与放音设备连接的输出端子。

消防广播与报警控制器的接线，如图 2－75 所示。

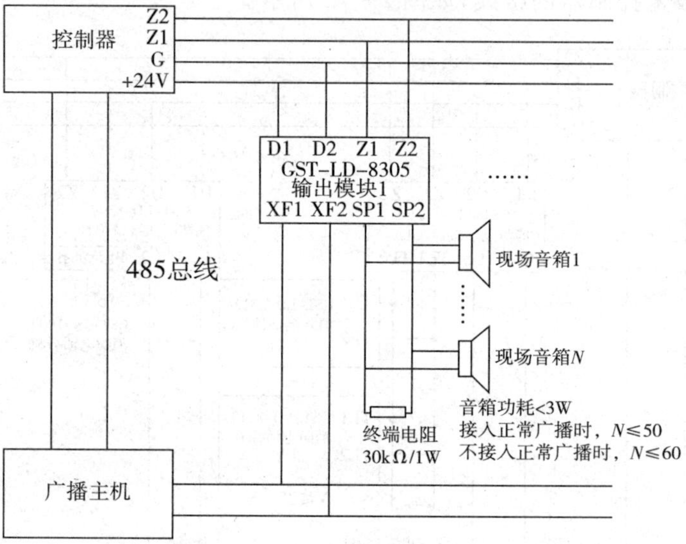

图 2－75 消防广播与报警控制器接线示意图

如果 GST－LD－8305 模块接入正常广播线，需要在正常广播线和 GST－LD－8305 模块之间串接两个 250V－22μM 双极性铝电解电容器。

2.4.5 声光讯响器

1. 概述

声光讯响器一般分为非编码型与编码型两种。编码型可直接接入报警控制器的信号二总线（需由电源系统提供两根 DC24V 电源线），非编码型可直接由有源 24V 常开触点进行，例如用手动报警按钮的输出触点控制。

声光讯响器的作用：当现场发生火灾并被确认后，安装在现场的声光讯响器可由消防控制中心的火灾报警控制器启动，发出强烈的声光信号，以达到提醒人员注意的目的。

下面以海湾 HX－100B 声光讯响器为例进行介绍。

2. 布线

HX－100B 声光讯响器外形如图 2－76 所示，接线端子如图 2－77所示。

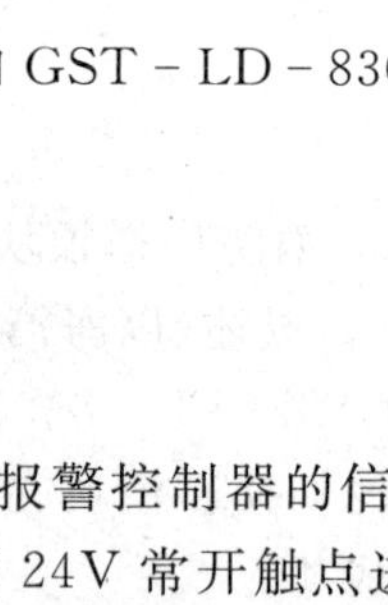

图 2－76 HX－100B 声光讯响器外形示意图

其中：

Z1、Z2：与火灾报警控制器信号二总线连接的端子；

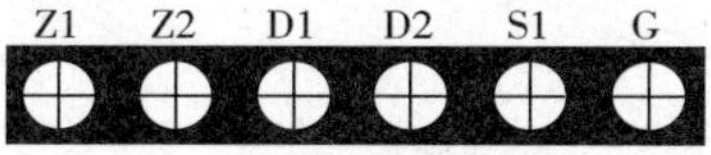

图 2－77　HX－100B 声光讯响器接线端子示意图

D1、D2：与 DC24V 电源线连接的端子，无极性；

S1、G：外控输入端子，可以利用手动火灾报警按钮的无源常开触点直接控制编码型的声光讯响器启动，系统接线如图 2－78 所示。

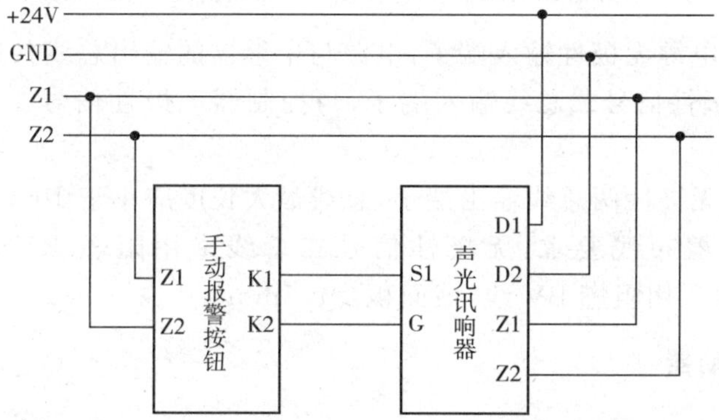

图 2－78　手动火灾报警按钮直接控制声光讯响器接线示意图

2.4.6　报警门灯及诱导灯

1. 报警门灯

门灯一般安装在巡视观察方便的地方，如会议室、餐厅、房间等门口上方，便于从外部了解内部的火灾探测器是否报警。

门灯可与对应的探测器并联使用，并与该探测器编码一致。当探测器报警时，门灯上的指示灯闪亮，在不进入室内的情况下就可知道室内的探测器已触发报警。

门灯中处有一红色高亮度发光区，当对应的探测器触发时，该区红灯闪亮。

布线要求：直接接入信号二总线，无须其他布线。

2. 诱导灯（引导灯）

引导灯安装在各疏散通道上，均与消防控制中心控制器相接。当火灾时，在消防中心手动操作打开有关的引导灯，指示人员疏散通道。

2.4.7　总线中继器

1. 概述（以海湾 GST－LD－8321 为例）

GST－LD－8321 中继模块采用 DC24V 供电，总线信号输入与输出间电气隔离，完成了探测器总线的信号隔离传输，可增强整个系统的抗干扰能力，并且具有扩展探测器总线通讯距离的功能。GST－LD－8321 中继模块主要用于总线处在有比较强的电磁干扰的区域及总线长度超过 1000m 需要延长总线通讯距离的场合。

2. 布线

GST－LD－8321 中继器外形如图 2－79 所示，接线端子如图 2－80 所示。

其中：

图 2－79　GST－LD－8321 中继器外形示意图

图 2－80　GST－LD－8321 中继器接线端子示意图

24VIN：DC24V 电源无极性输入端子，电源与中继器的输出总线共地。

Z1IN、Z2IN：无极性信号二总线输入端子，与控制器无极性信号二总线输出连接，距离应小于 1000m。

Z1O、Z2O：隔离无极性两总线输出端子，总线最大长度应小于 1000m。

LD－8321 中继器布线要求：无极性信号二总线采用阻燃 RVS 双绞线，截面积≥1.0mm^2；24V 电源线采用阻燃 BV 线，截面积≥1.5mm^2。

2.4.8　总线驱动器

1. 作用

增强线路的驱动能力。

2. 使用场所

(1)当一台报警控制器监控的部件超过 200 件以上，每 200 件左右用一只；

(2)所监控设备电流超过 200mA，每 200mA 左右用一只；

(3)当总线传输距离太长，太密，超长(500m)安装一只(也有厂家超过 1000m 安装一只，应结合厂家产品而定)。

2.4.9　火灾显示盘(以海湾 ZF－500 为例)

1. 概述

当一个系统中不安装区域报警控制器时，应在各报警区域安装区域显示器，其作用是显示来自消防中心报警器的火警信息，适用于各防火监视分区或楼层。ZF－500 型火灾显示盘是用单片机设计开发的汉字式火灾显示盘，用来显示火灾探测器部位编号及其汉字信息，并同时发光报警信号，显示内容清晰直观，便于人员确认。其外形示意图，如图 2－81 所示；接线端子示意图，如图 2－82 所示。它通过总线与火灾报警控制器相连，处理并显示控制器传送过来的数据。当用一台报警器同时监控整个楼层或防火分区时，可在每个楼层或防火分区设置火灾显示盘以取代区域报警控制器。

图 2－79　ZF－500 火灾显示盘外形示意图

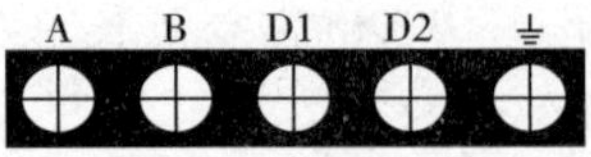

图 2－80　ZF－500 火灾显示盘接线端子示意图

2. 布线

A、B：连接火灾报警控制器的通讯总线端子；

D1、D2：DC24V 电源线端子，无极性；

⏚：接地线端子。

2.4.10　CRT 彩色显示系统

在大型消防系统的控制中必须采用微机显示系统即 CRT 系统，它包括系统的接口板、计算机、彩色监视器、打印机，是一种高智能化的显示系统。该系统采用现代化手段、现代化工具及现代化的科学技术代替以往庞大的模拟显示屏，其先进性对造型复杂的建筑群体更显突出。

1. 作用

CRT 报警显示系统是把所有与消防系统有关的建筑物的平面图形和报警点存入计算机内，在火灾时，CRT 显示屏上能自动用声光显示部位，如用黄色(预警)和红色(火警)不断闪动，同时用不同的音响来反映各种探测器、报警按钮、消火栓、水喷淋等各种灭火系统和进风口、排烟口等的具体位置。用汉字和图形来进一步说明发生火灾的部位、时间及报警类型，打印机自动打印，以便记录着火时间，进行事故分析和存档，给消防值班人员更直观、更方便地提供火情和消防信息。

2. 要求

随着计算机的不断更新换代，CRT 报警显示系统产品种类不断更新，在消防系统的设计过程中，选择合适的 CRT 系统是保证系统正常监控的必要条件，因此要求所选用的 CRT 系统必须具备下列功能：

(1)报警时，自动显示及打印火灾监视平面中火灾点位置、报警探测器类型、火灾报警时间。

(2)所有消火栓报警开关、手动报警开关、水流指示器、探测器等均应编码，且在 CRT 平面上建立相应的符号。利用不同的符号不同的颜色代表不同的设备，在报警时有明显的不同音响。

(3)当火灾自动报警系统需进行手动检查时，显示并打印检查结果。

(4)具有火警优先功能，应不受其他因素的影响。

知识拓展

消防灭火疏散演练案例分析

1. 情景描述

某酒店为消防安全重点单位。为深入贯彻落实《机关、团体、企业、事业单位消防安全管理规定》，增强酒店员工的消防安全意识，有效提高处置突发事件的应急能力，减少火灾事故中的人员伤亡，制定了消防灭火疏散演练预案，确定至少每半年进行一次演练。

该单位成立“一部六组”组织机构：指挥部、灭火行动组、疏散引导组、通信联络及设备保障组、安全防护救援组和后勤保障组。

(1)指挥部

① 总指挥：李大明(总经理)；副总指挥：张小云(前厅、安保经理)。

② 职责：尽快掌握现场情况并做出决策，对现场集结人员进行分组(发放各组长红袖标)并通过消防控制中心向各组下达指令。组织指挥和协调人员疏散、救护行动。

③ 通知方式：总机发出“酒店某地发生火情”紧急通知。

④ 集结地点：酒店门口。

(2)疏散引导组

① 负责人：王军(客房部经理)；成员：火灾发生时的领班及所有楼层服务员。

② 职责：按照指挥部的指令，引导人员有序疏散，在现场组织人员从背火方向消防通道逃生至室外。随时掌握人员疏散情况及时向指挥部总指挥汇报疏散情况，同时做好客人的安抚工作。

③ 通知方式：发生火情的部门领导就近口头通知，工作时间各部门负责人在收到“酒店发生火险”电话通知后，通知各部门人员。

④ 集结地点：酒店门前。

(3)灭火行动组

① 负责人：刘明(前厅、安保副经理)；成员：安保部员工、志愿消防队员。

② 职责：立刻赶到着火现场，迅速隔离可燃物，使用灭火器和室内消火栓进行有效扑救，并向指挥指挥中心总指挥反馈火势情况。

③ 通知方式：用对讲机向指挥中心报告。

④ 集结地点：大厅、起火部位集结。

(4)安全防护救护组

① 负责人：白云(前厅副经理)；成员：前厅所有工作人员。

② 职责：按照指挥部下达的指令，安排疏散人员到酒店西侧空地集结，划定安全警戒区域，避免楼面跌落物品击伤行人和无关人员进入楼内。组织对受伤人员进行救治，并将伤者情况及时向指挥部汇报。

③ 通知方式：有控制中心使用对讲机、电话通知。

④ 集结地点：酒店门口。

(5)通讯联络及设备保障组

① 负责人：朱丽丽；成员：值班电工、当值消防控制室值班人员、李静。

② 职责：电工负责切断着火楼层的非消防电源，启动消防电源，水暖工负责查看消防水箱和消防水泵给水的情况，并打开水泵结合器的井盖，电梯工按照指挥部的指令，迫降电梯；消防中心人员正确操控自动消防设施设备，能根据火情随时操控防排烟、消防泵等消防设施，为灭火和疏散创造条件提供各种保障；人力资源部负责演习现场的拍摄工作，并负责检查各演习点人员情况，是否按照要求执行，并负责演习结束后人员清点工作，并将检查情况向总指挥报告。

③ 通知方式：总机发出“酒店某部位发生火情”电话通知，再由部门负责人通知各成员。

④ 集结地点:消防控制室。

该单位结合工作实际,确定了以下消防灭火疏散演练程序和措施:

(1)报警和接警

遇到火情时按以下程序实施:

① 消防控制中心值班人员通过对讲机通知安全巡视人员携带消防应急器材到达现场进行火情核实(真火警还是假火警);火警确认后,安全巡视人员按下手动报警器的同时,用对讲机向消防控制中心反馈火警;消防控制中心值班人员接警后,立即启动消防应急广播,提醒顾客发生火灾楼层及部位,优先通知着火层及其上下各层。

② 起火点附近酒店工作人员发现火灾后,迅速利用就近灭火器、室内消火栓等消防设施、器材组织对初起火灾进行扑救,形成第一灭火力量,并及时反馈情况(1 分钟内完成)。

③ 消防控制中心值班员接警后,应迅速拨打“119”报警;向酒店总机通知“酒店某处发生火情,需启动应急预案”;并及时通知酒店志愿消防队员到火警现场灭火。

④ 志愿消防队到达形成第二灭火力量,迅速到达现场做出战斗动作,进行灭火并及时反馈情况(3 分钟内完成)。

⑤ 消防安全巡视人员核实燃烧物着火物和火势情况并及时反馈。

⑥ 同时指挥部人员到位,成立指挥部,各组成员到达指定位置集结。指挥部从消防控制中心了解火灾的情况,划定责任区域(2 分钟之内完成)。

⑦ 指挥部下达命令,由灭火行动组长带领灭火行动组全力实施灭火。

⑧ 指挥部下达命令,由疏散组人员进行人员疏散,消防控制中心打开消防广播进行紧急喊话,疏散组迅速赶到火灾现场,保持镇静,以最快的速度组织引导客人向消防通道安全疏散,安全防护救护组对人员进行清点救护,及时向总指挥汇报有关疏散情况。

⑨ 消防控制中心应由当值两名员工实施操作,将消防设施设备转入自动控制状态,打开消防泵、防排烟风机,切断非消防电源,充分发挥消防设施设备的作用。

⑩ 各负责人应及时向指挥部反馈现场进展情况。

⑪ 指挥部命令电工检查非消防电源切断情况,应急照明、安全出口指示灯是否自动打开情况;如非消防电源未实现强切,现场应进行切断。

⑫ 门岗保安员应对疏散区域进行安全警戒并协助对受伤人员进行救治工作。

⑬ 水暖工应及时查看消防水池水位和消防水泵运转情况,并打开水泵接合器的井盖。

⑭ 电梯工应做好将各电梯降至首层,并开启消防专用梯的保障工作。

(2)现场灭火疏散

① 疏散引导组:在负责人的带领下,安保部巡视和火情核实人员的指引下,第一组人员每人一个手电筒和一支粉笔逐个房间敲门搜索,每打开一个房间确定无人后,服务员就用粉笔在门上画上“×”以防重复搜索耽误时间;第二组人员用扩音器告诉拥挤在楼道内的客人,尽量打湿衣物捂住口、鼻,减少呼吸次数,有序地从通道内疏散;第三组人员走在被疏散客人的前面用扩音器不停地喊话:“请大家跟我来,不要惊慌”,使火场客人有序的跟随服务人员从两侧的消防通道迅速撤离。

② 灭火行动组:要求使用灭火器和消火栓灭火。

③ 灭火行动组:请示总指挥,现场火势较大,确认为一级火警,是否对酒店所有人员进

行疏散。

④ 总指挥通知：对火势继续控制，疏散组人员进行客房及餐厅人员进行疏散，大堂副经理维持好大堂的秩序并调出酒店入住人员名单，救护组清查人员疏散情况。

⑤ 指挥部指示：通知疏散组安抚客人情绪，保证安全疏散，疏散完毕后清点核对人员（前台准备当天入住客人名单一份），不得遗漏客人。

⑥ 着火层以上服务人员形成疏散二组：在大堂副经理的配合下对楼层的人员进行解释并组织疏散。

⑦ 酒店餐饮服务人员形成疏散四组：对在酒店就餐的宾客进行情况的解释和组织宾客有序撤离。餐饮后堂值班人员对燃气总阀进行关闭，工作人员有序撤离到安全区域。

⑧ 指挥中心要求：安全疏散引导组反馈情况，要求救护组反馈情况。

⑨ 救护组报告：人员疏散至集结地点，经过清点确认无人员遗漏，无人员受伤。

（3）后续工作处置

情况一：

经过灭火行动组人员的努力，全力对火势蔓延进行了有效控制。

① 灭火行动组负责人报告：火势正在控制中。

② 灭火组报告：现场火势已扑灭，灭火组正在清残，是否解除火警，请指示。

③ 指挥部：下达指令解除火警，要求灭火组对现场进行警戒。配合消防等专职部门进行火灾现场的勘查。同时密切关注现场防止复燃。

情况二：

火势蔓延扩大，消防队到达现场，采取以下方案。

① 酒店人员迅速引导消防车到达登高作业面场所和水泵接合器连接处。

② 灭火行动组报告：火势蔓延迅速，无法有效控制。

③ 酒店派人向消防队介绍火势基本情况（着火地点、火势大小、燃烧物质、人员被困情况、现扑救情况）。

④ 酒店熟悉地形人员带领消防队人员到达现场展开灭火疏散救援。

⑤ 火被扑灭后，协助公安消防部门开展火灾事故调查相应工作。

2. 案例说明

本案涉及内容较多，主要分析下列内容：

① 消防安全重点单位制定的灭火和应急疏散预案的内容。

② 消防安全重点单位灭火和应急疏散预案的演练。

3. 关键知识点和依据

（1）消防安全重点单位制定的灭火和应急疏散预案应当包括下列内容：

① 组织机构，包括灭火行动组、通信联络组、安全防护救助组。

② 报警和接警处置程序。

③ 应急疏散的组织程序和措施。

④ 扑救初期火灾的程序和措施。

⑤ 通信联络、安全防护救护的程序和措施。

（2）消防安全重点单位应当按照灭火和应急疏散预案，至少每半年进行一次演练，并结合实际不断完善预案。其他单位应当结合本单位实际，参照制定相应的应急方案，至少每年组织一次演练。

4. 注意事项

消防灭火疏散演练预案应根据人员调整及时调整。消防演练时，应当设置明显标志并事先告知演练范围内的人员。

5. 思考题

(1)单项选择题

消防安全重点单位应当按照灭火和应急疏散预案，至少每(　　)进行一次演练。

A. 月　　B. 季度　　C. 半年　　D. 年

(2)多项选择题

消防安全重点单位制定的灭火和应急疏散预案中组织机构应包括(　　)。

A. 组织指挥组　　B. 灭火行动组　　C. 通信联络组

D. 疏散引导组　　E. 安全防护救助组

本章思考题

1. 简述火灾自动报警系统的发展历程。

2. 火灾自动报警系统由哪几部分组成？各部分的作用是什么？

3. 火灾自动报警系统的工作过程是怎样的？

4. 简述区域报警系统、集中报警系统、控制中心报警系统的区别和联系。

5. 报警控制器的信号传输方式有哪几种？

6. 何谓多线制系统？何谓总线制系统？

7. 探测器可分为哪几种？各种探测器的适用场合分别是什么？

8. 布置探测器时应考虑哪些因素？

9. 某高校厨房长 20m，宽 15m，高 4.5m，平顶，为二级保护对象。(1)确定探测器的种类；(2)确定探测器的数量；(3)布置探测器。

10. 某高级宾馆舞厅长 42m，宽 20m，且为平顶。在舞厅长度的 1/2 处有一凸出顶棚高度为 300mm 的梁，室内铺有地毯，放有木质桌椅等物。厅内最大气流速度<2m/s，最大湿度<80%，为二级保护对象，请选择探测器的类型，并在该舞厅内布设探测器。

11. 手动报警按钮与消火栓报警按钮的区别是什么？

12. 输入/输出模块、总线隔离器、总线驱动器的作用分别是什么？

第3章　消防灭火系统

本章导论

火是人类生存重要的条件，它既可造福于人类，也会给人类带来巨大的灾难。因此，在使用火的同时一定注意对火的控制，对火的科学管理。"以防为主，防治结合"的消防方针是相关的工程技术人员必须遵循的。"预防为主"，就是在消防工作的指导思想上把预防火灾的工作摆在首位，动员社会力量并依靠广大群众贯彻和落实各项防火的行政措施、组织措施和技术措施，从根本上防止火灾的发生。无数事实证明，只要人们有强的消防安全意识，自觉遵守和执行消防法律、法规和规章以及国家消防技术标准，大多数火灾是可以预防的。"防消结合"，是指同火灾做斗争的两个基本手段——预防火灾和扑救火灾必须有机地结合起来，即在做好防火工作的同时，要大力加强消防队伍的建设，积极做好各项灭火准备，一旦发生火灾，能迅速有效地灭火和抢救，最大限度地减少火灾所造成的人身伤亡和物质损失。

"消防"作为一门专门学科，正伴随着现代科学技术的发展进入到高科技综合学科的行列，是现代建筑中的重要内容。有效监测建筑火灾、控制火灾、迅速扑灭火灾，保障人民生命和财产的安全，保障国民经济建设，是建筑消防系统的任务。建筑消防系统就是为完成上述任务而建立的一套完整、有效的体系，该体系就是在建筑物内部，按国家有关规范规定设置必需的火灾自动报警及消防设备联动控制系统、建筑灭火系统、防烟排烟系统等建筑消防设施。

3.1　消防灭火系统的概述

根据燃烧的原理人们使用的灭火剂一般有以下几种：水、二氧化碳、卤代烷、泡沫。但比较而言用水灭火具有方便、有效、价格低廉的优点，因此被广泛使用。然而由于水和泡沫都会造成设备污染，在有些场所（如档案室、图书馆、文物馆、精密仪器设备、电子计算机房等）应采用卤素和二氧化碳等灭火剂灭火。

3.2　室内消火栓灭火系统

3.2.1　室内消火栓灭火系统的设置范围

1. 依据《建筑设计防火规范》和《高层民用建筑设计防火规范》之规定设置。

我国《建筑设计防火规范》(GRJ/16—1987)中明确规定了设置消防给水系统的原则

如下：

6层及6层以下的单元式住宅，5层及5层以下的一般民用建筑，室内可以不设消防给水系统。一旦发生火灾，主要由消防人员驾驶消防车赶至火场进行扑救。这类建筑由于高度较低，消防队员可以经消防云梯至6层，同时消防车从室外消火栓或消防水池中取水，经车上水泵加压，保证水枪有足够的水量和水压。

耐火等级为一、二级的建筑物，室内可燃物较少的厂房和库房，以及耐火等级为三、四级，但体积不超过3000m^{3}的丁类厂房和体积不超过5000m^{3}的戊类厂房，也可以不设室内消防给水系统，由消防队扑救灭火。

2. 对于下列低层建筑物必须设置室内消防给水系统(图3-1)。

(1)高度不超过24m的厂房、库房，以及高度不超过24m的科研楼(存有与水接触能引起燃烧爆炸或助长火势蔓延的物品除外)。

(2)超过800个座位的剧院、电影院、俱乐部和超过1200个座位的礼堂、体育馆。

(3)体积超过5000m^{3}的车站、码头、机场、展览馆、商店、病房楼、门诊楼、教学楼、图书馆等建筑物。

(4)超过7层的单元式住宅，超过6层的塔式住宅、通廊式住宅、底层设有商业网点的单元式住宅。

(5)超过5层或体积超过10000m^{3}的其他民用建筑。

(6)国家级文物保护单位的重点砖木或木结构的古建筑。

(7)人防工程中使用面积超过300m^{2}的商场、医院、旅馆；展览厅、旱冰场、体育场、舞厅、电子游艺场等；使用面积超过450m^{2}的餐厅，丙类和丁类生产车间及物品库房、电影院、礼堂、消防电梯前室。

(8)停车库、修车库。

上述低层建筑物内设置室内消防给水系统的目的是为了有效地控制和扑救室内的初期火灾，对于较大的火灾主要求助于城市消防车赶赴现场，由室外消防给水系统取水加压进行扑救灭火。

3. 对于高层建筑，由于超过消防车能够直接有效扑救火灾的高度，所以室内任何地点着火，都要依靠室内消防给水系统来完成，原则上立足于自救。

例如：解放牌消防车通过水泵结合器的最大供水高度可达50m，因此，24～50m的高层建筑还可获得解放牌消防车的有效协助，从加强了室内消防给水系统的可靠性。

3.2.2 组成及类型

1. 组成

消火栓设备(水枪、水带、消火栓)、消防管道、消防水池和水箱、水泵结合器、消防水泵、水源等。消火栓灭火系统属于移动式人工灭火设施，它是由消防水箱、水泵、消防管道和室内消火栓等主要设备构成。其中室内消火栓又由水枪、水带、消火栓组成。

消火栓箱：包括消火栓箱体、消火栓头、消防水带、消防水枪、消防卷盘、消防报警按钮。

消防水枪：材质为铝合金，规格为DN50、DN65；13mm、16mm、19mm。

消防水带：材质为麻质、化纤，规格为DN50、DN65，长度分别为20m、25m。

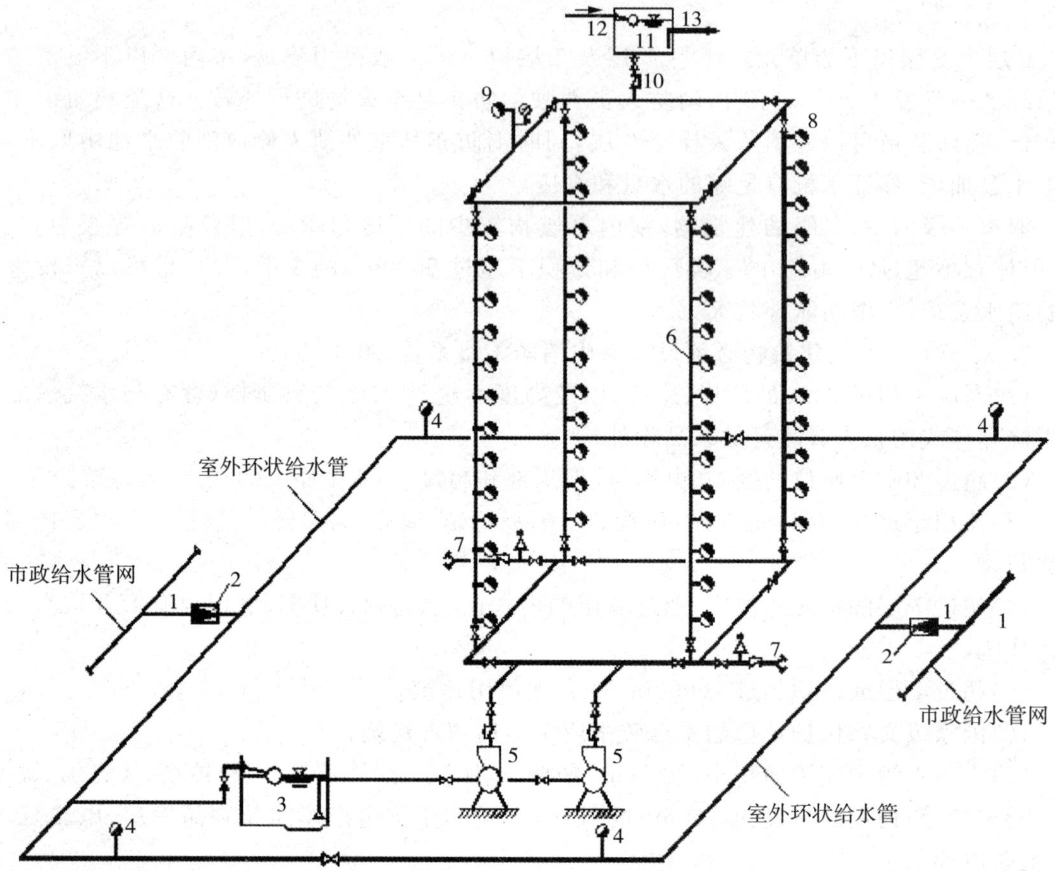

图 3-1　消防给水系统图

消火栓(图 3-2):材质为铸铁(铜质阀芯),规格为单栓、双栓,分别 DN50、DN65。

消防卷盘,又称“自救卷盘”“消防水喉”;规格为 DN25、DN32;长度 20～40m,管径 6mm、8mm、9mm。

水泵接合器(图 3-3)作用:供消防车水泵向系统里供水;形式:地下式、地上式、墙壁式;规格为 DN100、DN150;供水流量:10～15L/s。

高位水箱与管网构成水灭火的供水系统,在没有火灾情况下,规定高位水箱的蓄水量应能提供火灾初期消防水泵投入前 10min 的消防用水。10min 后的灭火用水要由消防水泵从低位蓄水池或市区供水管网将水注入室内消防管网。

为保证喷水枪在灭火时具有足够的水压,一般采用消防水泵加压装置,在每个消火栓内设置消防按钮,灭火时按下消火栓报警按钮,从而通过控制电路启动消防水泵,水压增高后,灭火水管有水,用水枪喷水灭火。

2. 类型

(1)室外管网直接供水(图 3-4);

(2)单设水箱;

(3)设消防泵、消防水箱(图 3-5);

(4)分区供水(图 3-6)。

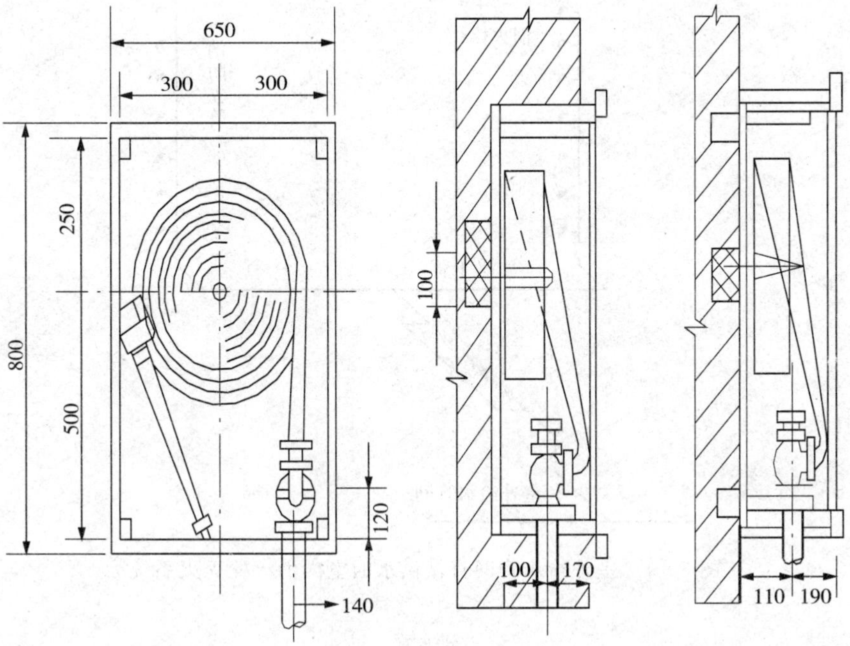

图 3-2　室内消火栓

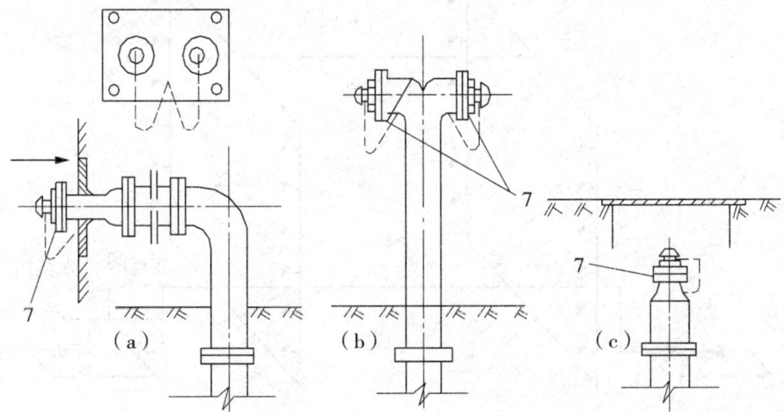

(a) SQB型墙壁式；(b) SQ型地上式；(c) SQX型地下式

图 3-3　消防水泵接合器外型图

1—法兰接管；2—弯管；3—放水阀；4—升降式止回阀；5—安全阀；6—楔式闸阀；7—进水用消防接口

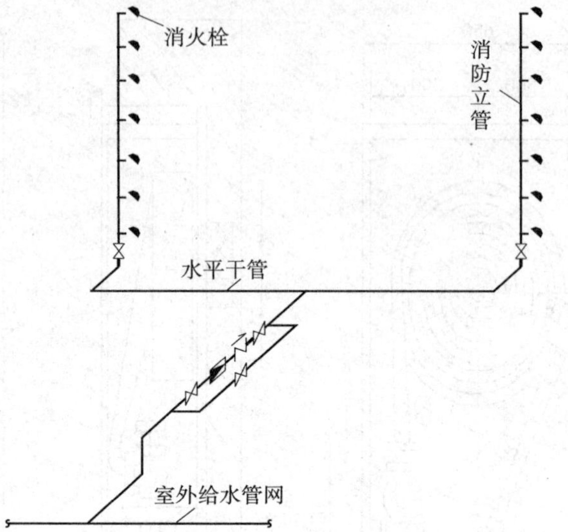

图 3-4　室外给水管网直接供水的室内消火栓灭火系统

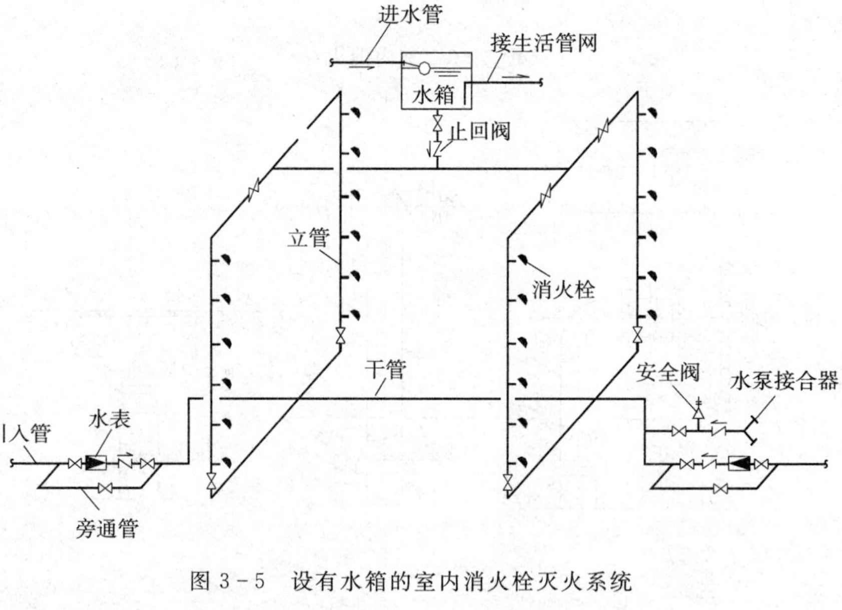

图 3-5　设有水箱的室内消火栓灭火系统

3.2.3　室内消防栓的设置要求

1. 设有消防给水的建筑物，其各层(无可燃物设备除外)均应设置消火栓。

2. 室内消火栓的布置应保证有两支水枪的充实水柱同时到达室内任何部位(充实水柱：是指水枪射出的不但能射及火焰，而且应有一定能量，能扑灭火焰的射流)，但出现下列情况之一时可采用 1 支水枪的 1 股充实水柱到达任何部位：

(1)室内消火栓设计用水量不大于 20L/s 时；

(2)建筑物整体全部设置自动喷水灭火系统时。

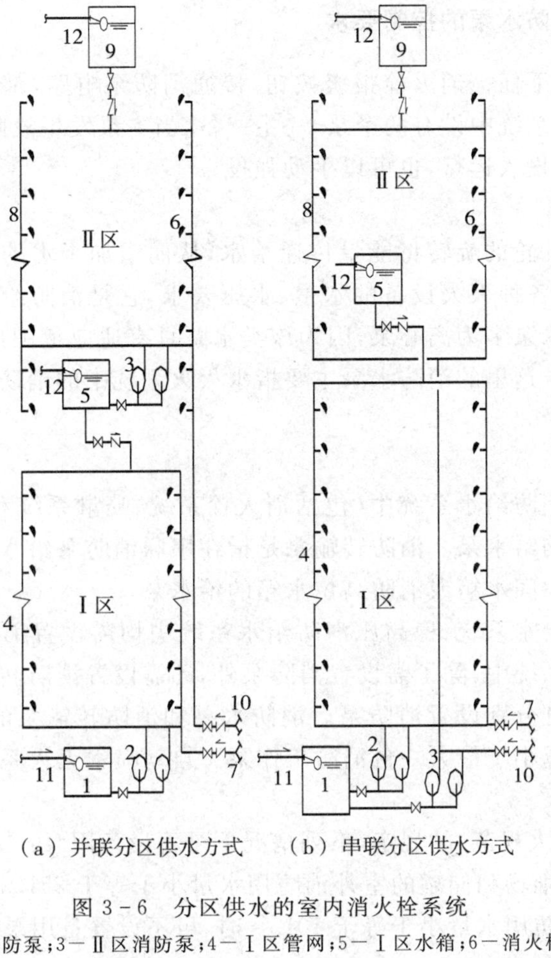

（a）并联分区供水方式　　（b）串联分区供水方式

图 3-6　分区供水的室内消火栓系统

1－水池；2－Ⅰ区消防泵；3－Ⅱ区消防泵；4－Ⅰ区管网；5－Ⅰ区水箱；6－消火栓；7－Ⅰ区水泵接合器；8－Ⅱ区管网；9－Ⅱ区水箱；10－Ⅱ区水泵接合器；11－水池进水管；12－水箱进水管

(3)消防电梯前室应设室内消火栓。

(4)室内消火栓应设在明显易于取用的地点。栓口离地面高度为 1.1m，其出水方向宜向上或与设置消火栓的墙面成 90°角。

(5)冷库的室内消火栓应设在常温穿堂或楼梯间内。

(6)室内消火栓的间距应由计算确定。甲、乙类厂房室内消火栓的间距不应超过 30m，其他单层和多层建筑室内消火栓的间距不应超过 50m。同建筑物专采用统一规格的消火栓、水枪和水带(水带长不应超过 25m)。

(7)设有室内消火栓的建筑，如为平屋顶时，宜在平屋顶上设置试验和检查用的消火栓。

(8)室内消火栓的直径不应小于所配备的水带的直径。在一般情况下，当流量小于3L/s时，可采用直径为 50mm 的消火栓，13～16mm 的水枪喷嘴。当流量大于 3L/s 时，宜采用直径为 65mm 的消火栓，19mm 的水枪喷嘴。室内双出口消火栓直径不应小于 65mm。

(9)室内消火栓口处的静水压力应不超过 80mH 水柱。如超过 80mH 水柱时，应采用分压给水系统，消火栓栓口处的出水压力超过 50mH 水柱时，应有减压设施。

3.2.4 对室内消防水泵的控制要求

当火灾发生时，按下任一消火栓报警按钮，接通消防泵电路，都可以控制消防水泵的启动。为确保正常工作，系统中设有两个泵，一主一备，当主泵发生故障时，系统能够自动检测故障，应使备用泵自动投入运行，也可以手动强投。

1. 消防水泵

消防水泵是通过叶轮的旋转将能量传递给水，从而增加了水的动能、压能，并将其输送到灭火设备处，以满足各种灭火设备的水量、水压要求，它是消防给水系统的心脏。目前消防给水系统中使用的水泵多为离心泵，因为该类水泵具有适应范围广、型号多、供水连续、可随意调节流量等优点。这里的消防水泵主要指水灭火系统中的消防给水泵，如消火栓泵、喷淋泵、消防转输泵等。

(1)设置要求

消防水泵是指在消防给水系统中(包括消火栓系统、喷淋系统和水幕系统等)用于保证系统给水压力和水量的给水泵。消防转输泵是指在串联消防泵给水系统和重力消防给水系统中用于提升水源至中间水箱或消防高位水箱的给水泵。

在临时高压消防给水系统、稳高压消防给水系统中均需设置消防泵。在串联消防给水系统和重力消防给水系统中，除了需设置消防泵外，还需设置消防转输泵。消火栓给水系统与自动喷水灭火系统宜分别设置消防泵。消防水泵和消防转输泵的设置均应设置备用泵。备用量的工作能力不应小于最大一台消防工作泵。自动喷水灭火系统可按用一备一或用两备一的比例设置备用泵。

根据《建筑设计防火规范》的规定，下列情况下可不设备用泵：

① 当工厂、仓库、堆场和储罐的室外消防用水量小于等于 25L/s。

② 建筑的室内消防用水量小于等于 10L/s 时，可不设置备用泵。

(2)消防泵的选用

所选消防泵的产品应符合国家标准《消防泵》GB6245，并通过国家消防装备质量监督检验中心的检测。选择消防水泵的主要依据是：流量、扬程及其变化规律。通常可按以下要求选定：

① 水泵的出水量应满足消防水量的要求。

② 水泵的扬程应在满足消防流量的条件下，保证最不利点消火栓的水压要求。

③ 最好是选用 Q－H 特性曲线平缓的水泵。

④ 消防水泵一般均不应少于两台，一台工作，其余备用。

⑤ 单台泵的流量应按消防流量选择，同一建筑物尽量选用同型号水泵，以便于管理，关于消防专用水泵选用可以参考国家建筑标准设计图集《消防专用水泵选用及安装》。

为了防止消防泵误启动使管网水压过高而导致管网爆裂，需加设管网压力监视保护，当水压达到一定压力时，压力继电器动作，使消火栓泵自动停止运行。

为保证消防水泵不间断供水，应设置备用水泵数量应不少于 2 台(备用泵最大)。吸水段：至少有两条吸水管。采用吸水方式“自灌式”。其组成：底阀，闸阀，柔性软接头。吸水管直径一般应大于水泵进口直径。出水段：其组成包含柔性软接头，止回阀，闸阀，压力表试验用放水阀。并且不允许使用塑料管。

泵房应设有检修用开关和启动、停止按钮，检修时，将检修开关接通，切断消火栓泵的控制回路以确保维修安全，并设有开关信号灯。

2. 室内消防给水管道

室内消防给水管道是室内消火栓系统的重要组成部分，为确保供水安全可靠，其布置时应满足一定的要求。

(1)单层、多层建筑消防用水与其他用水合用的室内管道，当其他用水达到最大小时流量时，应仍能保证供应全部消防用水量；高层民用建筑室内消防给水系统管道应与生活、生产给水系统分开独立设置。

(2)除有特殊规定外，建筑物的室内消防给水管道应布置成环状，且至少应有两条进水管与室外环状管网相连接，当其中的一条进水管发生故障时，其余的进水管应仍能供应全部消防用水量。

(3)室内消防给水管道应采用阀门分成若干独立段。单层厂房(仓库)和公共建筑内阀门的布置应保证检修停止使用的消火栓不应超过5个；多层民用建筑和其他厂房(仓库)内阀门的布置应保证管道检修时关闭的消防竖管不超过一根，但设置的竖管超过三根时，可关闭两根。高层建筑内阀门的布置，应保证管道检修时关闭停用的消防给水竖管不超过一根；当高层民用建筑内消防给水竖管超过四根时，可关闭不相邻的两根。阀门应保持常开，并有明显的启闭标志和信号。

(4)一般情况下，消防给水竖管的布置应保证同层相邻两个消火栓的水枪充实水柱同时到达被保护范围内的任何部位，每根竖管的直径应根据通过的流量经计算确定，高层民用建筑内每根消防给水竖管的直径不应小于100mm。

(5)室内消火栓给水管网与自动喷水灭火系统(局部应用系统除外)的管网应分开设置。如有困难，应在报警阀前分开设置。

(6)室内消火栓给水管材通常采用热镀锌钢管，根据工作压力的情况，可以是有缝钢管也可是无缝钢管。

3. 消防水泵接合器

水泵接合器是供消防车向消防给水管网输送消防用水的预留接口。它既可用以补充消防水量，也可用于提高消防给水管网的水压。

在火灾情况下，当建筑物内消防水泵发生故障或室内消防用水不足时，消防车从室外取水通过水泵接合器将水送到室内消防给水管网，供灭火使用。

(1)设置要求

① 高层建筑、设置室内消火栓且层数超过四层的厂房(仓库)、最高层楼板超过20m的厂房(仓库)、设置室内消火栓且层数超过五层的公共建筑、四层以上多层汽车库和地下汽车库、地下建筑和平站结合的人防工程、城市市政隧道，其室内消火栓给水系统应设置消防水泵接合器，自动喷水灭火系统也应设水泵接合器。

② 水泵接合器的数量应根据室内消防用水量和每个水泵接合器10～15L/s的流量经计算确定；高层建筑采用竖向分区供水时，在消防车供水压力范围内的分区，应分别设置水泵接合器。

③ 水泵接合器有地上式、地下式和墙壁式三种，以适应各种建筑物的需要。其设置应方便连接消防车水泵；距水泵接合器 15～40m，应设置有室外消火栓或消防水池。

(2)组成

水泵接合器是由阀门、安全阀、止回阀、栓口放水阀以及联接弯管等组成。在室外从水泵接合器栓口给水时，安全阀起到保护系统的作用，以防补水的压力超过系统的额定压力；水泵接合器设止回阀，以防止系统的给水从水泵接合器流出；为考虑安全阀和止回阀的检修需要，还应设置阀门。放水阀具有泄水的作用，用于防冻时使用。故水泵接合器的组件排列次序应合理，从水泵接合器给水的方向，依次是止回阀、安全阀、阀门。

4. 增压稳压设备

对于采用临时高压消防给水系统的高层或多层建筑，当消防水箱设置高度不能满足系统最不利点灭火设备所需的水压要求时，应设置增压稳压设备。增压稳压设备一般由隔膜式气压罐、稳压泵、管道附件及控制装置组成(图 3－7)。

(1)稳压泵

稳压泵是指在消防给水系统中用于稳定平时最不利点水压的给水泵。稳压泵通常是选用小流量、高扬程的水泵。消防稳压泵也应设置备用泵，通常可按一用一备选用。

① 稳压泵的工作原理

它是由 3 个压力控制点(P_2、P_3、P_4)分别和压力继电器相连接，用来控制稳压泵的工作。

当它向管网中持续充水时，管网内压力升高，当达到设定的压力值 P_4(稳压上线)时，稳压泵停止工作。由于管网存在渗漏或其他原因导致管网压力逐渐下降，当降到设定压力值 P_3(稳压下线)时，则稳压泵再次启动。周而复始，从而使管网的压力始终保持在 P_3 与 P_4 之间。当稳压泵启动持续给管网补水，但管网压力还继续下降，则可认为有火灾发生，管网内的消防水正在被使用，因此，当压力继续降到设定压力值 P_2(消防主泵启动压力点)时，连锁启动消防主泵，同时稳压泵停止。

② 稳压泵流量的确定

消防给水系统消防稳压泵的流量应按系统的渗透流量计算确定，喷淋消防稳压泵的流量宜为 lL/s，并不宜大于一只喷头的流量；消火栓给水系统的消防稳压泵，其流量不应大于 5L/s，消火栓给水系统与自动喷水灭火系统合用的消防稳压泵宜为 3L/s。

③ 稳压泵扬程的确定

在稳高压消防给水系统中，消防稳压泵的扬程应大于消防泵的扬程。设计可参考下列控制方法确定扬程：在稳高压消防给水系统中，消防稳压泵启动的压力值、消防稳压泵的停止压力值和联动消防泵启动压力值的差值应不小于 0.05MPa。当设有高位消防水箱时，其设定值均应大于高位消防水箱底到最不利点的高程差。

④ 稳压泵的供电要求

消防稳压泵的供电要求同消防泵的供电要求。

(2)气压罐

① 气压罐的工作原理实际运行中，由于各种原因，稳压泵常常频繁启动，不但泵易损，且对整个管网系统和电网系统不利，因此稳压泵常与小型气压罐配合使用。

如图 3－8 在气压罐内设定的 P_1、P_2、P_{s1}、P_{s2} 四个压力控制点中，P_1 为气压罐的设计最小工作压力，P_2 为水泵启动压力，P_{s1} 为稳压泵启动压力。当罐内压力为 P_{s2} 时，消防给水管网处于较高工作压力状态时，稳压泵和消防水泵均处于停止状态；随着管网渗漏或其他原因泄压，罐内压力从 P_{s2} 降至 P_{s1} 时，便自动启动稳压泵，向气压罐补水，直到罐内压力增加到 P_{s2} 时，稳压泵停止，从而保证了气压罐内消防储水的常备储存。若建筑发生火灾，随着灭火设备出水，气压罐内储水减少，压力下降，当压力以 P_{s2} 降至 P_{s1} 时，稳压泵启动，但稳压泵流量较小，其供水全部用于灭火设备，气压罐内的水得不到补充，罐内压力继续下降到 P_2 时，消防泵启动向管网供水，同时向控制中心报警。当消防泵启动后，稳压泵停止运转，消防增压稳压工作完成。

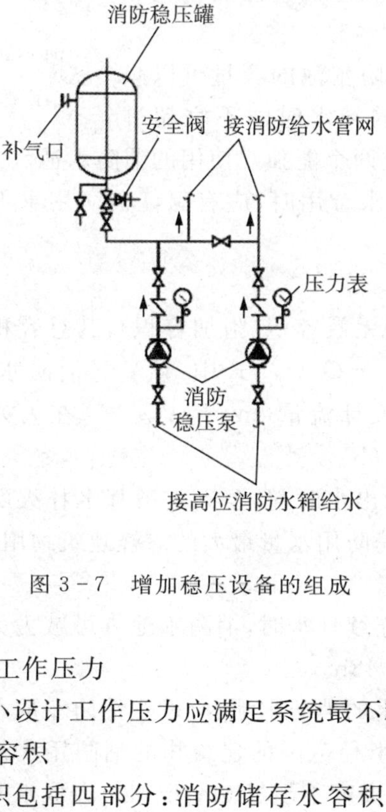

图 3－7　增加稳压设备的组成

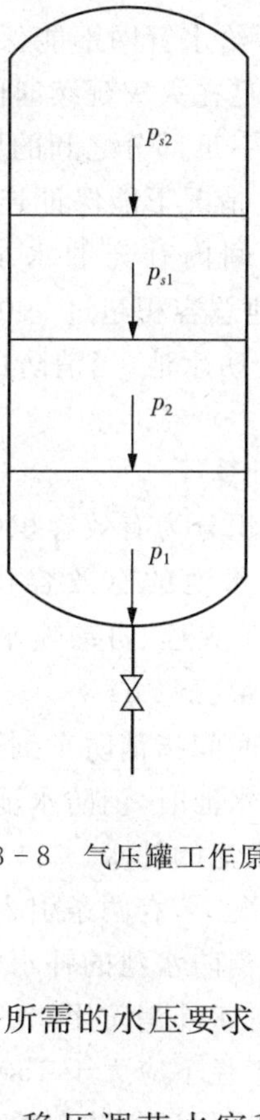

图 3－8　气压罐工作原理

② 气压罐工作压力

气压罐最小设计工作压力应满足系统最不利点灭火设备所需的水压要求。

③ 气压罐容积

气压罐容积包括四部分：消防储存水容积、缓冲水容积、稳压调节水容积和压缩空气容积。

④ 消防储存水容积

a. 消火栓给水系统的气压罐消防储存水容积，应满足火灾初期供两支水枪工作 30s 的消防用水量要求，即 $Vx=2\times5\times30=300$L（室内消火栓的出水流量一般为 5.0L/s）。

b. 自动喷水灭火系统的储存水容积应满足火灾初期提供 5 个喷头工作 30s 的消防用水量要求，即 $Vx=5\times1\times30=150$L。

当消火栓系统与自动喷水灭火系统合用气压罐时，其容积应为 $300+150=450$L。

5. 消防水池和消防水箱

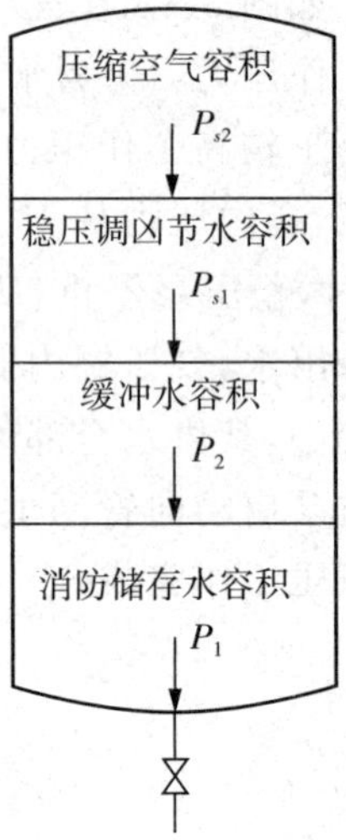

图 3-9 稳压泵与气压罐联合工作原理

在市政给水管道、进水管道或天然水源不能满足消防用水量，以及当市政给水管道为枝状或只有一条进水管的情况下，室内外消防用水量之和大于 25L/s 的建（构）筑物应设消防水池。不同建（构）筑物设置的消防水池，其有效容量应根据国家相关消防技术标准经计算确定。

(1)消防水池设置要求

① 当室外给水管网能保证室外消防用水量时，消防水池的有效容量应满足在火灾延续时间内建（构）筑物室内消防用水量要求。

② 当室外给水管网不能保证室外消防用水量时，消防水池的有效容量应满足在火灾延续时间内建（构）筑物室内消防用水量和室外消防用水不足部分之和的要求。

③ 在火灾情况下能保证连续补水时，消防水池的容量可以减去火灾延续时间内补充的水量，消防水池的补水时间不宜超过 48h。消防水池总容积超过 500m³ 时，应分成两个能独立使用的消防水池。

④ 对于消防水池，当消防用水与其他用水合用时，应有保证消防用水不被他用的技术措施。

(2)容积计算

水池的容积分为有效容积（储水容积）和无效容积（附加容积），其总容积为有效容积与无效容。消防水池的有效容积为：$V_a=(Q_p-Q_b)t$　式中：V_a——消防水池的有效容积（m³）；Q_p——消火栓、自动喷水灭火系统的设计流量（m³/h）；Q_b——在火灾延续时间内可连续补充的流量（m³/h）；t——火灾延续时间（h）。

火灾延续时间指消防车到达火场后开始出水时起，至火灾被基本扑灭的时间段。当建筑群共用消防水池时，消防水池的容积应按消防用水量最大的一幢建筑物用水量计算确定。

(3)消防水池的补水

在火灾情况下，有两条引入管且能保证连续补水时，消防水池方可减去火灾延续时间内的补充水量。消防水池的补水时间不宜超过 48h。

(4)储存有室外消防用水的供消防车取水的消防水池，应设供消防车取水的取水口或取水井，其保护半径不应大于 150m，凡在保护半径范围的建筑物的消防用水都可储存在该水池内。其水深应保证消防车的消防水泵吸水高度不超过 6m；取水口或取水井与被保护建筑物（水泵房除外）的外墙距离不宜小于 15m，与甲、乙、丙类液体储罐的距离不宜小于 40m，与液化石油气储罐的距离不宜小于 60m，如采取防止辐射热的保护措施时，可减为 40m。

(5)消防水箱的具体设置要求

采用临时高压给水系统的建筑物，应设置高位消防水箱，设置消防水箱的目的，一是提供系统启动初期的消防用水量和水压，在消防泵出现故障的紧急情况下应急供水，确保喷头开放后立即喷水，及时控制初期火灾，并为外援灭火争取时间；二是利用高位差为系统提供准工作状态下所需的水压，以达到管道内充水并保持一定压力的目的。设置常高压给水系统并能保证最不利点消火栓和自动喷水灭火系统等的水量和水压的建筑物，或设置干式消防竖管的建筑物，可不设置消防水箱。

① 对于工业建筑和多层民用建筑，高位消防水箱应设置在建筑物的最高部位并储存10min的消防用水量，当室内消防用水量不超过25L/s，经计算水箱消防储水量超过$12m^3$时，仍可采用$12m^3$；当室内消防用水量超过25L/s，经计算水箱消防储水量超过$18m^3$时，仍可采用$18m^3$。

② 对于高层民用建筑，高位消防水箱设置高度应保证最不利点消火栓的静水压力，当建筑高度不超过100m时，高层建筑最不利点消火栓的静水压力不应低于0.07MPa；当建筑高度超过100m时，高层建筑最不利点消火栓的静水压力不应低于0.15MPa；当不能满足上述静压要求时，应设增压设施。高位消防水箱储水量应符合：一类高层公共建筑不小于$18m^3$；二类高层公共建筑和一类高层居住建筑物不小于$12m^3$；二类居住建筑不小于$6m^3$。高层建筑并联方式的分区消防水箱容量应与高位消防水箱相同。

③ 当建筑内设置有自动喷水灭火系统时，高位消防水箱的设置高度还应满足最不利点处喷头的最低工作压力要求；当不能满足时，应设增(稳)压设施。

④ 消防用水与其他用水合用的水箱，应采取确保消防用水不作他用的技术措施。除高层建筑串联消防给水系统外，发生火灾时由消防水泵供给的消防用水不应进入高位水箱。应利用生产或生活用水管网作为其进水管。

3.2.5　室外消火栓系统

室外消火栓系统的任务就是通过室外消火栓为消防车等消防设备提供消防用水，或通过进户管为室内消防给水设备提供消防用水。室外消防给水系统应满足火灾扑救时各种消防用水设备对水量、水压、水质的基本要求。

1. 系统组成

室外消火栓给水系统通常是指室外消防给水系统，它是设置在建筑物外墙外的消防给水系统，主要承担城市、集镇、居住区或工矿企业等室外部分的消防给水任务的工程设施。

室外消火栓给水系统由消防水源、消防供水设备、室外消防给水管网和室外消火栓灭火设施组成。室外消防给水管网包括进水管、干管和相应的配件、附件。室外消火栓灭火设施包括室外消火栓、水带、水枪等。

2. 系统工作原理

(1)常高压消防给水系统

常高压消防给水系统管网内经常保持足够的压力和消防用水量。当火灾发生后，现场的人员可从设置在附近的消火栓箱内取出水带和水枪，将水带与消火栓栓口连接，接上水枪，打开消火栓的阀门，直接出水灭火。

(2)临时高压消防给水系统

在临时高压消防给水系统中，系统设有消防泵，平时管网内压力较低。当火灾发生后，现场的人员可从设置在附近的消火栓箱内取出水带和水枪，将水带与消火栓栓口连接，接上水枪，打开消火栓的阀门，通知水泵房启动消防泵，使管网内的压力达到高压给水系统的水压要求，从而消火栓可投入使用。

(3)低压消防给水系统

低压消防给水系统管网内的压力较低，当火灾发生后，消防队员打开最近的室外消火栓，将消防车与室外消火栓连接，从室外管网内吸水加入到消防车内，然后再利用消防车直接加压灭火，或者消防车通过水泵接合器向室内管网内加压供水，如图 3－10 所示。

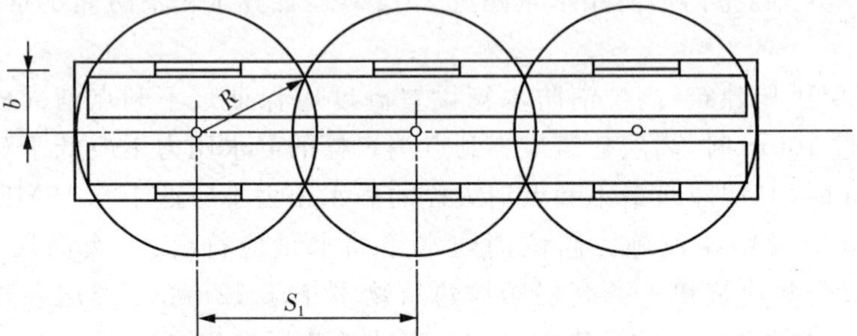

（a）单排1股水柱到达室内任何部位

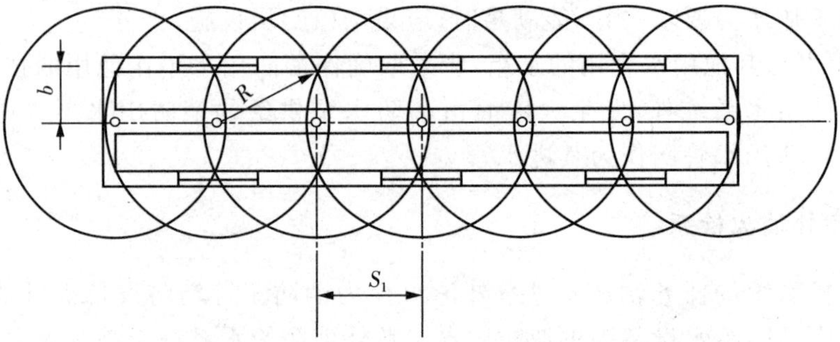

（b）单排2股水柱到达室内任何部位消火栓布置间距

图 3－10　消防栓的设置图

3.3　自动喷水灭火系统

通过本节学习，掌握自动喷水灭火系统的分类、组成与工作原理以及适用范围、选型原则，熟悉自动喷水灭火系统的组件及其设置要求，了解自动喷水灭火系统设置场所的火灾危险性等级分类和系统设计基本参数。

自动喷水灭火系统是由洒水喷头、报警阀组、水流报警装置（水流指示器或压力开关）等组件，以及管道、供水设施组成，并能在发生火灾时喷水的自动灭火系统。自动喷水灭火系统在保护人身和财产安全方面具有安全可靠、经济实用、灭火成功率高等优点，广泛应用于工业建筑和民用建筑。自动喷水灭火系统是一种固定式设施。它在火灾发生后能自动进行喷水灭火，并且能在喷水灭火的同时发出警报。

自动喷水灭火系统根据所使用喷头的型式，分为闭式自动喷水灭火系统和开式自动喷水灭火系统两大类；根据系统的用途和配置状况，自动喷水灭火系统又分为湿式系统、干式系统、雨淋系统、水幕系统、自动喷水一泡沫联用系统等。自动喷水灭火系统的分类见图 3－11。

其中常见的自动喷水灭火系统有湿式、干式和预作用式三种形式：

● 湿式系统：准工作状态时管道内充满用于启动系统的有压水的闭式系统。

● 干式系统：准工作状态时管道内充满用于启动系统的有压气体的闭式系统。

● 预作用系统：准工作状态时配水管道内不充水，由火灾自动报警系统自动开启雨淋报警阀后，转换为湿式系统的闭式系统。

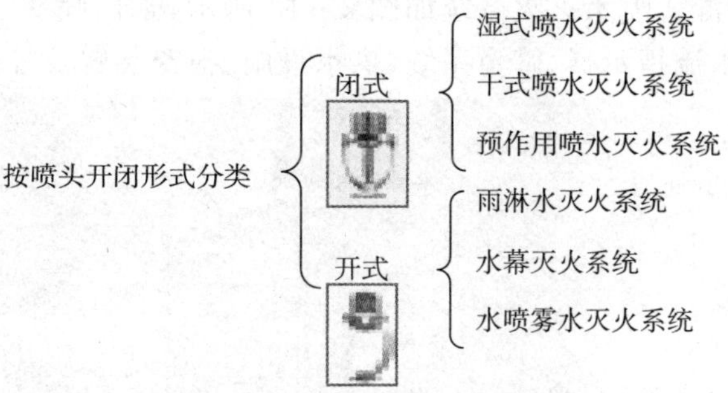

图 3－11　自动喷水灭火系统的分类

3.3.1　闭式——湿式自动喷水灭火系统

1. 湿式自动喷水灭火系统的组成

湿式自动喷水灭火系统(以下简称湿式系统)由闭式喷头、湿式报警阀组、水流指示器或压力开关、供水与配水管道以及供水设施等组成，在准工作状态时管道内充满用于启动系统的有压水。湿式系统的组成如图 3－12 所示。

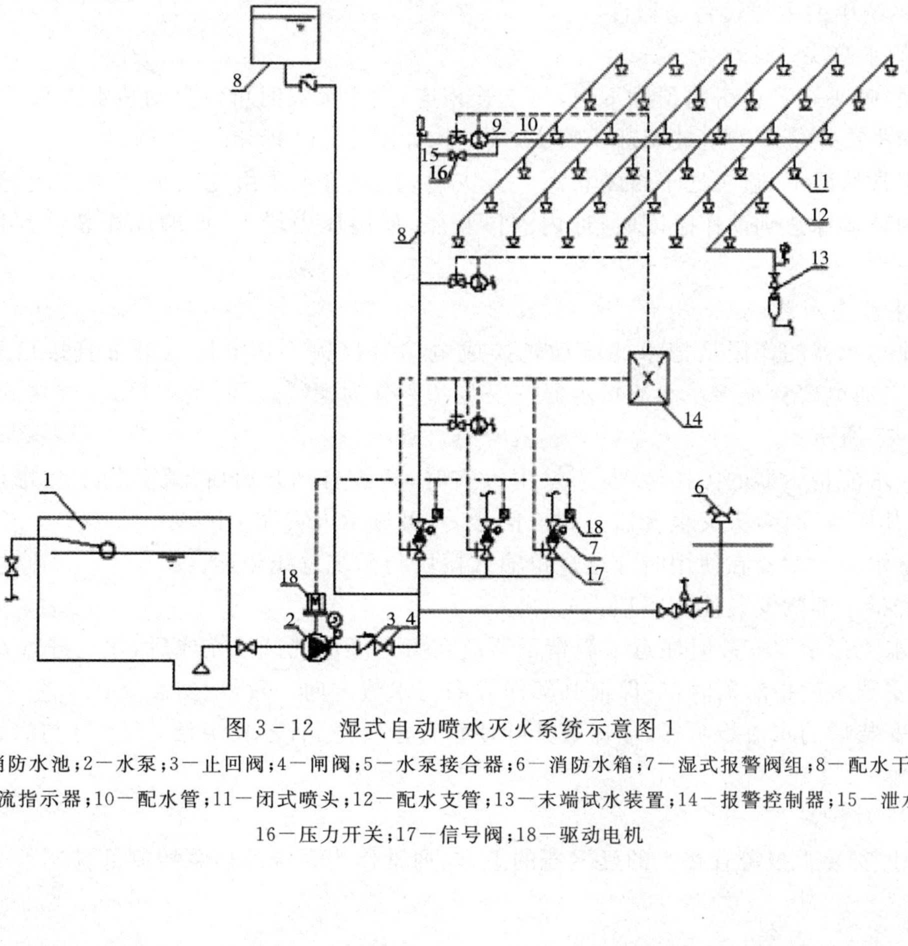

图 3－12　湿式自动喷水灭火系统示意图 1

1—消防水池；2—水泵；3—止回阀；4—闸阀；5—水泵接合器；6—消防水箱；7—湿式报警阀组；8—配水干管；9—水流指示器；10—配水管；11—闭式喷头；12—配水支管；13—末端试水装置；14—报警控制器；15—泄水阀；16—压力开关；17—信号阀；18—驱动电机

湿式喷水灭火系统如图 3 - 13 所示，是由喷头、报警止回阀、延迟器、水力警铃、压力开关、水流指示器、管道系统、供水设施、报警装置及控制盘等组成。

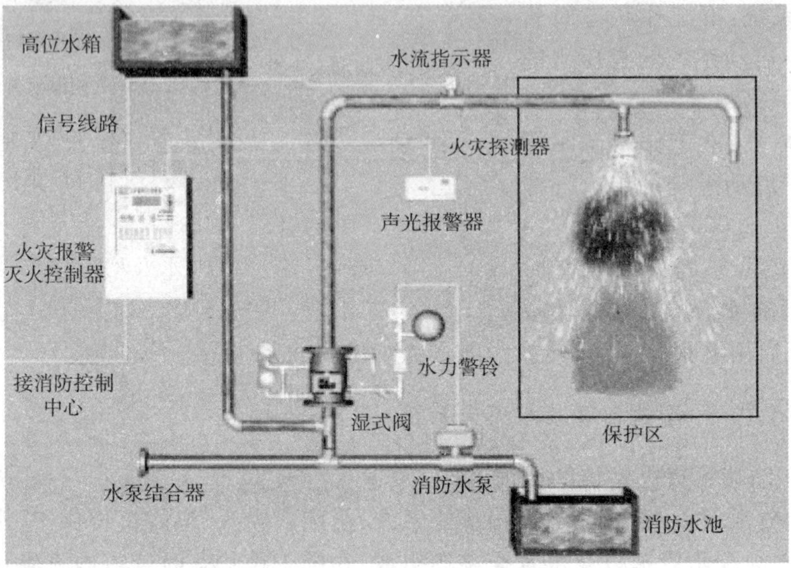

图 3 - 13 湿式自动喷水灭火系统示意图 2

2. 系统中的主要设备与器件

① 洒水喷头

作用：喷头布置在房间顶棚下边，与支管相连，发生火灾时可以自动喷水灭火。

工程中应用最多的是玻璃球式喷头，其结构如图 3 - 14 所示。

在正常情况下，喷头处于封闭状态。火灾时，开启喷水是由充液玻璃球控制，当装有热敏液体的玻璃球达到动作温度时，球内液体膨胀，使内压力增大，玻璃球炸裂，密封垫脱开，喷出压力水。

② 水流指示器

水流指示器的作用是把水的流动转换成电信号报警。其电接点既可直接启动消防水泵，也可接通电警铃报警。水流指示器按安装基座分为螺纹式、法兰连接式、焊接式等几种，如图 3 - 15 所示。

桨式水流指示器的工作原理：当发生火灾时，喷头自动开启后，流动的消防水使桨片摆动，带动其接点动作，火灾报警器接到该信号后，可显示火灾发生区域。

注意水流指示器在使用时应通过单输入模块与系统总线相连。

水流指示器的安装注意事项：

- 水流指示器安装时注意水流指示器应在管道经冲洗试压完成后，才可进行安装；
- 安装水流指示器时，应保证其动作方向与水流方向一致，切勿装反；
- 安装后的水流指示器，应保证其叶片垂直于管道，且动作灵活，不允许与管壁有任何摩擦接触。

③ 压力开关

作用：安装于报警管路上的延迟器的上方，通常作为系统的启泵控制部件。

原理：压力开关都有一对常开触点，当湿式报警阀阀瓣开启后，压力开关触点动作，发出电信号至报警控制箱从而启动消防泵。

接线：压力开关的接线方式类似于水流指示器，也与单输入模块连接。

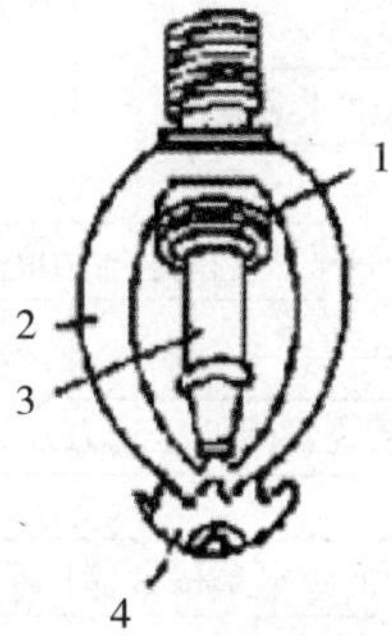

图 3-14　玻璃球式喷头结构

1—阀片；2—喷头外框；

3—玻璃球；4—布水盘

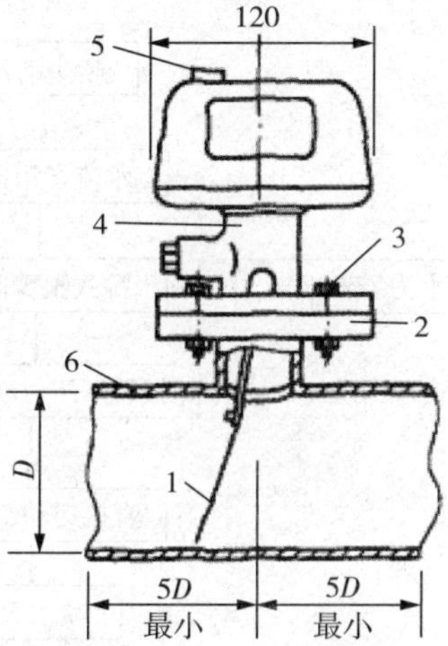

图 3-15　水流指示器

1—桨片；2—法兰底座；3—固定螺栓；

4—本体；5—接线孔；6—喷水管道

④ 湿式报警阀

湿式报警阀安装在总供水干管上，连接供水设备和配水管网。它十分灵敏，当管网中即使有一个喷头喷水，破坏了阀门上下的静止平衡压力时，就立即开启。

它一般采用止回阀的形式，即只允许水流向管网，不允许水流回水源。其作用是因为管网内水质因长期不流动而腐化变质，如让它流回水源将产生污染。

⑤水力警铃

作用：火灾时报警。

安装注意事项：水力警铃宜安装在报警阀附近，其连接管的长度不宜超过 6m，高度不宜超过 2m，以保证驱动水力警铃的水流有一定的水压。

⑥延迟器

作用：它是一个罐式容器，安装在报警阀与水力警铃之间，起着避免虚假报警的作用，只有在火灾真正发生时，喷头和报警阀相继打开，水流源源不断地大量流入延迟器，经 30s 左右充满整个容器，然后冲入水力警铃。

3. 湿式喷水灭火系统的控制原理

在无火灾时，管网压力水由高位水箱提供，使管网内充满不流动的压力水，处于准工作状态。

发生火灾时，高温火焰或高温气流使闭式喷头的热敏感元件动作喷头打开喷水，管网中的水由静止变为流动，水流指示器被流动的水感应后把水流信号转变为电信号，送入报警控制器，在报警控制器上指示某一区域已经在喷水，喷头持续喷水造成湿式报警阀的上部水压低于下部水压，这种压力差达到一定值时，原来处于关闭状态的阀片就自动开启，压力水通过湿式报警阀流向干管和配水管，同时水通过细管进入延时器，延时器确认进入水力警铃和压力开关发出火警信号。

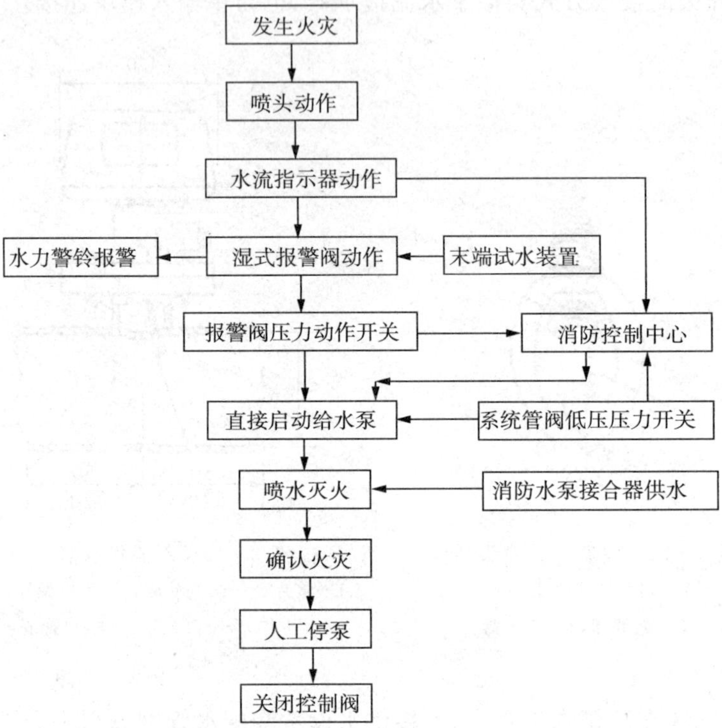

图 3－16　湿式喷水灭火系统

3.3.2　闭式——干式喷水灭火系统

干式自动喷水灭火系统（以下简称干式系统）由闭式喷头、干式报警阀组、水流指示器或压力开关、供水与配水管道、充气设备以及供水设施等组成，在准工作状态时配水管道内充满用于启动系统的有压气体。干式系统的启动原理与湿式系统相似，只是将传输喷头开放信号的介质，由有压水改为有压气体。干式系统的组成如图 3－17 所示。

在湿式喷水灭火系统基础上进行了改动，在报警阀后的管道内充以压缩空气代替压力水，报警阀前仍充以压力水，以适应环境温度的要求。

1. 组成

闭式喷头、管道系统、干式报警阀、报警装置、充气设备、排气设备、供水设施等组成。

2. 原理

平时，干式报警阀前与水源相连并充满水，干式报警阀后的管网充以压缩空气，报警阀处于关闭状态，发生火灾时，闭式热敏感元件动作，喷头首先喷出气体，由于排气量远远大于充气量，管网内的气压逐渐下降，当降到某个气压值时，干式报警阀的下部水压力大于上部气体压力，干式报警阀自动打开，压力水进入供水管网，将剩余压缩空气推赶出管网内，喷水灭火，报警阀另一路压力水进入信号通道，推动水力警铃和压力开关报警，启动消防水泵加压供水，如图 3－18 所示。

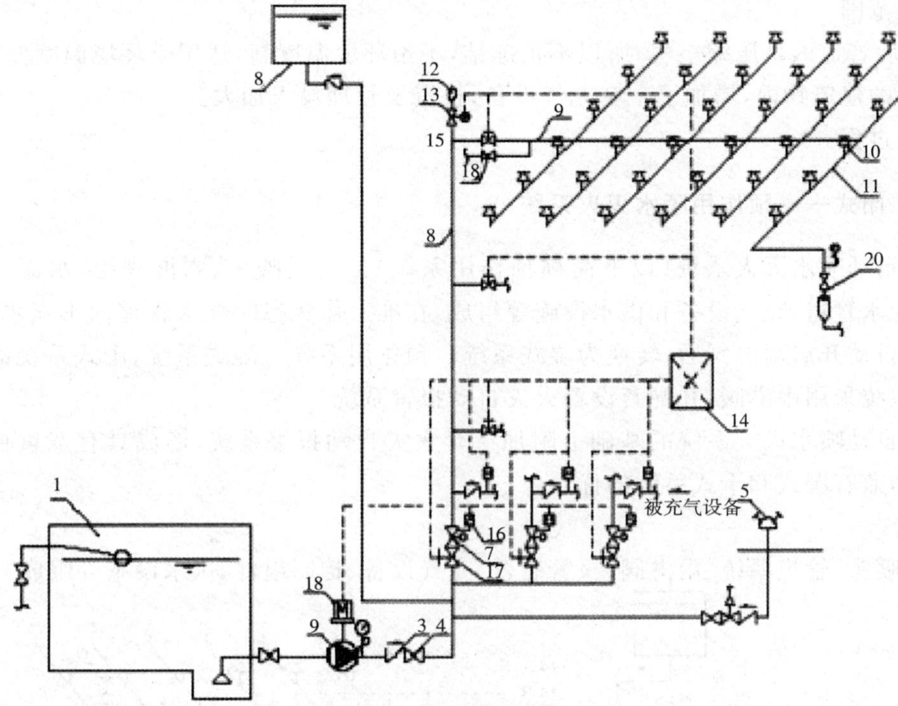

图3-17　干式系统示意图

1—消防水池;2—水泵;3—止回阀;4—闸阀;5—水泵接合器;6—消防水箱;7—干式报警阀组;8—配水干管;9—配水管;10—闭式喷头;11—配水支管;12—排气阀;13—电动阀;14—报警控制器;15—泄水阀;16—压力开关;17—信号阀;18—驱动电机

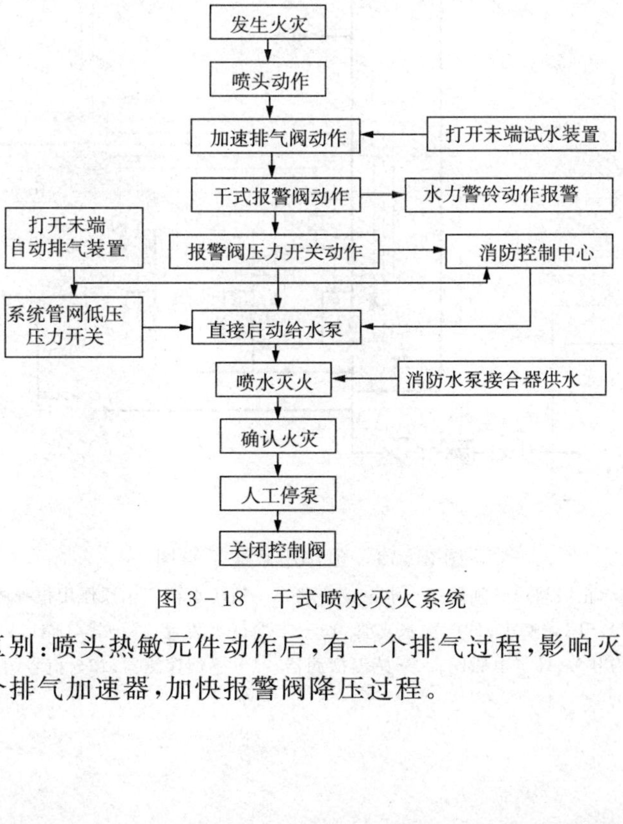

图3-18　干式喷水灭火系统

与湿式报警阀区别:喷头热敏元件动作后,有一个排气过程,影响灭火速度和效果,通常报警阀出口附加一个排气加速器,加快报警阀降压过程。

3. 适用范围

报警阀后管道内是压缩空气，所以不怕冻结，不怕环境温度高，适用于环境温度低于 4℃或高于 70℃的建筑物内，增加了一套充气设备，投资及管理投入加大。

4. 灭火过程

3.3.3 闭式——预作用喷水灭火系统

预作用自动喷水灭火系统(以下简称预作用系统)由闭式喷头、雨淋阀组、水流报警装置、供水与配水管道、充气设备和供水设施等组成，在准工作状态时配水管道内不充水，由火灾报警系统自动开启雨淋阀后，转换为湿式系统。预作用系统与湿式系统、干式系统的不同之处，在于系统采用雨淋阀，并配套设置火灾自动报警系统。

在干式自动喷水灭火系统的基础上附加 1 套火灾自动报警系统，形成具有双重控制的水灭火系统，兼有湿式和干式系统的优点。

1. 组成

由闭式喷头、管道系统、雨淋阀、报警装置、充气设备、控制组件、供水设施等组成。

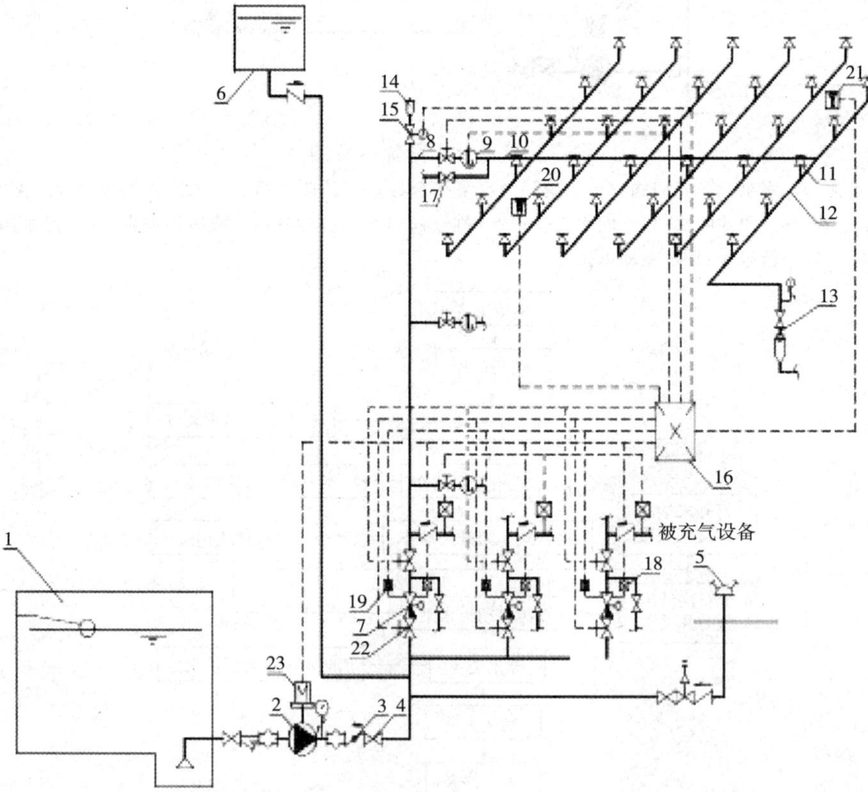

图 3-19 预作用系统示意图

1—消防水池；2—水泵；3—止回阀；4—闸阀；5—水泵接合器；6—消防水箱；7—预作用报警阀组；8—配水干管；9—水流指示器；10—配水管；11—闭式喷头；12—配水支管；13—末端试水装置；14—排气阀；15—电动阀；16—报警控制器；17—泄水阀；18—压力开关；19—电磁阀；20—感温探测器；21—感烟探测器；22—信号阀；23—驱动电机

2. 工作原理

火警发生时，报警温度低的火灾自动报警装置首先报警并联动电磁阀通电动作，迅速将管网内的压缩空气派出，压力水进入管网使系统变为湿式系统，准备灭火，完成预作用程序，喷头动作后立即喷水灭火，如图 3－20 所示。

3. 主要特点

- 靠火灾探测器热敏感元件启动，而不是喷头本身。
- 失火前管网是干的，喷头动作前管网内充满水。
- 构造复杂，造价高，管理维护要求高。

4. 适用范围

适用于不允许有水渍损失的建筑物内。

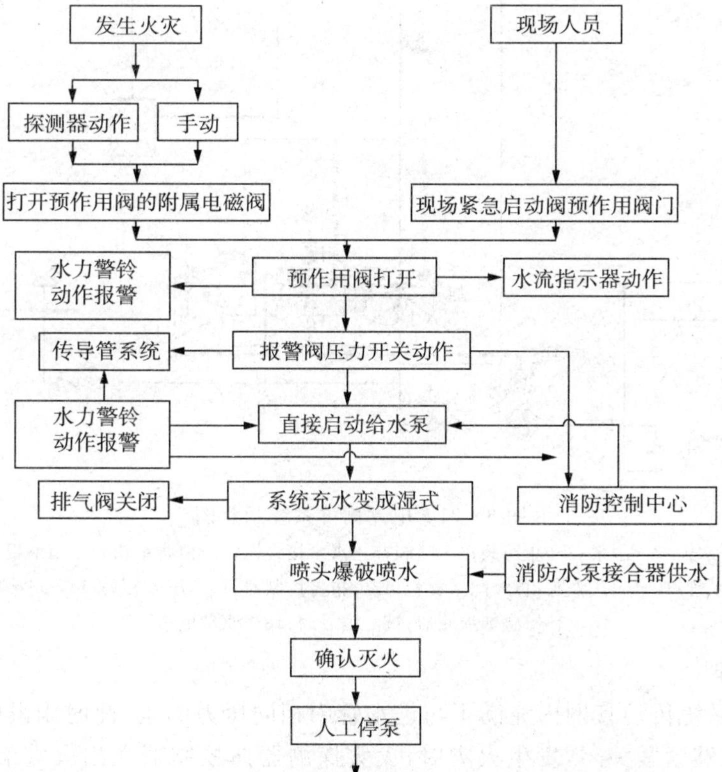

图 3－20　预作用喷水灭火系统

3.3.4　开式——雨淋喷水灭火系统

雨淋喷水灭火系统也称洪水系统，提供整体保护的系统，工作时所有喷头同时喷水，瞬间喷出大量水覆盖或者阻隔整个火区，以控制燃烧凶猛、蔓延迅速的火灾，组成部分与预作用喷水系统相似，只是喷头为开式。雨淋系统由开式喷头、雨淋阀组、水流报警装置、供水与配水管道以及供水设施等组成(图 3－19)，与前几种系统的不同之处在于，雨淋系统采用开式喷头，由雨淋阀控制喷水范围，由配套的火灾自动报警系统或传动管系统启动雨淋阀。雨淋系统有电动系统和液动或气动系统两种常用的自动控制方式。电动雨淋系统的组成如图3-21。

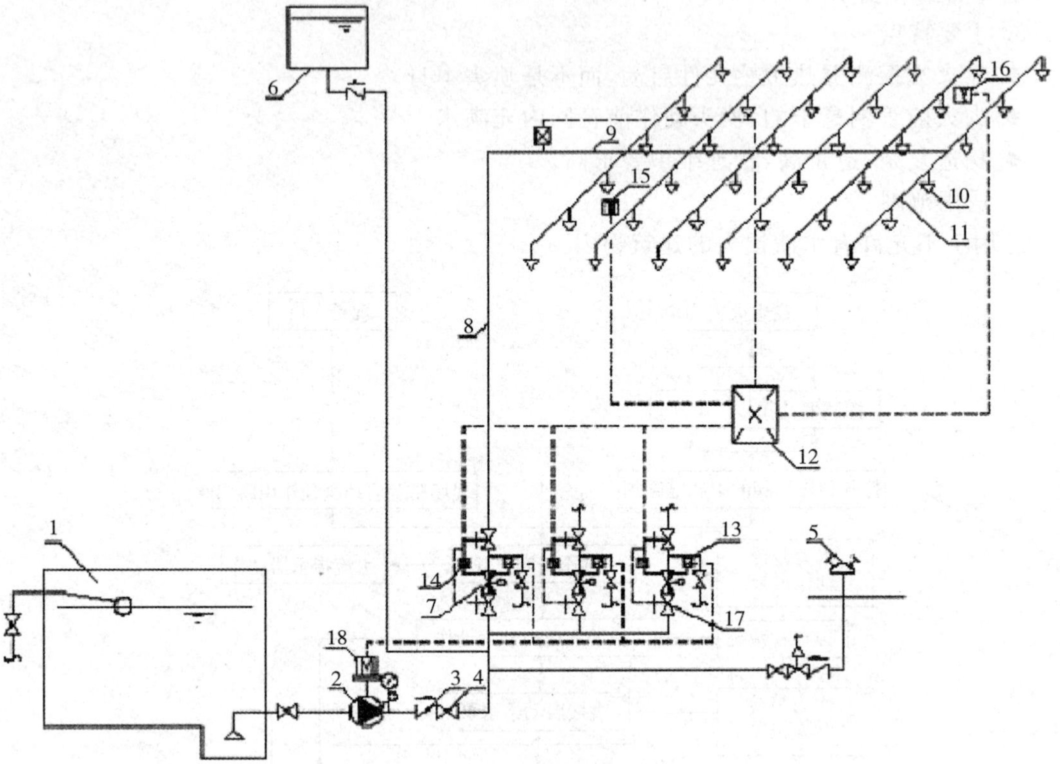

图3-21　电动雨淋系统示意图

1—消防水池；2—水泵；3—止回阀；4—闸阀；5—水泵接合器；6—消防水箱；7—雨淋报警阀组；8—配水干管；9—配水管；10—闭式喷头；11—配水支管；12—报警控制器；13—压力开关；14—电磁阀；15—感温探测器；16—感烟探测器；17—信号阀；18—驱动电机

1. 工作原理

平时，雨淋系统传动管网内充满了与进水管中相同压力的水，此时雨淋阀由于传动系统中的水压作用能够紧紧关闭，发生火灾时，火灾探测器向控制器送出火灾信号，控制器发出声光报警并输出控制信号，打开传动管网上的传动阀门，放出压力水，由于来不及补水，雨淋阀前后压力差作用下瞬间打开，压力水立即充满管网并经过开式喷头喷水，实现对整个火区的灭火或控制。

2. 适用范围

严重危险级别的建筑物内，均宜采用雨淋喷水灭火系统。

3.3.5　开式——水幕系统

水幕系统由开式洒水喷头或水幕喷头、雨淋报警阀组或感温雨淋阀、供水与配水管道、控制阀以及水流报警装置(水流指示器或压力开关)等组成，与前几种系统不同的是，水幕系统不具备直接灭火的能力，是用于挡烟阻火和冷却分隔物的防火系统。

1. 组成

由水幕喷头、管道系统、控制阀等组成。

2. 工作原理

与雨淋系统相似，只是喷出的水为水帘幕状，如图 3-22 所示。

3. 适用范围

不直接用于灭火，冷却简易防火分隔物，提高耐火性能，阻止火焰穿过开口部位，防止火势蔓延扩大。

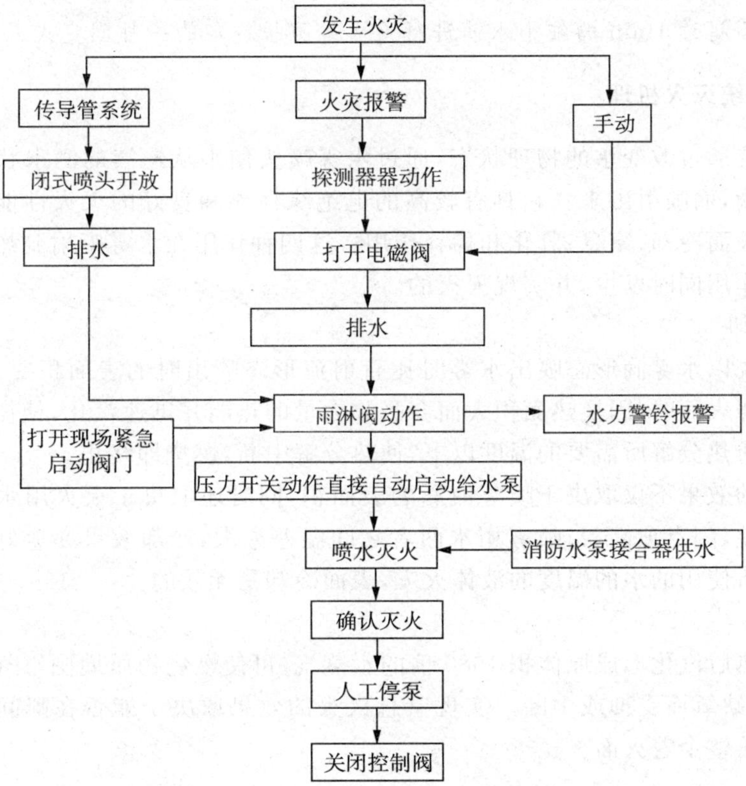

图 3-22　雨淋喷水灭火系统

3.3.6　开式——水喷雾灭火系统

1. 组成及工作原理

与雨淋系统基本相似，只是喷出的水为锥形状水雾。

2. 防护目的和适用范围

- 灭火，适用于固体火灾/电器火灾闪电高于 60℃的液体火灾。
- 防护冷却，适用于可燃气体和甲、乙、丙类液体的生产储存装置或装卸设施的防护冷却。

3.4 水喷雾灭火系统

学习要求

通过本章学习，应重点掌握水喷雾灭火系统的工作原理、适用范围和设置要求；熟悉水喷雾灭火系统分类与组成、系统的组件与功能以及系统基本设计参数；了解水喷雾灭火系统的灭火机理。水喷雾灭火系统是利用专门设计的水雾喷头，在水雾喷头的工作压力下将水流分解成粒径不超过1mm的细小水滴进行灭火或防护冷却的一种固定式灭火系统。

3.4.1 系统灭火机理

水喷雾系统通过改变水的物理状态，通过水雾喷头使水从连续的洒水状态转变成不连续的细小水雾滴，而喷射出来。它具有较高的电绝缘性能和良好的灭火性能。水喷雾的灭火机理主要是表面冷却、窒息、乳化和稀释作用。这四种作用在水雾喷射到燃烧物质表面时通常是以四种作用同时发生，并实现灭火的。

1. 表面冷却

水喷雾系统以水雾滴形态喷出水雾时比直射流形态喷出时的表面积要大几百倍，当水雾滴喷射到燃烧表面时，因换热面积大而会吸收大量的热能并迅速汽化，使燃烧物质表面温度迅速降到物质热分解所需要的温度以下，使热分解中断，燃烧即终止。

表面冷却的效果不仅取决于喷雾液滴的表面积，同时还取决于灭火用水的温度与可燃物闪点的温度差，闪点愈高，与喷雾用水两者之间温差愈大，冷却效果亦愈好。对于气体和闪点低于灭火所使用的水的温度的液体火灾，表面冷却是无效的。

2. 窒息

水雾滴受热后汽化形成原体积1680倍的水蒸气，可使燃烧物质周围空气中的氧含量降低，燃烧将会因缺氧而受抑或中断。实现窒息灭火的效果取决于能否在瞬间生成足够的水蒸气并完全覆盖整个着火面。

3. 乳化

乳化只适用于不溶于水的可燃液体，当水雾滴喷射到正在燃烧的液体表面时，由于水雾滴的冲击，在液体表层造成搅拌作用，从而造成液体表层的乳化，由于乳化层的不燃性使燃烧中断。对于某些轻质油类，乳化层只在连续喷射水雾的条件下存在，但对黏度大的重质油类，乳化层在喷射停止后仍能保持相当长的时间，有利于防止复燃。

4. 稀释

对于水溶性液体火灾，可利用水来稀释液体，使液体的燃烧速度降低而较易扑灭。灭火的效果取决于水雾的冷却、窒息和稀释的综合效应。

3.4.2 系统分类

水喷雾灭火系统由水源、供水设备、过滤器、雨淋阀组、管道及水雾喷头等组成，并配套设置火灾探测报警及联动控制系统或传动管系统，火灾时可向保护对象喷射水雾灭火或进行防护冷却。系统按启动方式和应用方式分类如下：

1. 按启动方式分类

水喷雾灭火系统按启动方式可分为电动启动水喷雾灭火系统和传动管启动水喷雾灭火系统。

(1)电动启动水喷雾灭火系统

电动启动水喷雾灭火系统是以普通的火灾报警系统作为火灾探测系统，通过传统的点式感温、感烟探头或缆式火灾探测器探测火灾，当有火情发生时，探测器将火警信号传到火灾报警控制器上，火灾报警控制器打开雨淋阀，同时启动水泵，喷水灭火。为了减少系统的响应时间，雨淋阀前的管道上应是充满水的状态。电动启动水喷雾灭火系统的组成如图3-23所示。

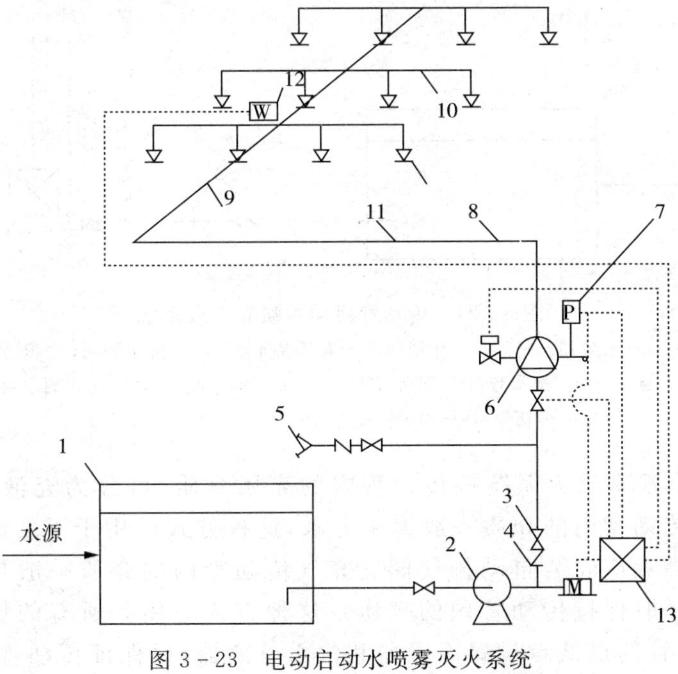

图3-23　电动启动水喷雾灭火系统

1—水池；2—水泵；3—闸阀；4—止回阀；5—水泵接合器；6—雨淋报警阀；7—压力开关；8—配水干管；9—配水管；10—配水支管；11—开式洒水喷头；12—感温探测器；13—报警控制器；P—压力表；M—驱动电机

(2)传动管启动水喷雾灭火系统

传动管水喷雾灭火系统是以传动管作为火灾探测系统，传动管内充满压缩空气或压力水，当传动管上的闭式喷头受火灾高温影响动作后，传动管内的压力迅速下降，打开了封闭的雨淋阀，为了尽量缩短管网充水的时间，雨淋阀前的管道上应是充满水的状态，传动管的火灾报警信号通过压力开关传到火灾报警控制器上，报警控制器启动水泵，通过雨淋阀、管网将水送到水雾喷头，水雾喷头开始喷水灭火。传动管启动水喷雾灭火系统一般比较适合于防爆场所，或者不适合安装普通火灾探测系统的场所。传动管启动水喷雾灭火系统的组成如图3-24所示。

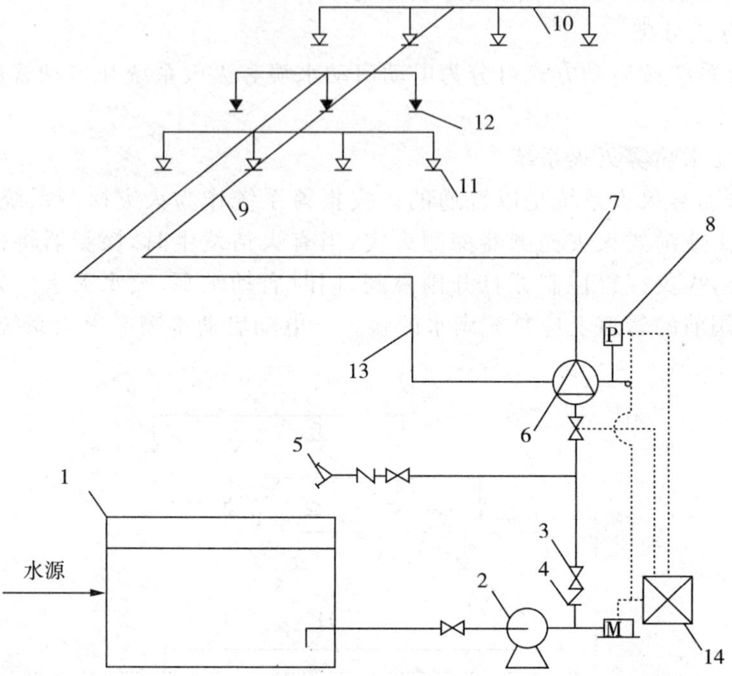

图 3-24 传动管启动水喷雾灭火系统

1—水池；2—水泵；3—闸阀；4—止回阀；5—水泵接合器；6—雨淋报警阀；7—配水干管；
8—压力开关；9—配水管；10—配水支管；11—开式洒水喷头；12—闭式洒水喷头；
13—传动管；14—报警控制器；P—压力表；M—驱动电机

传动管启动水喷雾灭火系统按传动管内的充压介质，可分为充液传动管和充气传动管两种。充液传动管内的介质一般为压力水，这种方式适用于不结冰的场所，充液传动管的末端或最高点应安装自动排气阀。充气传动管内的介质一般是压缩空气，由空压机或其他气源平时保持传动管内的气压。这种方式适用于所有的场所，但在北方寒冷地区，应在传动管的最低点设置冷凝器和汽水分离器，以保证传动管不会被冷凝水结冰堵塞。

2. 按应用方式分类

水喷雾灭火系统按应用方式可分为固定式水喷雾灭火系统、自动喷水-水喷雾混合配置系统和泡沫-水喷雾联用系统三种系统。

(1)固定式水喷雾灭火系统

固定式水喷雾灭火系统由火灾自动报警系统、报警控制阀、供水水源、固定管道、水雾喷头等组成。系统组成见上述图 3-4-1 和图 3-4-2。

(2)自动喷水-水喷雾混合配置系统

自动喷水-水喷雾混合配置系统是在自动喷水系统的配水干管或配水管道上连接局部的水喷雾系统，系统组成如图 3-25 所示。

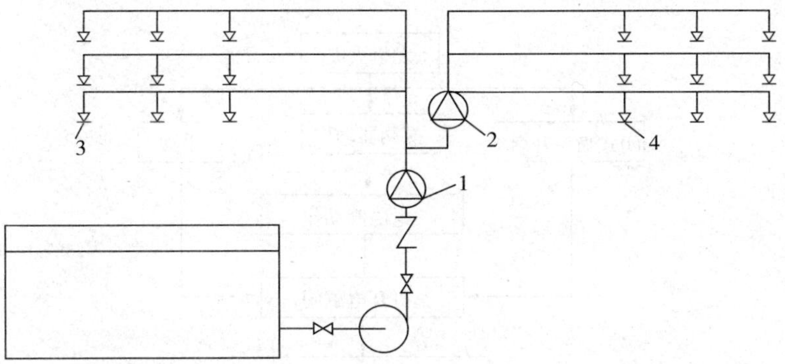

图 3－25　自动喷水-水喷雾混合配置系统

1—湿式报警阀组；2—雨淋阀组；3—闭式喷头；4—水雾喷头

(3)泡沫-水喷雾联用系统

泡沫-水喷雾联用系统是在水喷雾系统的雨淋阀前连接泡沫储罐和泡沫比例混合器，再与火灾报警控制系统、雨淋阀、水雾喷头组成的一个完整的系统，在火灾发生时，先喷泡沫灭火，再喷水雾冷却或灭火。系统组成如图 3－26 所示。

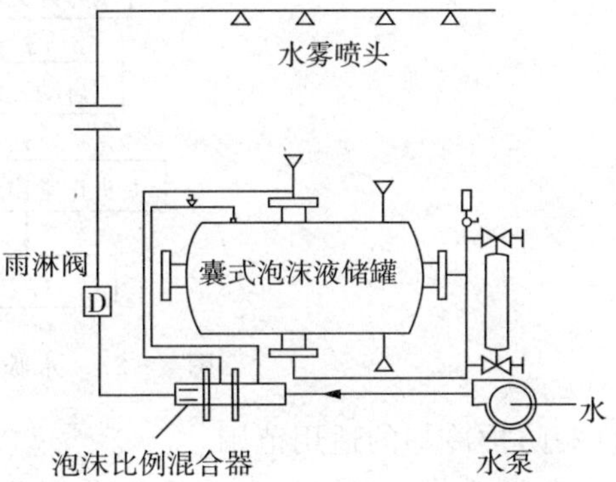

图 3－26　泡沫-水喷雾联用系统

3.4.3　系统工作原理与适用范围

本节主要介绍水喷雾灭火系统的工作原理、适用范围、设置场所和不适用的范围。

1. 系统工作原理

水喷雾系统的工作原理是：当系统的火灾探测器发现火灾后，自动或由手动打开雨淋报警阀组，同时发出火灾报警信号给报警控制器，并启动消防水泵，通过供水管网到达水雾喷头，水雾喷头喷水灭火。系统的工作原理如图 3－27 所示。

2. 系统适用范围

水喷雾灭火系统按防护目的主要分为灭火控火和防护冷却两大类，其适用范围随不同的防护目的而设定。

(1)灭火控火的适用范围

以灭火控火为目的的水喷雾系统主要适用于以下范围：

① 固体火灾，水喷雾系统适用于扑救固体火灾。

② 可燃液体火灾水喷雾系统可用于扑救闪点高于 60℃的可燃液体火灾，如燃油锅炉、发电机油箱、输油管道火灾等。

③ 电气火灾，水喷雾系统的离心雾化喷头喷出的水雾具有良好的电气绝缘性，因此水喷雾系统可以用于扑灭油浸式电力变压器、电缆隧道、电缆沟、电缆井、电缆夹层等电气火灾。

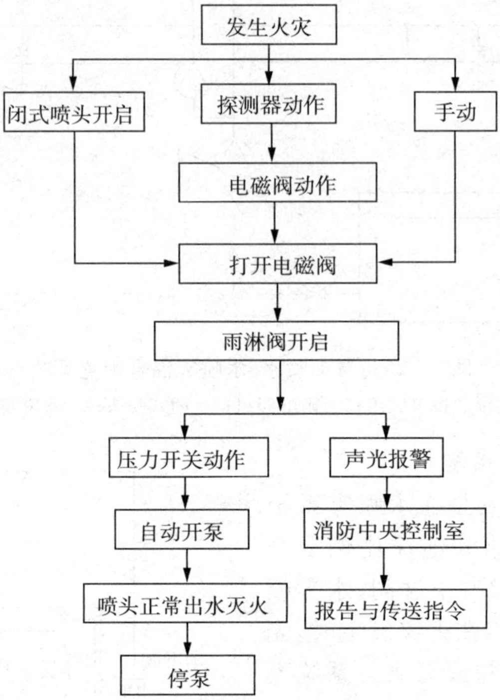

图 3-27　水喷雾系统工作原理流程图

(2)防护冷却的适用范围

以防护冷却为目的的水喷雾系统主要适用于以下范围：

① 可燃气体和甲、乙、丙类液体的生产、储存、装卸、使用设施和装置的防护冷却。

② 火灾危险性大的化工装置及管道，如加热器、反应器、蒸馏塔等的冷却防护。

3. 设置场所

根据应用方式，水喷雾系统可设置在不同的场所和部位。

(1)固定式水喷雾灭火系统

固定式水喷雾灭火系统可设置在以下场所：

① 建筑内燃油、燃气的锅炉房，可燃油油浸电力变压器室，充可燃油的高压电容器和多油开关室，自备发电机房。

② 单台容量在 40MW 及以上的厂矿企业可燃油油浸电力变压器，单台容量在 90MW 及以上可燃油油浸电厂电力变压器，单台容量在 125MW 及以上的独立变电所可燃油油浸电力变压器。

(2)自动喷水-水喷雾混合配置系统

自动喷水-水喷雾混合配置系统适用于用水量比较少，保护对象比较单一的室内场所，如建筑室内燃油、燃气锅炉房等。对于设置有自动喷水灭火系统的建筑，为了降低工程造价，可以自动喷水灭火系统的配水干管或配水管作为建筑内局部场所应用的自动喷水-水喷雾混合配置系统的供水管。

(3)泡沫-水喷雾联用系统

泡沫-水喷雾联用系统适用于采用泡沫灭火比采用水灭火效果更好的某些对象,或者灭火后需要进行冷却,防止火灾复燃的场所。如某些水溶性液体火灾,采用喷水和喷泡沫均可达到控火的目的。单独喷水时,虽控火效果比较好,但灭火时间长,造成的火灾及水渍损失较大;单纯喷泡沫时,系统的运行维护费用又较高。又如金属构件周围发生的火灾,采用泡沫灭火后,仍需进一步防护冷却,防止泡沫灭火后因金属构件温度较高而导致火灾复燃,对于类似场所,可采用泡沫-水喷雾联用系统。目前,泡沫-水喷雾联用系统主要用于公路交通隧道。

4. 不适用范围

(1)不适宜用水扑救的物质

① 过氧化物

如过氧化钾、过氧化钠、过氧化钡、过氧化镁等。这类物质遇水后会发生剧烈分解反应,放出反应热并生成氧气。当与某些有机物、易燃物、可燃物、轻金属及其盐类化合物接触能引起剧烈的分解反应,由于反应速度过快可能引起爆炸或燃烧。

② 遇水燃烧物质

金属钾、金属钠、碳化钙(电石)、碳化铝、碳化钠、碳化钾等。这类物质遇水能使水分解,夺取水中的氧与之化合,并放出热量和产生可燃气体造成燃烧或爆炸的后果。

(2)使用水雾会造成爆炸或破坏的场所

① 高温密闭的容器内或空间内当水雾喷入时,由于水雾的急剧汽化使容器或空间内的压力急剧升高,造成破坏或爆炸的危险。表面温度经常处于高温状态的可燃液体。

② 当水雾喷射至其表面时会造成可燃液体的飞溅,致使火灾蔓延。

3.4.4 系统设计参数

水喷雾系统的设计基本参数应根据系统的保护对象和防护目的确定。

1. 水雾喷头的工作压力

用于灭火控火目的时,水雾喷头的工作压力不应小于 0.35MPa;用于防护冷却目的时,水雾喷头的工作压力不应小于 0.2MPa。

2. 水喷雾灭火系统的响应时间

响应时间是指由火灾报警设备发出信号至系统中最不利点水雾喷头喷出水雾的时间,它是系统由报警到实施喷水灭火的时间参数。用于灭火控火目的时,系统的响应时间不应大于 45s;用于液化气生产、储存装置或装卸设施的防护冷却目的时,系统响应时间不应大于 60s,用于其他设施的防护冷却目的时,系统响应时间不应大于 300s。

3. 水喷雾灭火系统的保护面积

保护面积是指保护对象的全部暴露外表面面积。水喷雾系统主要用于保护室外的大型专用设施或设备,同时也用于保护建筑物内的设施或设备,保护面积可按以下原则确定:

(1)按保护对象的规则外表面面积确定;

(2)当保护对象的外表面面积不规则时,应按包容保护对象的最小规则形体的外表面积确定;

(3)变压器的保护面积除应按扣除底面面积以外的变压器外表面面积确定外,还应包括油枕、冷却器的外表面面积和集油坑的投影面积;

(4)分层敷设电缆的保护面积应按整体包容的最小规则形体的外表面面积确定;

(5)输送机皮带的保护面积应按上行皮带的上表面面积确定;

(6)开口可燃液体容器的保护面积应按液面面积确定;

(7)当水喷雾系统用于室内保护对象时,保护面积可按室内建筑面积或保护对象的外表面积确定。

4. 喷雾强度和持续喷雾时间

系统的设计喷雾强度和持续喷雾时间应符合表 3-1 的规定。由自动喷水配水干管或配水管供水的水喷雾系统,供水管所提供的水压和流量应满足《水喷雾灭火系统设计规范》的要求。

表 3-1 设计喷雾强度和持续喷雾时间

<table>
<tr><th>防护目的</th><th colspan="2">保护对象</th><th>设计喷雾强度
(L/min·m²)</th><th>持续喷雾时间
(h)</th></tr>
<tr><td rowspan="4">灭火</td><td colspan="2">固体火灾</td><td>15</td><td>1</td></tr>
<tr><td rowspan="2">液体火灾</td><td>闪点 60～120℃的液体</td><td>20</td><td rowspan="2">0.5</td></tr>
<tr><td>闪点高于 120℃的液体</td><td>13</td></tr>
<tr><td>电气火灾</td><td>油浸式电力变压器,油开关</td><td>20</td><td>0.4</td></tr>
<tr><td rowspan="2"></td><td rowspan="2"></td><td>油浸式电力变压器的集油枕</td><td>6</td><td rowspan="2"></td></tr>
<tr><td>电缆</td><td>13</td></tr>
<tr><td rowspan="6">防护
冷却</td><td colspan="2">甲、乙两类液体生产、储存、装卸设施</td><td>6</td><td>6</td></tr>
<tr><td rowspan="2">甲、乙两类储存</td><td>直径 20m 以下</td><td rowspan="2">6</td><td>4</td></tr>
<tr><td>直径 20m 以上</td><td>6</td></tr>
<tr><td colspan="2">可燃气体生产、输送、装卸、储存设施和灌瓶间、瓶库</td><td>9</td><td>6</td></tr>
<tr><td colspan="2">室内燃气锅炉房</td><td>9</td><td>1</td></tr>
<tr><td colspan="2">室内燃油锅炉房</td><td>13</td><td>0.5</td></tr>
</table>

5. 自动喷水-水喷雾混合配置系统设计

自动喷水-水喷雾混合配置系统的设计应符合下列要求:

(1)自动喷水-水喷雾混合配置系统中自动喷水系统的设计应符合现行《自动喷水灭火系统设计规范》的规定,水喷雾系统的设计应符合现行《水喷雾灭火系统设计规范》的规定。

(2)高层建筑内的用水量较小的水喷雾系统的供水管道可以由自动喷水灭火系统的配水干管或配水管直接引出。

(3)由自动喷水配水干管或配水管供水的水喷雾系统,供水管提供的水压和流量应满足水喷雾系统的要求。

6. 泡沫-水喷雾联用系统设计

泡沫-水喷雾联用系统的设计应符合下列规定:

(1)泡沫系统的设计应按现行《泡沫灭火系统设计规范》执行。

(2)泡沫供给时间不应小于 10min。

3.5　细水雾灭火系统

通过本章学习，了解细水雾的定义和成雾原理；熟悉细水雾灭火系统的灭火机理、分类组成、工作原理和系统特性；掌握细水雾灭火系统的适用范围和设计参数以及细水雾灭火系统的组件及其设置要求。

细水雾灭火系统是由供水装置、过滤装置、控制阀、细水雾喷头等组件和供水管道组成，能自动和人工启动并喷放细水雾进行灭火的固定灭火系统。

3.5.1　系统灭火机理

细水雾灭火系统的灭火机理与水雾有密切关系。本节主要介绍细水雾的成雾原理、水雾分级以及系统灭火机理。

1. 细水雾的成雾原理

(1)细水雾的定义及分级

① 细水雾的定义

细水雾是指在最小设计工作压力下，经喷头喷出并在喷头轴线下方 1.0m 处的平面上形成的雾滴粒径 $D_{v0.50}$ 小于 200μm，$D_{v0.99}$ 小于 400μm 的水雾滴。

② 细水雾的分级

细水雾按水雾中水微粒的大小分为 3 级，如图 3-28 所示。Ⅰ级细水雾为 $D_{v0.1}$≤100μm 与 $D_{v0.9}$≤200μm 连线的左侧部分，Ⅱ级细水雾为 $D_{v0.1}$≤200μm 与 $D_{v0.9}$≤400μm 连线的之间部分且不属于Ⅰ级的水雾，Ⅲ级细水雾为 $D_{v0.1}$>400μm 与 $D_{v0.99}$≤1000μm 之间的部分。

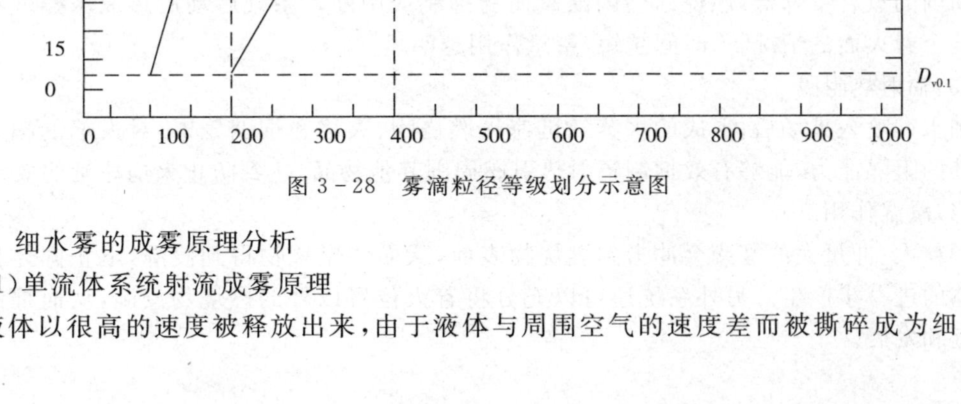

图 3-28　雾滴粒径等级划分示意图

2. 细水雾的成雾原理分析

(1)单流体系统射流成雾原理

液体以很高的速度被释放出来，由于液体与周围空气的速度差而被撕碎成为细水雾；

液体射流被冲击到一个固定的表面，由于冲击力将液体打散成细水雾；两股成分类似的液体射流相互碰撞，将液体射流打散成细水雾；超声波和静电雾化器将射流液体振动或电子粉碎成细水雾；液体在压力容器中被加热到高于沸点，突然被释放到大气压力状态形成细水雾。

(2)双流体异管系统射流成雾原理

由一套管道向喷头提供灭火介质，另外一套管道提供雾化介质，两种在分离管道系统中传输的物质在喷头处混合，相互碰撞，从而产生细水雾。

(3)双流体同管系统射流成雾原理

雾化介质与灭火介质在一套管道内混合，其成雾原理同单流体系统。

3. 细水雾的灭火机理

细水雾的灭火机理主要是表面冷却、窒息、辐射热阻隔和浸湿作用。除此之外，细水雾还具有乳化等作用，而在灭火过程中，往往会有几种作用同时发生，从而有效灭火。

(1)吸热冷却

细小水滴在受热后易于汽化，在气、液相态变化过程中从燃烧物质表面或火灾区域吸收大量的热量。物质表面温度迅速下降后，会使热分解中断，燃烧随即终止。表 3－2 列出了雾滴直径、每升水的表面积、汽化时间及自由下落速度之间的关系，从表 3－2 中我们可以看出，雾滴直径越小，表面积就越大，汽化所需要的时间也越短，吸热作用和效率就越高。对于相同的水量，细水雾雾滴所形成的表面积至少比传统水喷淋喷头(包括水喷雾喷头)喷出的水滴大 100 倍，因此细水雾灭火系统的冷却作用是非常明显的。

表 3－2　雾滴直径、表面积、汽化时间和自由下落速度的关系

雾滴直径	每升水的表面积	气化时间	自由下落速度
10.0mm	$0.6m^2$	620s	9.2m/s
1.0mm	$6.0m^2$	6.2s	4.0m/s
0.1mm	$60.0m^2$	0.062s	0.35m/s
0.01mm	$600.0m^2$	0.00062s	0.003m/s

(2)隔氧窒息

雾滴在受热后汽化形成原体积 1680 倍的水蒸气，最大限度地排斥火场的空气，使燃烧物质周围的氧含量降低，燃烧即会因缺氧而受抑制或中断。系统启动后形成水蒸气在完全覆盖整个着火面的情况下，时间越短，窒息作用越明显。

(3)辐射热阻隔

细水雾喷入火场后，形成的水蒸气迅速将燃烧物、火焰和烟羽笼罩，对火焰的辐射热具有极佳的阻隔能力，能够有效抑制辐射热引燃周围其他物品，达到防止火焰蔓延的效果。

(4)浸湿作用

颗粒大、冲量大的雾滴会冲击到燃烧物表面，从而使燃烧物得到浸湿，阻止固体挥发可燃气体的进一步产生。另外系统还可以充分将着火位置以外的燃烧物浸湿，从而抑制火灾的蔓延和发展。

3.5.2 系统分类

细水雾灭火系统主要按工作压力、应用方式、动作方式、雾化介质和供水方式进行分类。

1. 按工作压力分类

(1)低压系统

系统分布管网工作压力小于或等于1.21MPa的细水雾灭火系统。

(2)中压系统

系统分布管网工作压力大于1.21MPa且小于3.45MPa的细水雾灭火系统。

(3)高压系统

系统分布管网工作压力大于或等于3.45MPa的细水雾灭火系统。

2. 按应用方式分类

(1)全淹没式系统

向整个防护区内喷放细水雾,并持续一定时间,保护其内部所有保护对象的系统应用方式。全淹没式系统适用于扑救相对封闭空间内的火灾。

(2)局部应用式系统

直接向保护对象喷放细水雾,并持续一定时间,保护空间内某具体保护对象的系统应用方式。

局部应用式系统适于扑救大空间内具体保护对象的火灾。

3. 按动作方式分类

(1)开式系统

采用开式细水雾喷头的系统,包括全淹没应用方式和局部应用方式。系统由火灾自动报警系统或传动管控制,自动开启雨淋报警阀和启动供水泵,向开式细水雾喷头供水。

(2)闭式系统

采用闭式细水雾喷头的细水雾灭火系统,它又可以分为湿式、干式和预作用三种形式。

4. 按雾化介质分类

(1)单流体系统

使用单个管道向每个喷头供给灭火介质的细水雾灭火系统。

(2)双流体系统

水和雾化介质分管供给并在喷头处混合的细水雾灭火系统。

5. 按供水方式分类

(1)泵组式系统

采用泵组(或稳压装置)作为供水装置的细水雾灭火系统,适用于高、中和低压系统。

(2)瓶组式系统

采用贮水容器贮水、贮气容器进行加压供水的细水雾灭火系统,适用于中、高压系统。

(3)瓶组与泵组结合式系统

既采用泵组又采用瓶组作为供水装置的细水雾灭火系统,适用于高、中和低压系统。

3.5.3 系统组成与工作原理

细水雾灭火系统由水源(储水池、储水箱、储水瓶)、供水装置(泵组推动或瓶组推动)、系统管网、控水阀组、细水雾喷头以及火灾自动报警及联动控制系统组成。

1. 开式细水雾灭火系统

(1)系统组成

开式细水雾灭火系统包括全淹没应用方式和局部应用方式，是采用开式细水雾喷头，由配套的火灾自动报警系统自动连锁或远控、手动启动后，控制一组喷头同时喷水的自动细水雾灭火系统。系统组成如图 3-29 所示。

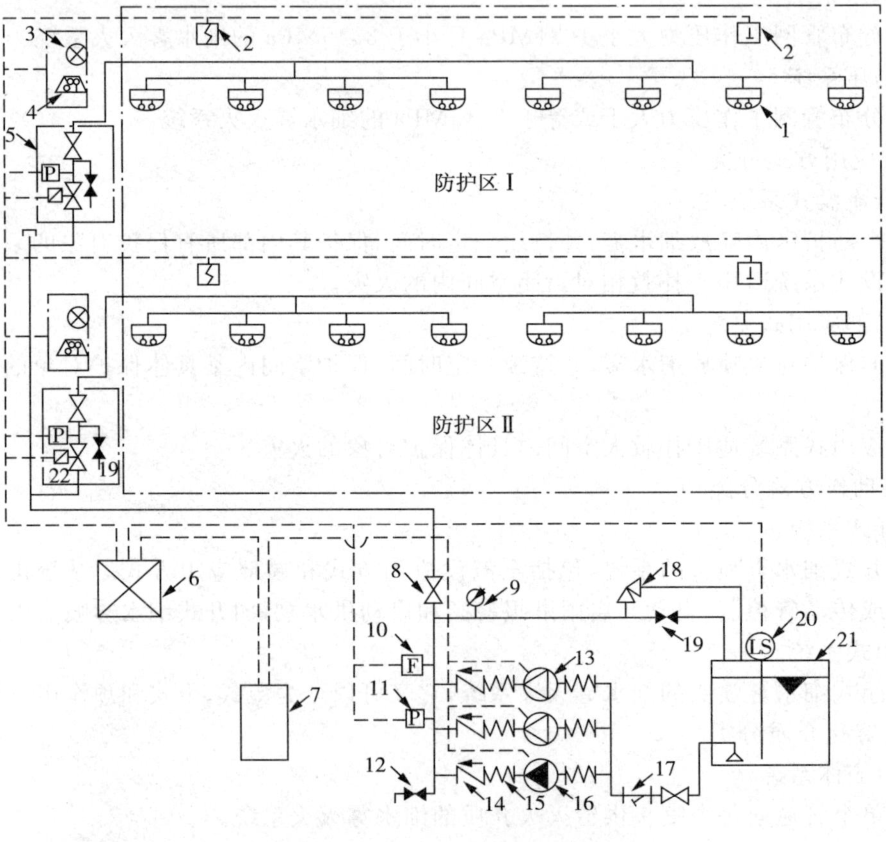

图 3-29　开式细水雾灭火系统示意图

1—开式细水雾喷头；2—火灾探测器；3—喷雾指示灯；4—火灾声光报警器；5—分区控制阀组；6—火灾报警控制器；7—消防泵控制柜；8—控制阀(常开)；9—压力表；10—水流传感器；11—压力开关；12—泄水阀(常闭)；13—消防泵；14—止回阀；15—柔性接头；16—稳压泵；17—过滤器；18—安全阀；19—泄放试验阀；20—液位传感器；21—贮水箱；22—分区控制阀(电磁/气动/电动阀)

(2)工作原理

细水雾开式灭火系统的工作原理如图 3-30 所示。

火灾发生后，火灾探测器动作，报警控制器得到报警信号，向消防控制中心发出灭火指令，在得到控制中心灭火指令或启动信息后，联动关闭防火门、防火阀、通风及空调等影响系统灭火有效性的开口，并启动控制阀组和消防水泵，向系统管网供水，水雾喷头喷出细水雾，实施灭火。

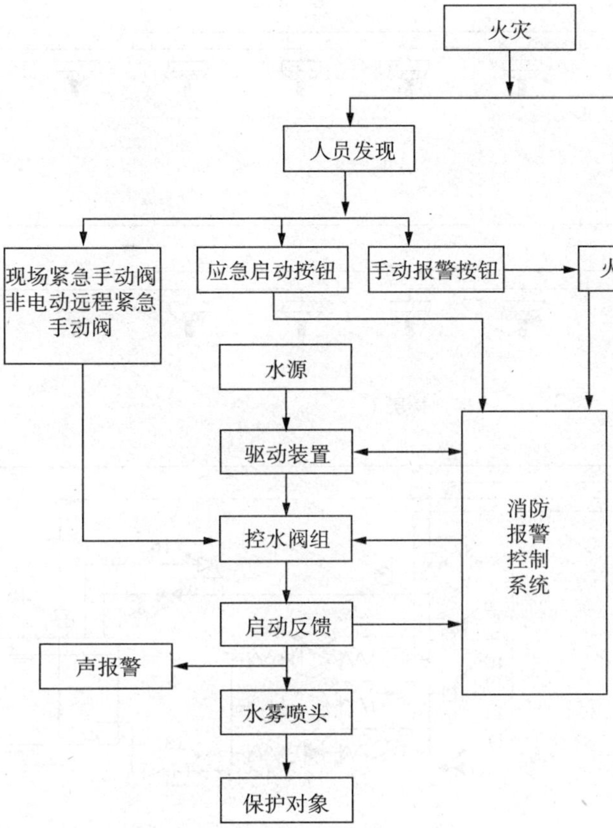

图 3－30　细水雾开式灭火系统的工作原理

2. 闭式细水雾灭火系统

(1)系统组成

闭式细水雾灭火系统采用闭式细水雾喷头，系统组成如图 3－31 所示。

根据使用场所的不同，闭式细水雾灭火系统又可以分为湿式系统、干式系统和预作用系统三种形式。闭式细水雾灭火系统适宜于采用非密集柜存储的图书库、资料库和档案库等保护对象。

(2)工作原理

除喷头不同外，闭式细水雾灭火系统的工作原理与闭式自动喷水灭火系统相同，有关细水雾灭火系统的组成与工作原理参见本章第三节自动喷水灭火系统的有关内容。

3.5.4　系统适用范围

细水雾灭火系统是一种新的灭火技术，具有许多优点，但其也有适用范围与不适用的范围。本节主要介绍系统的特性、适用范围与不适用的范围。

1. 系统的特性

细水雾灭火系统的特性主要有以下三点：

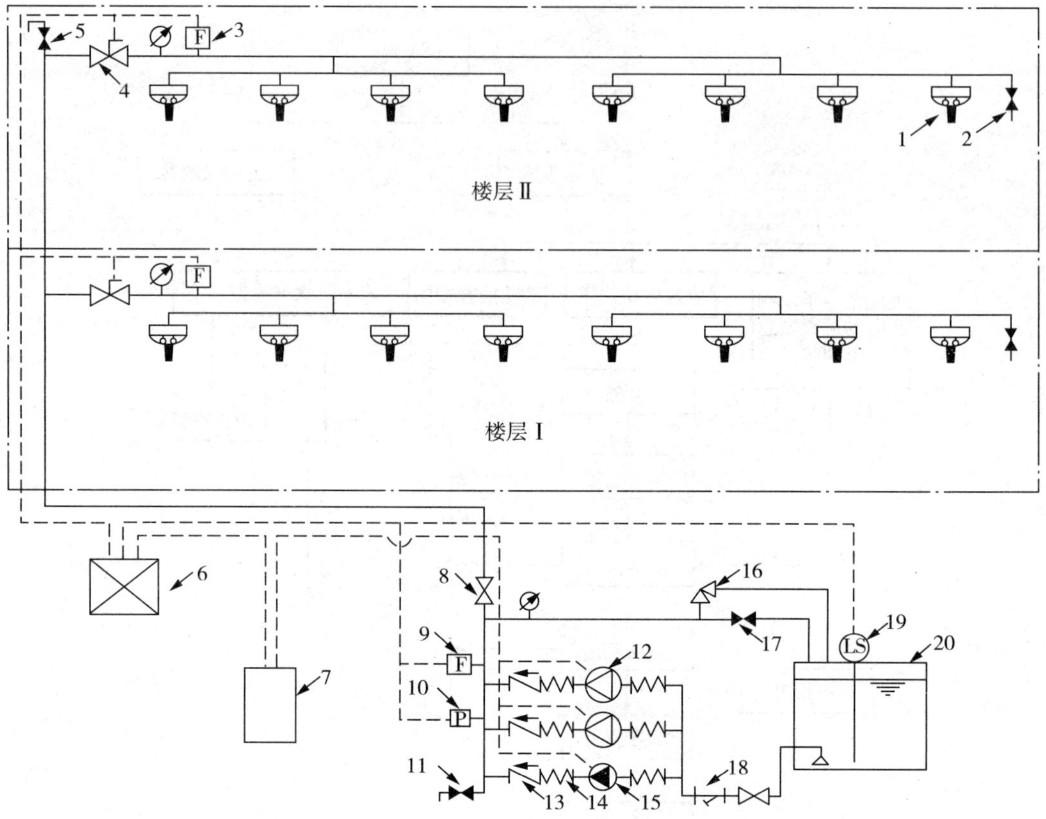

图 3-31　闭式系统示意图

1—闭式细水雾喷头；2—末端试水阀；3—水流传感器；4—分区控制阀（常开，反馈阀门开启信号）；5—排气阀（常闭）；6—火灾报警控制器；7—消防泵控制柜；8—控制阀（常开）；9—水流传感器；10—压力开关；11—泄水阀（常闭）；12—消防泵；13—止回阀；14—柔性接头；15—稳压泵；16—安全阀；17—泄放试验阀；18—过滤器；19—液位传感器；20—贮水箱

（1）节能环保性

细水雾对人体无害，对环境无影响，不会在高温下产生有害的分解物质。由于它具有高效的冷却作用和明显的吸收烟尘作用，更加有利于火灾现场人员的逃生与扑救。

细水雾灭火系统与其他水雾灭火系统相比，用水量减少。通常而言，常规水喷雾灭火系统用水量是自动喷水灭火系统的70%～90%，而细水雾灭火系统的用水量又是常规水喷雾灭火系统的20%以下。因此，细水雾灭火系统大大减少了系统管材，大大降低了系统能耗，大大减小了消防水箱的容积。

（2）电气绝缘性

细水雾的滴粒径小，喷雾时水呈不连续性，所以电气绝缘性能比较好。带电喷放细水雾的试验表明，细水雾具有良好的电绝缘性能。公安部天津消防研究所委托天津市电力科学研究院进行细水雾喷头喷射雾束的交流电耐压性能试验，结果表明：雾束在220KV、110KV、35KV三个电压等级下不发生工频交流闪络，试验结果见表3-3。所以细水雾灭火系统具有良好的电气绝缘性能。

表3-3　细水雾喷头喷射雾束的交流电耐压试验结果

额定电压等级/KV	喷头与电极板之间的距离/mm	电极板上施加的工频交流电压(有效值)/KV	尚未喷雾时毫安表的指示值/mA	喷射水雾时一分钟交流耐压实验结果	喷射水雾时毫安表的指示值/mA
220	1800	252.0	1.9	未闪络	1.9
110	850	126.0	0.8	未闪络	0.8
35	300	40.5	0.2	未闪络	0.2

(3)烟雾消除作用

细水雾蒸发后,体积膨胀而充满整个火场空间,细小的水蒸气颗粒极易与燃烧形成的游离碳结合,从而对火场环境起到很强的洗涤、降尘、净化效果,可以有效消除烟雾中的腐蚀性及有毒物质,有利于人员疏散和消防员的灭火救援工作。

2. 适用范围

细水雾灭火系统适用于扑救以下火灾:

(1)可燃固体火灾(A类)

细水雾灭火系统可以有效扑救相对封闭空间内可燃固体表面火灾,包括纸张、木材、纺织品、塑料泡沫和橡胶等固体等。

(2)可燃液体火灾(B类)

细水雾灭火系统可以有效扑救相对封闭空间内的可燃液体火灾,包括正庚烷或汽油等低闪点可燃液体和润滑油、液压油等中、高闪点的可燃液体火灾。

(3)电气火灾(E类)

细水雾灭火系统可以有效扑救电气火灾,包括电缆、控制柜等电子、电气设备火灾和变压器火灾等。

3. 不适用范围

(1)细水雾灭火系统不能直接用于能与水发生剧烈反应或产生大量有害物质的活泼金属及其化合物火灾,包括:

① 活性金属,如锂、钠、钾、镁、钛、锆、铀、钚等;

② 金属醇盐,如甲醇钠等;

③ 金属氨基化合物,如氨基钠等;

④ 碳化物,如碳化钙等;

⑤ 卤化物,如氯化甲酰、氯化铝等;

⑥ 氢化物,如氢化铝等;

⑦ 卤氧化物,如三溴氧化磷等;

⑧ 硅烷,如三氯一氟化甲烷等;

⑨ 硫化物,如五硫化二磷等;

⑩ 氰酸盐,如甲基氰酸盐等。

(2)细水雾灭火系统不能直接应用于可燃气体火灾,包括液化天然气等低温液化气体的场合。

(3)细水雾灭火系统不适用于可燃固体深位火灾

3.6 气体灭火系统

通过本章学习,掌握气体灭火系统的组成、分类、控制方式、适用范围、系统组件及设置要求等内容,熟悉其灭火机理、工作原理、防护区的设置规定和安全要求,了解各类气体灭火系统的设计参数。

气体灭火系统是以一种或多种气体作为灭火介质,通过这些气体在整个防护区内或保护对象周围的局部区域建立起灭火浓度实现灭火。气体灭火系统具有灭火效率高、灭火速度快、保护对象无污损等优点。气体灭火系统是根据灭火介质而命名的,目前比较常用的气体灭火系统有二氧化碳灭火系统、七氟丙烷灭火系统、IG-541混合气体灭火系统、热气溶胶灭火系统等几种。

3.6.1 系统灭火机理

气体灭火系统的灭火机理与气体灭火剂属性有密不可分的关系,不同的灭火剂其灭火机理也各不相同,本节主要介绍四类常见气体灭火系统的灭火机理。

1. 二氧化碳灭火系统

二氧化碳灭火作用主要在于窒息,其次是冷却。在常温常压条件下,二氧化碳的物态为气相,当贮存于密封高压气瓶中,低于临界温度31.4℃时是以气、液两相共存的。在灭火过程中,当二氧化碳从贮存气瓶中释放出来,压力骤然下降,使得二氧化碳由液态转变成气态,分布于燃烧物的周围,稀释空气中的氧含量。氧含量降低会使燃烧时热的产生率减小,而当热产生率减小到低于热散失率的程度,燃烧就会停止下来。这是二氧化碳所产生的窒息作用。二氧化碳施放时又因焓降的关系,温度急剧下降,形成细微的固体干冰粒子,干冰吸取其周围的热量而升华,即能产生冷却燃烧物的作用。

2. 七氟丙烷灭火系统

七氟丙烷灭火剂是一种无色无味、不导电的气体,其密度大约是空气密度的6倍,在一定压力下呈液态贮存。该灭火剂为洁净药剂,释放后不含有粒子或油状的残余物,且不会污染环境及被保护的精密设备。七氟丙烷灭火主要是由于它去除热量的速度快,其次是灭火剂分散和消耗氧气。

七氟丙烷灭火剂是以液态的形式喷射到保护区内的,在喷出喷头时,液态灭火剂迅速转变成气态需要吸收大量的热量,降低了保护区和火焰周围的温度。七氟丙烷灭火剂是由大分子组成的,灭火时分子中的一部分键断裂需要吸收热量。其次,保护区内灭火剂的喷射和火焰的存在降低了氧气的浓度,从而降低了燃烧的速度。

3. IG-541混合气体灭火系统

IG-541混合气体灭火剂是由氮气、氩气和二氧化碳气体按一定比例混合而成的气体,由于这些气体都是在大气层中自然存在，且来源丰富，因此它对大气层臭氧没有损耗（臭氧耗损潜能值 ODP=0），也不会对地球的“温室效应”产生影响，更不会产生具有长久影响大气寿命的化学物质。混合气体无毒、无色、无味、无腐蚀性及不导电性，既不支持燃烧，又不与大部分物质产生反应。以环保的角度来看，是一种较为理想的灭火剂。

IG-541 混合气体灭火机理属于物理灭火方式。混合气体释放后把氧气浓度降低到它不能支持燃烧来扑灭火灾。通常防护区空气中含有 21%的氧气和小于 1%的二氧化碳。当防护区中氧气降至 15%以下时，大部分可燃物将停止燃烧。混合气体能把防护区氧气降至 12.5%，同时又把二氧化碳升至 4%。二氧化碳比例的提高，加快人的呼吸速率和吸收氧气的能力，从而来补偿环境气氛中氧气的较低浓度。灭火泵统中灭火设计浓度不大于 43%时，该系统对人体是安全无害的。

4. 热气溶胶灭火系统

热气溶胶是一种固体含能的化学物质，属于烟火药剂。利用电子气化启动器激活，使其自身发生氧化还原反应，产生大量惰性气体、水汽和微量固体颗粒，形成凝集型灭火气溶胶，其成分主要是 N_2、少量 CO_2、金属盐固体微粒等。热气溶胶灭火机理如下：

(1)吸热降温灭火机理

金属盐微粒在高温下吸收大量的热，发生热熔、气化等物理吸热过程，火焰温度被降低，进而辐射到可燃烧物燃烧面用于气化可燃物分子和将已气化的可燃烧分子裂解成自由基的热量就会减少，燃烧反应速度得到一定抑制。

(2)化学抑制灭火机理

① 气相化学抑制

在热作用下，灭火气溶胶中分解的气化金属离子或失去电子的阳离子可以与燃烧中的活性基团发生亲和反应，反复大量消耗活性基团，减少燃烧自由基。

② 固相化学抑制

灭火气溶胶中的微粒粒径很小（10^{-9} m～10^{-6} m），具有很大的表面积和表面能，可吸附燃烧中的活性基团，并发生化学作用，大量消耗活性基团，减少燃烧自由基。

③ 降低氧浓度

灭火气溶胶中的 N_2、CO_2 可降低燃烧中氧浓度，但其速度是缓慢的，灭火作用远远小于吸热降温、化学抑制。

3.6.2　系统分类和组成

气体灭火系统一般由灭火剂储存装置、启动分配装置、输送释放装置、监控装置等组成。为满足各种保护对象的需要，最大限度地降低火灾损失，根据其充装不同种类灭火剂、采用不同增压方式，气体灭火系统具有多种应用形式。

1. 系统分类

(1)按使用的灭火剂分类

① 二氧化碳灭火系统

二氧化碳灭火系统是以二氧化碳作为灭火介质的气体灭火系统。二氧化碳是一种惰性气体，对燃烧具有良好的窒息和冷却作用。

工作原理:减少空气中氧气含量,使时期达不到支持燃烧浓度,从而抑制火情。

特点:a. 灭火效果逊于卤代烷灭火剂;b. 价格便宜;c. 不污损物品,无水渍,不导电;d. 二氧化碳对人有窒息作用,最低设计浓度高于对人体的致死浓度,只能用于无人区域,有人区域必须采取保护措施。

二氧化碳灭火系统按灭火剂储存压力不同可分为高压系统(指灭火剂在常温下储存的系统)和低压系统(指将灭火剂在-18℃～-20℃低温下储存的系统)两种应用形式。管网起点计算压力(绝对压力):高压系统应取 5.17MPa,低压系统应取 2.07MPa。

高压储存容器中二氧化碳的温度与储存地点的环境温度有关。因此,容器必须能够承受最高预期温度所产生的压力。储存容器中的压力还受二氧化碳灭火剂充装密度的影响。因此,在最高储存温度下的充装密度要注意控制,充装密度过大,会在环境温度升高时因液体膨胀造成保护膜片破裂而自动释放灭火剂。

低压系统储存容器内二氧化碳灭火剂温度利用保温和制冷手段被控制在-18℃至-20℃之间。典型的低压信存装置是压力容器外包一个密封的金属壳,壳内有隔热材料,在储存容器一端安装一个标准的制冷装置,它的冷却蛇管装于储存容器内。

② 七氟丙烷灭火系统

以七氟丙烷作为灭火介质的气体灭火系统。七氟丙烷灭火剂属于卤代烷灭火剂系列,具有灭火能力强、灭火剂性能稳定的特点,但与卤代烷 1301 和卤代烷 1211 灭火剂相比,臭氧层损耗能力(ODP)为 0,全球温室效应潜能值(GWP)很小,不会破坏大气环境。但七氟丙烷灭火剂及其分解产物对人有毒性危害,使用时应引起重视。

a. 七氟丙烷(美国商标名称为 FM200)灭火剂是一种无色、几乎无味、不导电的气体,化学分子式为 CF_3CHFCF_3,密度大约为空气的 6 倍,采用高压液化储存。

b. 当 FM200 灭火气体应用于全淹没式的系统环境时,有效地消除热能,阻止火灾的发生,FM200 的物理特性表现在其分子汽化阶段能迅速冷却火焰温度;并且在化学反应过程中释放游离基,能最终阻止燃烧的连锁反应。

c. 七氟丙烷(FM200)是毒性较低、无色、无味、无二次污染的气体,对人体产生不良影响的体积浓度临界值为 9%,其最小设计灭火浓度为 7%,因此,正常情况下对人体不会产生不良影响,可用于经常有人活动的场所,特别是它不破坏大气臭氧层,符合环境要求。由于灭火浓度较低,因而储瓶数量较少,占地面积也较小,而且各项指标较为合理,系统功能完善,工作准确可靠,长期储存不泄露。但其灭火系统也有自身的弱点:不能灭固体深位火灾,输送距离短,因为灭火剂的释放必须在十秒钟之内完成,达到灭火浓度,否则产生的酸性分解物对人体有害,对被保护设施也有腐蚀性,用于组合分配系统时,各防护区位置应相对集中。另外灭火剂价格也较高。

③ 惰性气体灭火系统

包括:IG01(氩气)灭火系统、IG100(氮气)灭火系统、IG55(氩气、氮气)灭火系统、IG541(氩气、氮气、二氧化碳)灭火系统。由于惰性气体纯粹来自于自然,是一种无毒、无色、无味、惰性及不导电的纯"绿色"压缩气体,故又称之为洁净气体灭火系统。

⑤ 烟烙尽(IG541)

烟烙尽灭火剂由 52%氮、40%氩、8%二氧化碳三种气体组成,比空气略重,属于惰性气体灭火剂，以气态储存，其储存压力为 15MPa。

烟烙尽灭火机理是通过降低防护区中的氧气浓度(由空气正常含氧量的 21%降至 12.5%)，使其不能维持燃烧而达到灭火的目的，为物理反应，属被动灭火。

烟烙尽是一种绿色环保型灭火剂，在灭火时不会发生任何化学反应，不污染环境，无毒、无腐蚀，具有良好的电绝缘性能，不会对被保护设备构成危害，也无须延迟喷放，这是其他灭火剂所不具备的特点。IG－541 混合气体灭火剂在 42.8%的灭火浓度下，人或者动物不会感到不适应，这是由于此时保护区内的二氧化碳含量在 4%～5%，提高了人或动物的呼吸频率，这样可以使人或动物氧气的摄入量与在正常空气下氧气摄入量保持一致。另外，混合气体以设计浓度和空气混合后，可以在较长的时间内保持这一灭火浓度，即使保护区没有采取特别的密封措施，系统也能在 20 分钟后保持灭火所需的浓度。另外灭火剂价格便宜，输送距离也很长，这对于保护相距较远的保护区十分有利，由于灭火气体可充分与空气混合，故能有效防止复燃。但因是被动灭火，其灭火效果略差，其高压气态储存方式带来了储瓶数量大、占地面积大、系统造价高的缺点。

④ 热气溶胶灭火系统

热气溶胶灭火系统是以固态化学混合物(热气溶胶发生剂)经化学反应生成具有灭火性质的气溶胶作为灭火介质的灭火系统。按气溶胶发生剂的主要化学组成可分为 S 型热气溶胶、K 型热气溶胶和其他热气溶胶。

(2)按系统的结构特点分类

① 无管网灭火系统

无管网灭火系统是指按一定的应用条件，将灭火剂储存装置和喷放组件等预先设计、组装成套且具有联动控制功能的灭火系统，又称预制灭火系统。该系统又分为柜式气体灭火装置和悬挂式气体灭火装置两种类型，其适应于较小的、无特殊要求的防护区。如图 3－32 所示

② 管网灭火系统

管网灭火系统是指按一定的应用条件进行计算，将灭火剂从储存装置经由干管、支管输送至喷放组件实施喷放的灭火系统。

管网系统又可分为组合分配系统和单元独立系统。

组合分配系统是指用一套灭火系统储存装置同时保护两个或两个以上防护区或保护对象的气体灭火系统。组合分配系统的灭火剂设计用量是按最大的一个防护区或保护对象来确定的，如组合中某个防护区需要灭火，则通过选择阀、容器阀等控制，定向释放灭火剂。这种灭火系统的优点使储存容器数和灭火剂用量可以大幅度减少，有较高应用价值(图 3－33)。

图 3－32 柜式气体灭火装置

单元独立系统是指用一套灭火剂储存装置保护一个防护区的灭火系统。一般说来，用单元独立系统保护的防护区在位置上是单独的，离其他防护区较远不便于组合，或是两个防护区相邻，但有同时失火的可能。对于一个防护区包括两个以上封闭空间也可以用一个单元独立系统来保护，但设计时必须做到系统储存的灭火剂能够满足这几个封闭空间同时灭火的需要，并能同时供给它们各自所需的灭火剂量。当两个防护区需要灭火剂量较多时，也可采用两套或数套单元独立系统保护一个防护区，但设计时必须做到这些系统同步工作。

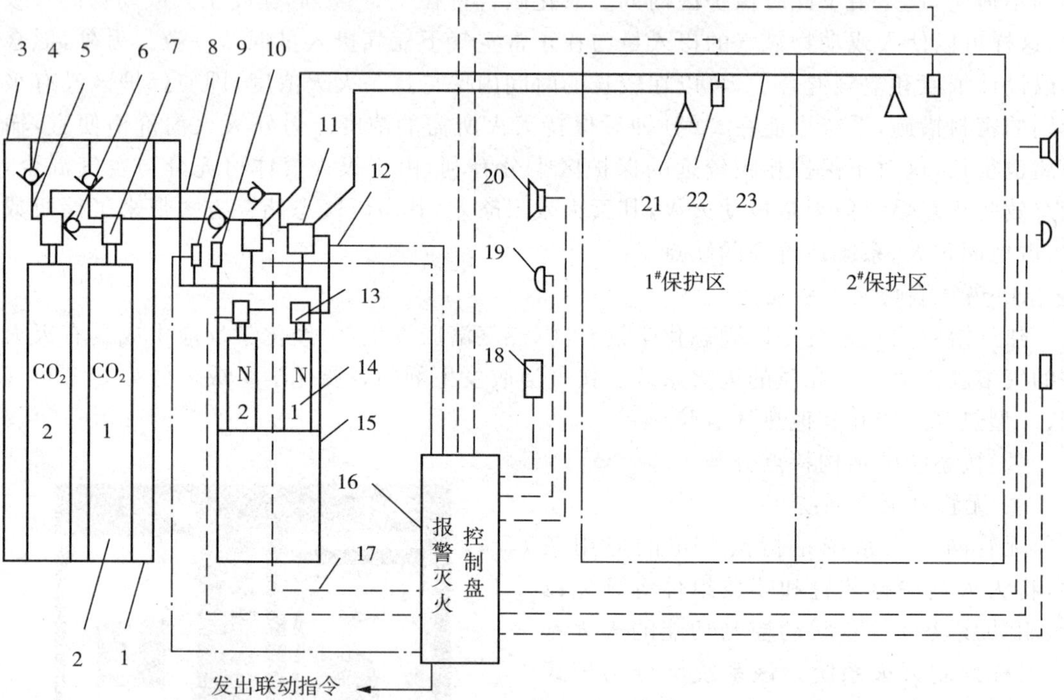

图 3-33 组成分配系统示意图

1—XT 灭火剂储瓶框架；2—灭火剂储瓶；3—集流管；4—单向流向阀；5—软管；6—单向气流阀；7—瓶头阀；8—启动管道；9—压力讯号器；10—安全阀；11—选择阀；12—信号反馈线路；13—电磁阀；14—启动钢瓶；l5—启动瓶框架；16—报警灭火控制盘；17—控制线路；18—手动控制盒；19—光报警器；20—声报警器；21—喷嘴；22—火灾探测器；23—灭火剂输进管道

(3)按应用方式分类

① 全淹没灭火系统

全淹没灭火系统是指在规定的时间内，向防护区喷射一定浓度的气体灭火剂，并使其均匀地充满整个防护区的灭火系统。全淹没灭火系统的喷头均匀布置在防护区的顶部，火灾发生时，喷射的灭火剂与空气的混合气体，迅速在此空间内建立有效扑灭火灾的灭火浓度，并将灭火剂浓度保持一段所需要的时间，即通过灭火剂气体将封闭空间淹没实施灭火。

② 局部应用灭火系统

局部应用灭火系统指在规定的时间内向保护对象以设计喷射率直接喷射气体，在保护对象周围形成局部高浓度，并持续一定时间的灭火系统。局部应用灭火系统的喷头均匀布置在保护对象的四周,火灾发生时,将灭火剂直接而集中地喷射到保护对象上,使其笼罩整个保护对象外表面,即在保护对象周围局部范围内达到较高的灭火剂气体浓度实施灭火。

(4)按加压方式分类

① 自压式气体灭火系统

指灭火剂无须加压而是依靠自身饱和蒸气压力进行输送的灭火系统。

② 内储压式气体灭火系统

指灭火剂在瓶组内用惰性气体进行加压储存,系统动作时灭火剂靠瓶组内的充压气体进行输送的灭火系统。

③ 外储压式气体灭火系统

指系统动作时灭火剂由专设的充压气体瓶组按设计压力对其进行充压的灭火系统。

2. 系统的组成

(1)高压二氧化碳灭火系统、内储压式七氟丙烷灭火系统

这类系统由灭火剂瓶组、驱动气体瓶组(可选)、单项阀、选择阀、驱动装置、集流管、连接管、喷头、信号反馈装置、安全泄放装置、控制盘、检漏装置、管道管件及吊钩支架等组成。

(2)外储压式七氟丙烷灭火系统

该系统由灭火剂瓶组、加压气体瓶组、驱动气体瓶组(可选)、单项阀、选择阀、减压装置、驱动装置、集流管、连接管、喷头、信号反馈装置、安全泄放装置、控制盘、检漏装置、管道管件及吊钩支架等组成。

(3)惰性气体灭火系统

惰性气体灭火系统由灭火剂瓶组、驱动气体瓶组(可选)、单项阀、选择阀、减压装置、驱动装置、集流管、连接管、喷头、信号反馈装置、安全泄放装置、控制盘、检漏装置、管道管件及吊钩支架等组成。

(4)低压二氧化碳灭火系统

该系统由灭火剂储存装置、总控阀、驱动器、喷头、管道超压泄放装置、信号反馈装置、控制器等组成。

(5)无管网灭火系统

① 柜式气体灭火装置

该装置一般由灭火剂瓶组、驱动气体瓶组(可选)、容器阀、减压装置(针对惰性气体灭火装置)、驱动装置、集流管(只限多瓶组)、连接管、喷头、信号反馈装置、安全泄放装置、控制盘、检漏装置、管道管件等组成。

② 悬挂式气体灭火装置

该装置由灭火剂储存容器、启动释放组件、悬挂支架等组成。

3.6.3 系统工作原理及控制方式

气体灭火系统主要有自动、手动、机械应急手动和紧急启动/停止四种控制方式,但其工作原理却因其灭火剂种类、灭火方式、结构特点、加压方式和控制方式的不同而各不相同,下面列举部分气体灭火系统分别进行介绍。

1. 系统工作原理

(1)高压二氧化碳灭火系统、内储压式七氟丙烷灭火系统与惰性气体灭火系统

平时,系统处于准工作状态。当防护区发生火灾,产生烟雾、高温和光辐射使烟感、温感、感光等探测器探测到火灾信号,探测器将火灾信号转变为电信号传送到报警灭火控制器,控制器自动发出声光报警并经逻辑判断后,启动联动装置,经过一段时间延时,发出系统启动信号,启动驱动气体瓶组上的容器阀释放驱动气体,打开通向发生火灾的防护区的选择阀,同时打开灭火剂瓶组的容器阀,各瓶组的灭火剂经连接管汇集到集流管,通过选择阀到达安装在防护区内的喷头进行喷放灭火,同时安装在管道上的信号反馈装置动作,将信号传送到控制器,由控制器启动防护区外的释放警示灯和警铃。

另外,通过压力开关监测系统是否正常工作,若启动指令发出,而压力开关的信号未反馈,则说明系统存在故障,值班人员应在听到事故报警后尽快到储瓶间,手动开启储存容器上的容器阀,实施人工启动灭火。

(2)外储压式七氟丙烷灭火系统

控制器发出系统启动信号,启动驱动气体瓶组上的容器阀释放驱动气体,打开通向发生火灾的防护区的选择阀,同时加压单元气体瓶组的容器阀,加压气体经减压进入灭火剂瓶组,加压后的灭火剂经连接管汇集到集流管,通过选择阀到达安装在防护区内的喷头进行喷放灭火。

2. 系统控制方式

气体灭火系统具体控制过程如图 3－34 所示。

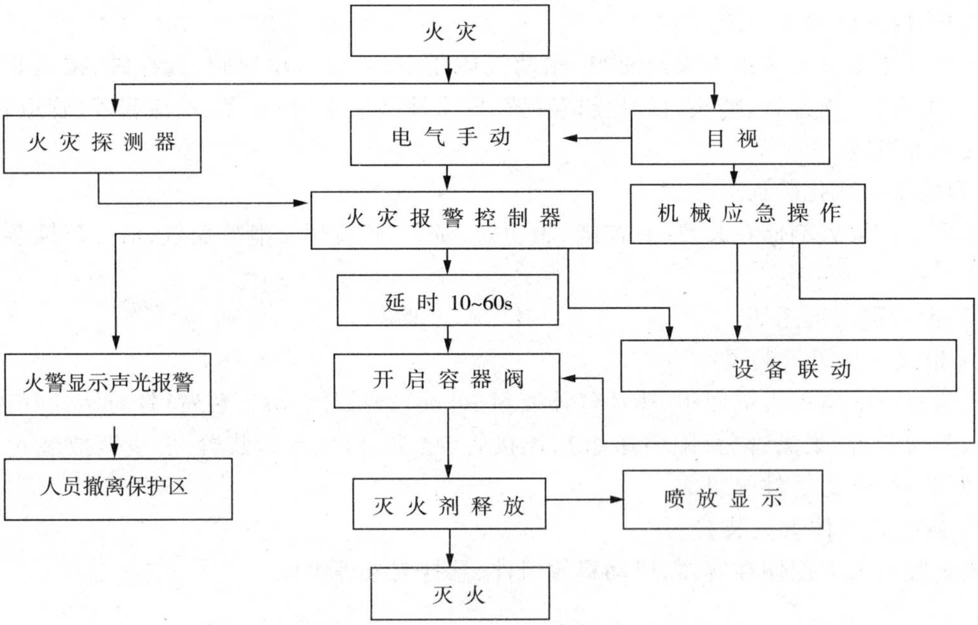

图 3－34　控制流程图

(1)自动控制方式

本灭火控制器配有感烟火灾探测器和定温式感温火灾探测器。控制器上有控制方式选择锁,当将其置于“自动”位置时,灭火控制器处于自动控制状态。当只有一种探测器发出火

灾信号时，控制器即发出火警声光信号，通知有异常情况发生，而不启动灭火装置释放灭火剂。如确需启动灭火装置灭火时，可按下“紧急启动按钮”，即可启动灭火装置释放灭火剂，实施灭火。当两种探测器同时发出火灾信号时，控制器发出火灾声、光信号，通知有火灾发生，有关人员应撤离现场，并发出联动指令，关闭风机、防火阀等联动设备，经过一段时间延时后，即发出灭火指令，打开电磁阀，启动气体打开容器阀，释放灭火剂，实施灭火；如在报警过程中发现不需要启动灭火装置，可按下保护区外的或控制操作面板上的“紧急停止按钮”，即可终止控制灭火指令的发出。

(2)手动控制方式

将控制器上的控制方式选择锁置于“手动”位置时，灭火控制器处于手动控制状态。这时，当火灾探测器发出火警信号时，控制器即发出火灾声、光报警信号，而不启动灭火装置，需经人员观察，确认火灾已发生时，可按下保护区外或控制器操作面板上的“紧急启动按钮”，即可启动灭火装置，释放灭火剂，实施灭火。但报警信号仍存在。

无论装置处于自动或手动状态，按下任何紧急启动按钮，都可启动灭火装置，释放灭火剂，实施灭火，同时控制器立即进入灭火报警状态。

(3)应急机械启动工作方式

用于控制器失效时，当职守人员判断为火灾时，应立即通知现场所有人员撤离现场，在确定所有人员撤离现场后，方可按以下步骤实施应急机械启动：手动关闭联动设备并切断电源；打开对应保护区选择阀；成组或逐个打开对应保护区储瓶组上的容器阀，即刻实施灭火。

(4)紧急启动/停止工作方式

用于紧急状态。情况一，当职守人员发现火情而气体灭火控制器未发出声光报警信号时，应立即通知现场所有人员撤离现场，在确定所有人员撤离现场后，方可按下紧急启动/停止按钮，系统立即实施灭火操作；情况二，当气体灭火控制器发出声光报警信号时并正处于延时阶段时，如发现为未报火警时，可立即按下紧急启动/停止按钮，系统将停止实施灭火操作避免不必要的损失。

3.6.4 系统适用范围

气体灭火系统根据其灭火剂种类、灭火机理不同，其适用的范围也各不相同，下面分类进行分别介绍。

1. 二氧化碳灭火系统

二氧化碳灭火系统可用于扑救灭火前可切断气源的气体火灾；液体火灾或石蜡固体火灾；固体表面火灾及棉毛、织物、纸张等部分固体深位火灾；电气火灾等。该系统不得用于扑救硝化纤维、火药等含氧化剂的化学制品火灾；钾、钠、镁、金属火灾；氰化钾、氢化钠等金属氢化物火灾。

2. 七氟丙烷灭火系统

七氟丙烷灭火系统适于扑救电气火灾；液体表面火灾或可烙化的固体火灾；固体表面火灾；灭火前可切断气源的气体火灾。

本系统不得用于扑救下列物质的火灾：含氧化剂的化学制品及混合物，如硝化纤维、硝酸钠等;活泼金属,如钾、钠、镁、钛、锆、铀等;金属氢化物,如氰化钾、氢化钠等;能自行分解的化学物质,如过氧化氢、联胺等。

3. 热气溶胶灭火系统

热气溶胶灭火系统,适用于扑灭相对封闭空间的A类火灾,如木材、纸张等固体物质初起火灾;B类火灾,如生产、使用或贮存柴油(-35号柴油除外)、重油、润滑油、变压器油、动物油、植物油等各种丙类可燃液体场所的火灾;变(配)电间、发电机房、电缆夹层、电缆井、电缆沟、电子计算机房、通讯房等场所的电气电缆初起火灾。

该系统不适用于下列场所火灾:商业、饮食服务、娱乐等人员密集场所;有爆炸危险性的场所及有超净要求的场所。K型及其他型热气溶胶预制灭火系统不得用于电子计算机房、通讯机房等场所。

4. 其他气体灭火系统

适用于扑救电气火灾;固体表面火灾;液体火灾;灭火前能切断气源的气体火灾。

不适用于扑救下列火灾:硝化纤维、硝酸钠等氧化剂或含氧化剂的化学制品火灾;钾、镁、钠、钛、锆、铀等活泼金属火灾;氰化钾、氢化钠等金属氢化物火灾;过氧化氢、联胺等能自行分解的化学物质火灾;可燃固体物质的深位火灾。

3.7 干粉灭火系统

干粉灭火系统是由干粉供应源通过输送管道连接到固定的喷嘴上经喷嘴喷放干粉。

3.7.1 组成

由储罐、动力气瓶、减压阀、管道、阀门、启动瓶、喷嘴、火灾探测器组成。

3.7.2 原理

当保护对象着火温度上升到一定数值后,火灾探测器发出信号,打开启动瓶,同时报警喇叭报警,启动瓶中气体通过止回阀打开先导瓶,先导瓶气体进入集气管,使管中压力迅速上升,集气管中压力上升到一定数值后,其余动力气瓶同时打开,高压气体经过集气管,高压阀进入减压阀,经减压后通过球阀进入干粉罐,干粉罐中的粉气混合流经过球阀、输粉管和喷嘴喷撒到保护对象表面。

3.7.3 分类

- 全淹没——适用于密闭建筑。
- 局部应用——某个容易发生火灾的部位或者设备。
- 固定式——固定的管道、喷嘴、干粉储罐。
- 移动式——干粉输粉管与固定的喷嘴连接经过干粉输送软管带到喷枪,直接操作喷枪把干粉喷向着火对象。

3.8 泡沫灭火系统

3.8.1 组成

由水源、泡沫消防泵、泡沫液储罐、泡沫比例混合器、泡沫发生器、阀门、管道、其他附件组成。

3.8.2 灭火原理

● 泡沫液在燃烧物表面形成泡沫覆盖层，使燃烧物的表面与空气隔绝，同时泡沫受热蒸发产生的水蒸气可以降低燃烧物附近氧气的浓度，起到窒息灭火的作用。

● 泡沫层能阻止燃烧区的热量作用于燃烧物质的表面，防止可燃物本身和附近可燃物质的蒸发。

● 泡沫析出的水对燃烧物表面进行冷却。

3.8.3 分类

1. 按喷射方式

● 液上喷射——将泡沫覆盖到燃烧的液面进行灭火。

● 液下喷射——在液体燃烧层的下部喷射泡沫，泡沫上升到液体表面扩散开，形成泡沫层。

● 泡沫喷淋——用喷头喷撒泡沫的固定式灭火系统。

● 固定式泡沫炮——手动、电动、遥控，用于机场/码头/化工装置。

2. 按系统结构

● 固定式——固定泡沫发生装置，固定消防泵站，固定管道。

● 半固定式——固定的消防泵，泡沫液用水带临时连接组成。

● 移动式——移动泡沫发射装置，机动消防泵，临时水带连接。

3. 按发泡倍数

● 低倍数——发泡倍数20倍以下。

● 中倍数——发泡倍数21～200。

● 高倍数——发泡倍数201～1000。

3.8.4 特点

● 安全性能高。

● 经济实用。

● 灭火效率高。

3.8.5 适用范围

● 炼油厂，化工厂。

● 装卸油品的场所。

● 火灾危险极大的甲乙丙类液体储罐区和其他危险场所。

3.8.6 灭火过程

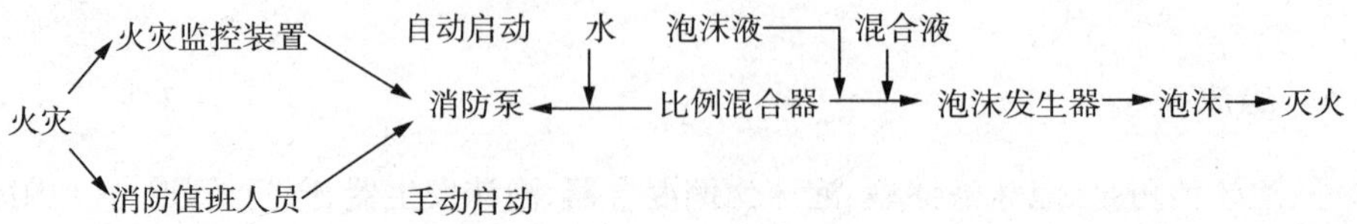

本章思考题

1. 设置屋顶消防栓的目的是什么?
2. 什么叫充实水柱?
3. 生活用水和消防用水公用消防水池,应采用哪些技术措施保证消防用水不作他用?
4. 简述室内外消防栓灭火系统的工作原理?
5. 如何计算消防水池的容积?
6. 自动喷水灭火系统的如何分类?
7. 自动喷水灭火系统适应范围如何?
8. 湿式、干式、预作用式自动喷水灭火系统的主要区别是什么?
9. 简述干式自动灭火系统的工作原理?
10. 水喷雾灭火系统如何分类?
11. 水喷雾灭火系统的适用范围有哪些?
12. 水喷雾灭火系统由哪些主要部件组成?
13. 水喷雾系统的喷头布置有哪些要求?
14. 水喷雾灭火系统的灭火机理有哪些?
15. 水喷雾灭火系统是如何工作的(工作原理)?
16. 细水雾灭火系统如何分类?
17. 细水雾灭火系统的适用范围有哪些?
18. 细水雾灭火系统由哪些主要部件组成?
19. 细水雾灭火系统的灭火机理主要有哪些?
20. 细水雾灭火系统是如何工作的?
21. 细水雾灭火系统有哪些特性?
22. IG541 混合气体灭火剂是由哪些气体按照一定的比例混合而成的?
23. 官网型气体灭火系统一般由什么组成?
24. 气体灭火系统如何分类?
25. 二氧化碳灭火系统可用于扑救哪些火灾?
26. 泡沫灭火系统具有哪些优点?
27. 干粉灭火系统按照灭火方式可以分为哪几类?

第 4 章　安全疏散诱导系统及防排烟系统

本章导读

本章阐述了防排烟系统的作用、火灾烟气的危害与控制、高层建筑排烟、防排烟系统、防火卷帘、防火门、消防广播、安全疏散系统及规范，通过本章的学习能够了解到火灾防烟的重要性、防排烟设备的作用、防排烟设备的种类、防排烟设备工作原理，明白安全疏散诱导系统的基本规范和系统设置，为后续消防系统设计的学习打下一定的基础。

4.1　概述

4.1.1　防排烟系统作用

通过对国内外建筑火灾的统计分析，凡造成重大人员伤亡的火灾，大部分是因没有可靠的安全疏散设施或管理不善，人员不能及时疏散到安全避难区域造成的。可见，如何根据不同使用性质、不同火灾危险性的建筑物，通过安全疏散设施的合理设置，为建筑物内人员和物资的安全疏散提供条件，是建筑防火设计的重要内容。只有按照国家有关消防技术规范的要求进行设计、施工、管理和进行消防监督，才能保证建筑物内人员和物资安全疏散，有效地减少火灾所造成的人员伤亡和财产损失。

防排烟系统主要有三个作用：一是阻火、隔火作用；二是有利于人员疏散；三是便于扑救。

4.1.2　火灾烟气危害及控制

高层建筑和地下工程发生火灾时，由于可燃装修物、陈设等在燃烧过程中会产生大量浓烟和有毒烟气，致使烟气和毒气成为人员死亡的首要原因。而在被火烧死的人当中，多数是先中毒窒息晕倒后被烧死的。为了在高层建筑和地下工程发生火灾后能及时排除烟气，确保人员顺利疏散、安全避难，同时为火灾扑救工作创造有利条件，在部分高层建筑和地下工程内设置防烟、排烟设施是十分必要的。烟气控制的实质是控制烟气的合理流动，也就是使烟气不流向疏散通道、安全区和非着火区，而向室外流动。其主要有以下三种方法。

1. 隔断或阻挡。墙、楼板、门等都具有隔断烟气传播的作用。为了防止火势蔓延和烟气传播，建筑法规规定了建筑中必须划分防火分区和防烟分区。所谓防火分区是指用防火墙、楼板、防火门或防火卷帘等分隔的区域，可以将火灾限制在一定的局部区域内，不使火势蔓延。所谓防烟分区是在设置排烟措施的过道、房间中，用隔墙或其他措施分割的区域。

2. 排烟。利用自然或机械作用力，将烟气排到室外，称之为排烟。利用自然作用力的排烟称为自然排烟；利用机械(风机)作用力的排烟称为机械排烟。排烟的部分为两类：着火区和疏散通道。着火区排烟的目的是将火灾发生的烟气排到室外，有利于着火区的人员疏散及救火人员的扑救。疏散通道的排烟是为了排除可能侵入的烟气，保证疏散通道无烟或少烟，以利于人员安全疏散及救火人员通行。

3. 加压防烟。加压防烟是用风机把一定量的室外空气送入一房间或通道内，使室内保持一定压力或门洞处有一定的流速，以避免烟气侵入。图 4-1 是加压防烟两种情况，其中图(a)是当门关闭时，房间内保持一定正压值，空气从门缝或其他缝隙处流出，防止了烟气的侵入；图(b)是当门开启的时，送入加压区的空气以一定的风速从门洞流出，防止烟气的流入。当流速较低时，烟气可能从上部流入室内。从以上两种情况分析可以看到，为了防止烟气流入被加压的房间，必须达到：①门开启时，门洞有一定向外的风速；②门关闭时，房间内有一定正压值。

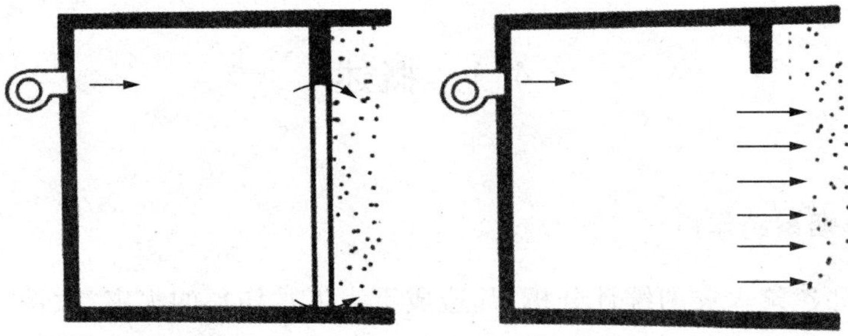

(a) 门关闭时　　(b) 门开启时

图 4-1　加压防烟

4.1.3　高层建筑防烟、排烟设施的分类和范围

1. 高层建筑防烟、排烟设施的分类

高层建筑的防烟设施应分为机械加压送风的防烟设施和可开启外窗的自然防烟设施；高层建筑的排烟设施应分为机械排烟设施和可开启外窗的自然排烟设施。

2. 高层建筑设置防烟、排烟设施的范围

① 一类高层建筑和建筑高度超过 32m 的二类高层建筑的下列部位应设排烟设施：长度超过 20m 的内走道；面积超过 100m²，且经常有人停留或可燃物较多的房间；高层建筑的中庭和经常有人停留或可燃物较多的地下室。

② 高层建筑的下列部位应设置独立的机械加压送风设施：不具备自然排烟条件的防烟楼梯间、消防电梯前室或合用前室；采用自然排烟措施的防烟楼梯间，其不具备自然排烟条件的前室；封闭避难层(间)；建筑高度超过 50m 的一类公共建筑和建筑高度超过 100m 的居住建筑的防烟楼梯间及其前室、消防电梯前室或合用前室。

3. 地下人防工程设置防烟、排烟设施的范围

① 人防工程的下列部位应设置机械加压送风防烟设施：防烟楼梯间及其前室或合用前

室;避难走道的前室。

② 人防工程的下列部位应设置机械排烟设施:建筑面积大于 $50m^2$,且经常有人停留或可燃物较多的房间、大厅和丙、丁类生产车间;总长度大于 20m 的疏散走道;电影放映间、舞台等。

③ 丙、丁、戊类物品库宜采用密闭防烟措施。

④ 自然排烟口的总面积大于该防烟分区面积的 2%时,宜采用自然排烟的方法排烟。自然排烟口底部距室内地坪不应小于 2m,并应常开或发生火灾时能自动开启。

4.2　防排烟系统

防排烟系统,由送排风管道、管井、防火阀、门开关设备、送排风机等设备组成。

4.2.1　排烟系统

高层建筑的排烟方式有自然排烟和机械排烟两种。

1. 自然排烟

防烟楼梯间前室或合用前室,利用敞开的阳台、凹廊或前室内不同朝向的可开启外窗自然排烟时,该楼梯间可不设排烟设施。利用建筑的阳台、凹廊或在外墙上设置便于开的外窗或排烟进行无组织的自然排烟方式。

自然排烟应设于房间的上方,宜设在距顶棚或顶板下 800mm 以内,其间距以排烟口的下边缘计。自然进风应设于房间的下方,设于房间净高的 1/2 以下。其间距以进风口的上边缘计。内走道和房间的自然排烟口至该防烟分区最远点应在 30m 以内。自然排烟窗、排烟口中、送风口应设开启方便、灵活的装置。

自然排烟是发生火灾时,利用室内热气流的浮力或室外风力的作用,将室内的烟气从与室外相邻的窗户、阳台、凹廊或专用排烟口排出。自然排烟不使用动力,结构简单,运行可靠,但当火势猛烈时,火焰有可能从开口部喷出,从而使火势蔓延;自然排烟还易受到室外风力的影响,当火灾房间处在迎风侧时,由于受到风压的作用,烟气很难排出。虽然如此,在符合条件时宜优先采用。自然排烟有两种方式:(1)利用外窗或专设的排烟口排烟。(2)利用竖井排烟,如图 4-2 所示,其中图(a)利用是可开启的外窗进行排烟,如果外窗不能开启或无外窗,可以专设排烟口进行自然排烟;图(b)是利用专设的竖井,即相当于专设一个烟囱,各层房间设排烟风口与之对接,当某层起火有烟时,排烟风口自动或人工打开,热烟气可通过竖井排到室外。

2. 机械排烟

使用排烟风机进行强制排烟的方法称机械排烟。机械排烟可分为局部和集中排烟两种:局部排烟方式是在每个房间内设置风机直接进行;集中排烟方式是将建筑物划分为若干个防烟分区,在每个区内设置排烟风机,通过风道排出各区内的烟气。

高层建筑在机械排烟的同时还要向房间内补充室外的新风,送风方式有两种:

① 机械排烟、机械送风:利用设置在建筑物最上层的排烟风机,通过设在防烟楼梯间、

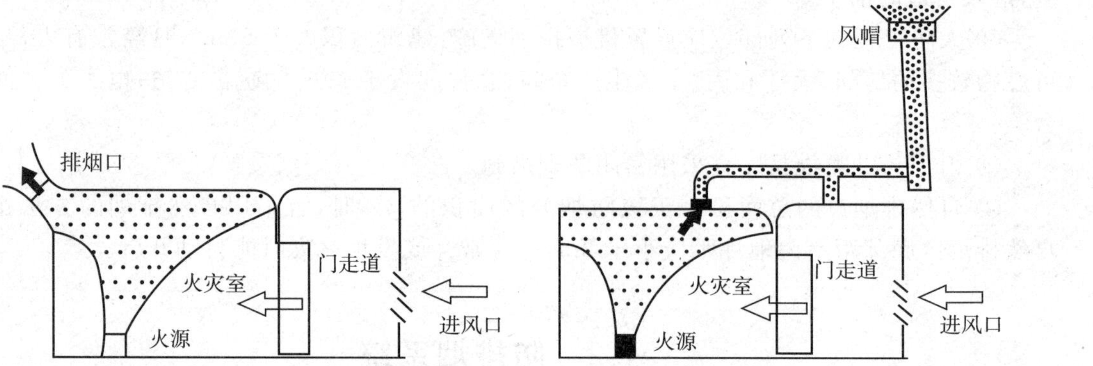

（a）利用外窗或专设的排烟口排烟　　（b）利用竖井排烟

图 4-2　房间自然排烟系统示意图

前室或消防电梯前室上部的排烟口及与其相连的排烟竖井将烟气排至室外，或通过房间（或走道）上部的排烟口排至室外；由室外送风机通过竖井和设于前室（或走道）下部的送风口向前室（或走道）补充室外的新风。各层的排烟口及送风口的开启与排烟风机及室外送风机相连锁，如图 4-3 所示。

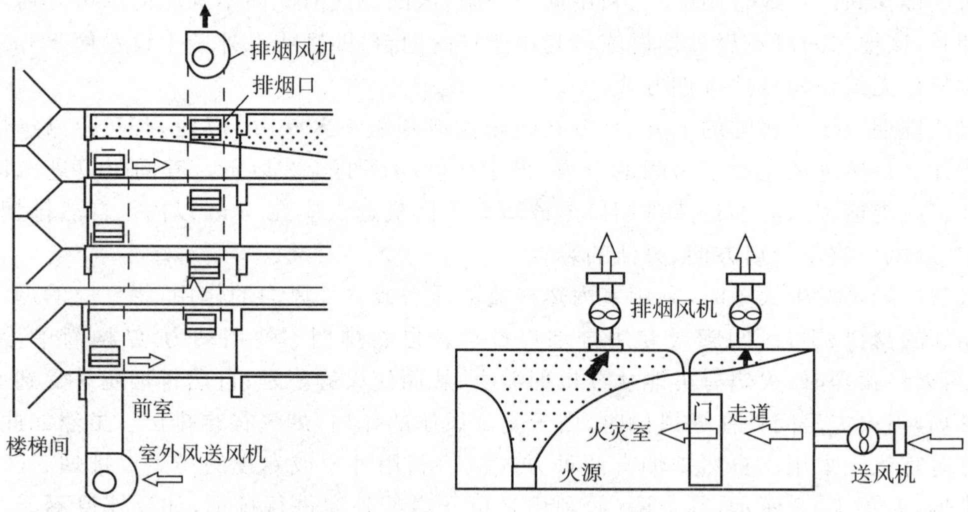

（a）通过设在前室上部的排烟口及其相连的排烟竖井将烟气排至室外　　（b）通过房间（或走道）上部的排烟口将烟气排至室外

图 4-3　机械排烟、机械送风

② 机械排烟，自然送风：排烟系统同上，但室外风向前室（或走道）的补充并不依靠风机，而是依靠排烟风机所造成的负压，通过自然进风竖井和进风口补充到前室（或走道）内，如图 4-4 所示。

机械排烟系统：由防烟垂壁、排烟口、排烟道、排烟阀、排烟防火阀及排烟风机等组成。

① 排烟口：排烟口一般尽可能布置在防烟分区的中心，距最远点的水平距离不能超过 30m。排烟口应设在顶棚或靠近顶棚的墙面上，且与附近安全出口沿走道方向相邻边缘之

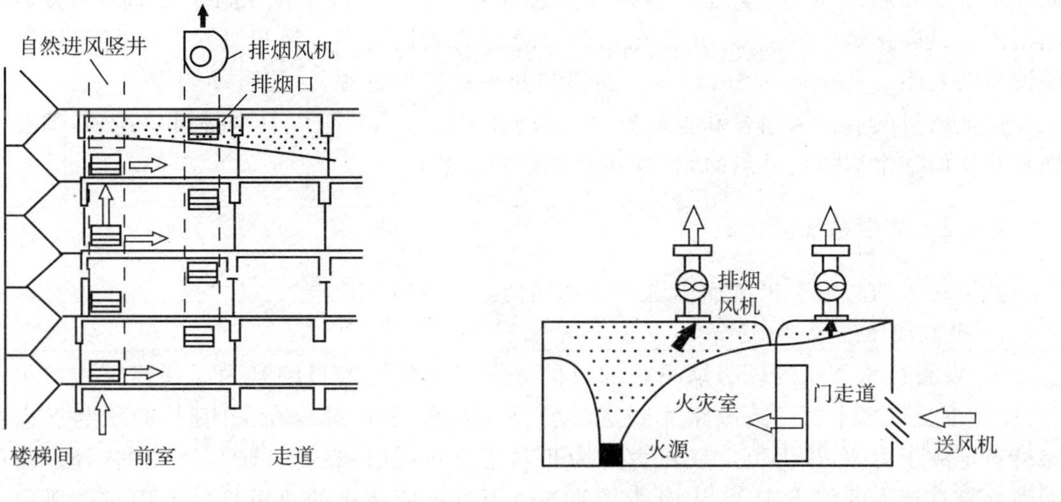

（a）通过自然进风竖井和进风口将新风补进前室　（b）通过自然进风竖井和进风口将新风补充到走道内房间

图 4－4　机械排烟、自然送风

间最大的水平距离小于 15m。排烟口平时处于关闭状态，当火灾发生时，自动控制系统使排烟口开启，通过排烟口将烟气及时排至室外。排烟口也可作为送风口。

② 排烟阀：排烟阀应用于排烟系统的风管上，平时处于关闭状态，火灾发生时，烟感探头发出火警信号，控制中心输出 DC24V 电源，使排烟阀开启，通过排烟口进行排烟。

③ 排烟防火阀：防火阀就是用来阻断来自火灾区的烟气及火焰通过，并在一定时间内能满足耐火稳定性和耐火完整性要求的阀门。建筑物发生火灾时，大火沿通风、空调系统的管道迅速蔓延，造成重大损失的案例是很多的。为了将火灾引起的损失减少到最小程度，就必须采取有效的防火、防排烟措施，以控制火势蔓延，而防火阀在通风、空调及防排烟系统中的合理设置，则起到了重要的作用。

防火阀主要由阀体和执行机构组成。阀体由壳体、法兰、叶片及叶片联动机构等成。执行机构由外壳、叶片调节机构、离合器、温度熔断器等组成。防火阀的执行机构通过金属易熔片和离合器机构来控制叶片的转动。当管道内所输送的气体温度达到易熔金属片的熔化温度时，易熔片熔断，其芯轴上的压缩弹簧和弹簧销钉迅速打下离合器垫板，这时，离合器和叶片调节机构脱开，由于阀体上装有两个扭转弹簧，使叶片受到扭力而发生转动。由此可见，防火阀的执行机构采用机械传动原理，不需电、气及其他能源，因而可保证在任何情况下均能起到防火作用。防火阀的通断根据系统的要求，系统停用与正常运行时是位于开启状态的，如管内输送气体温度低于所选定的金属易熔片的熔点时，属正常运行状态，阀门是敞开的。只有当运行工况超过正常使用的状态，阀门才自动关闭，达到安保的作用。

排烟防火阀平时处于关闭状态，需要排烟时，其动作和功能与排烟阀相同，可自动开启排烟。当管道气流温度达到 280℃时，阀门靠装有易熔金属温度熔断器而自动关闭，切断气流，防止火灾蔓延。

④ 排烟风机：排烟风机也有离心式和轴流式两种类型。在排烟系中一般采用离心式风机。烟风机在构造性能上具有一定的耐火稳定性和隔热性，以保证输送烟气温度在 280℃时

能够正常连续运行 30min 以上。排烟风机装置的位置一般设于该风机所在的防火分区的排烟系统中最高排烟口的上部，并设在该防火分区的风机房内。风机外缘与风机房墙壁或其他设备的间距应保持在 0.6m 以上。排烟风机设有备用电源，且能自动切换。

排烟风机的启动采用自动控制方式，启动装置与排烟系统中每个排风口连锁，即在该排烟系统任何一个排烟口开启时，排烟风机都能自动启动。

4.2.2 防烟系统

高层建筑的防烟有机械加压送风和密闭防烟两种方式。

1. 机械加压送风

(1)设置机械加压送风防烟系统的目的。设置该系统的目的是为了在建筑物发生火灾时，提供不受烟气干扰的疏散路线和避难场所。因此，加压部位在关闭时，必须与着火楼层保持一定的压力差(该部位空气压力值为相对正压)；同时，在打开加压部位的门时，在门洞断面处能有够大的气流速度，从而使其他部位因着火所产生的火灾烟气或因扩散所侵入的火灾烟气被堵截于加压部位之外，以有效地阻止烟气的入侵，保证人员安全疏散与避难。

(2)机械加压送风防烟设施设置部位。当防烟楼梯间及其前室、消防电梯前室或合用前室各部位有可开启外窗时，若采用自然排烟方式，可造成楼梯间与前室或合用前室在采用自然排烟方式与采用机械加压送风防烟方式组合上的多样化，而这两种排烟方式不能共用。

(3)机械加压送风系统。对疏散通道的楼梯间进行机械送风，使其压力高于防烟楼梯间或消防电梯前室，而这些部位的压力又比走道和火灾房间要高些，这种防止烟气侵入的方式，称为机械加压送风方式。送风可直接利用室外空气，不必进行任何处理。烟气通过远离楼梯间的走道外窗或排烟竖井排至室外。图 4-5 所示为机械加压送风系统图。

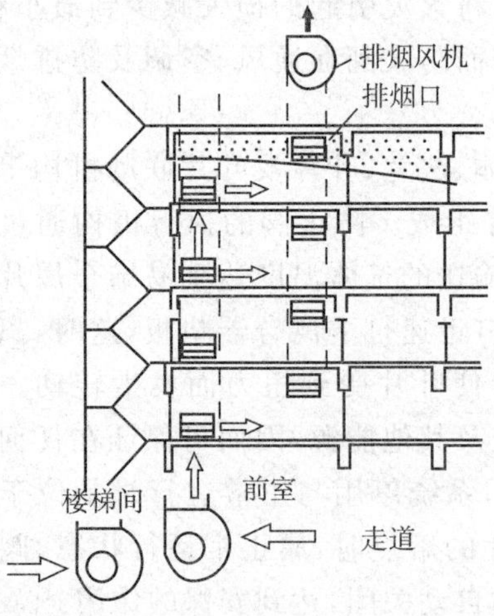

(a) 对楼梯间机械加压送风

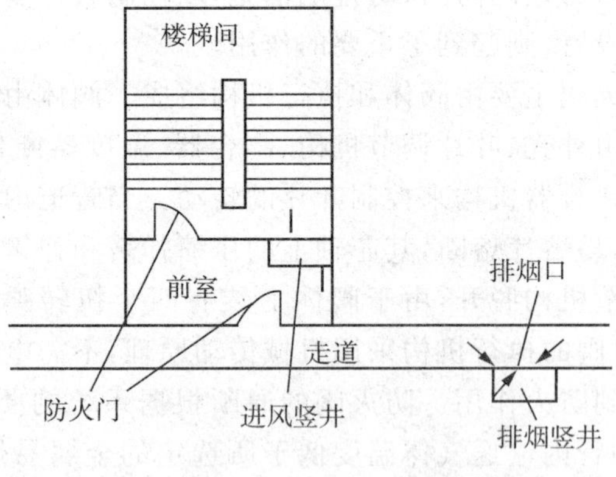

(b) 对疏散通道机械加压送风

图 4-5 机械加压送风系统

(4)机械加压送风系统组成。由加压送风机、送风道、加压送风口及自动控制等组成机械加压送风系统。

① 加压送风机:加压送风机可采用中、低离心式风机或轴流式风机,其位置根据电源位置、室外新风入口条件、风量分配情况等因素来确定。

机械加压送风机的全压,除计算最不利环管压头外,尚有余压,余压值在楼梯间为40~50Pa,前室、合用前室、消防电梯间前室、封闭避难层(间)为25~30Pa。

② 加压送风口:楼梯间的加压送风口一般采用自垂式百叶风口或常开的百叶风口。当采用常开的百叶风口时,应在加压送风机出口处设置止回阀。楼梯间的加压送风口一般每隔2、3层设置一个。前室的加压送风口为常开的双层百叶风口,每层设一个。

③ 加压送风道:加压送风道采用密实不漏风的非燃烧材料。

④ 余压阀:为保证防烟楼梯间及前室、消防电梯前室和合用前室的正压值,防止正压值过大而导致门难以推开,为此在防烟楼梯间与前室、前室与走道之间设置余压阀以控制其正压间的正压差不超过50Pa。

4.3 防火分隔设施

防火分隔设施是指能在一定时间内阻止火势蔓延,且能把建筑内部空间分隔成若干较小防火空间的物体。常见的防火分隔设施有防火门、防火窗、防火卷帘、防火水幕带、防火阀和排烟防火阀等。

4.3.1 防火门

防火门是指在一定时间内,连同框架能满足耐火稳定性、完整性和隔热性要求的门。它是设置在防火分区间、疏散楼梯间、垂直竖井等部位,具有一定耐火性的活动防火分隔设施。

建筑中设置的防火门,应保证门的防火和防烟性能符合现行国家标准《防火门》GB12955的有关规定,并经消防产品质量检测中心检测试验认证才能使用。

1. 防火门的构造与分类

防火门由门框、门扇、控制设备和附件(防火锁、手动及自动环节)等组成,如图4-6所示。按耐火极限分类,防火门分为甲、乙、丙三级,耐火极限分别不低于1.5h、1.0h、和0.5h,对应的分别应用于防火墙、疏散楼梯门和竖井检查门。按材料分类,可分为木质、钢质、复合材料防火门。按门扇结构分类,可分为带亮子、不带亮子;单扇、多扇;全玻门、防火玻璃防火门。

2. 防火门要求

① 疏散通道上的防火门应向疏散方向开启防火门,并在关闭后应能从任一侧手动开启。设置防火门的部位,一般为房间的疏散门或建筑某一区域的安全出口。建筑内设置的防火门既要能保持建筑防火分隔的完整性,又要能方便人员疏散和开启。因此,防火门的开启方式、开启方向等均要保证在紧急情况下人员能快捷开启,不会导致阻塞。

② 用于疏散走道、楼梯间和前室的防火门,应能自动关闭;双扇和多扇防火门,应设置顺序闭门器。

③ 除允许设置常开防火门的位置外,其他位置的防火门均应采用常闭防火门。常闭防

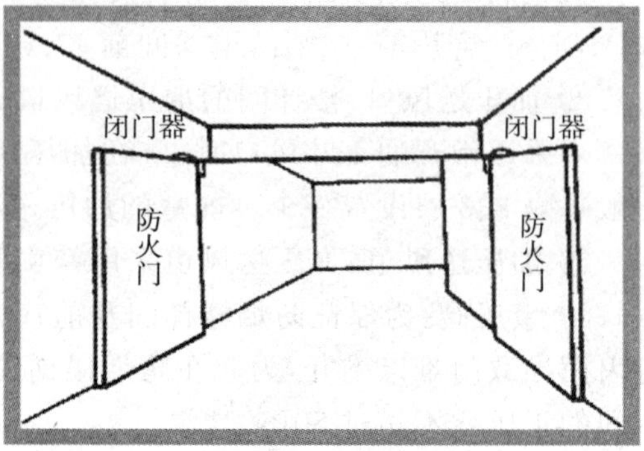

图 4-6　防火门示意图

火门应在门扇的明显位置设置“保持防火门关闭”等提示标志；为方便平时经常有人通行而需要保持常开的防火门，在发生火灾时，应具有自动关闭和信号反馈功能，如设置与报警系统联动的控制装置和闭门器等。

④ 为保证分区间的相互独立，设在变形缝附近的防火门，应设在楼层较多的一侧，且门开启后不应跨越变形缝，防止烟火通过变形缝蔓延。

⑤平时关闭后应具有防烟性能。

4.3.2　防火窗

防火窗是采用钢窗框、钢窗扇及防火玻璃制成的，能起到隔离和阻止火势蔓延的窗，一般设置在防火间距不足部位的建筑外墙上的开口或天窗，建筑内的防火墙或防火隔墙上需要观察等部位以及需要防止火灾竖向蔓延的外墙开口部位。

防火窗按照安装方法可分固定窗扇与活动窗扇两种。固定窗扇防火窗，不能开启，平时可以采光，遮挡风雨，发生火灾时可以阻止火势蔓延；活动窗扇防火窗，能够开启和关闭，起火时可以自动关闭，阻止火势蔓延，开启后可以排除烟气，平时还可以采光和通风。为了使防火窗的窗扇能够开启和关闭，需要安装自动和手动开关装置。防火窗的耐火极限与防火门相同。设置在防火墙、防火隔墙上的防火窗，应采用不可开启的窗扇或具有火灾时能自行关闭的功能。防火窗应符合现行国家标准《防火窗》GB16809 的有关规定。

防火窗一般安装在防火墙或防火门上。安装时注意以下问题：

(1)验收甲方收货时应认真按供货合同核对数量、规格、等级及各种配件是否合格、齐全。

(2)保管、储存防火窗应垂直存放于干燥的室内，并要有防腐措施，玻璃应搁置和靠在不能损伤玻璃边缘和玻璃面的物体上。

(3)防火窗安装前必须进行检查，如因运输、储存不慎导致窗框、窗扇翘曲和变形，玻璃破损，修复后方可进行安装。

(4)防火窗安装时，须用水平尺校平或用挂线法校正其前后左右的垂直度，做到横竖直、高低一样。

(5)窗框必须与建筑物成一整体，采用木件或铁件与墙连接。钢质窗框安装后，窗框与墙体之间必须浇灌水泥砂浆，并养护 24h 以上方可正常使用。

(6)五金配件安装孔的位置应正确，使五金配件能安装平整、牢固，达到使用要求。

(7)防火玻璃安装时，四边留缝一定要均匀，定位后将四边缝隙用防火棉填室填平，然后封好边条。

4.3.3　防火卷帘

防火卷帘是在一定时间内，连同框架能满足耐火稳定性和完整性要求的卷帘，由帘板、卷轴、电机、导轨、支架、防护罩和控制机构等组成。防火卷帘如图 4-7 所示。防火卷帘是一种活动的防火分隔设施，平时卷起放在门窗上口的转轴箱中，起火时将其放下展开，用以阻止火势从门窗洞口蔓延。

当发生火灾时，可根据消防控制室、探测器的指令或手动操作使卷帘下降至一定点，经过一定延时后，卷帘降至地面，从而达到人员紧急疏散、灾区隔烟、隔火、控制火灾蔓延的目的。

图 4-7　防火卷帘门外形

1. 电动防火卷帘门的组成

电动防火卷帘门由帘板、辊筒、托架、导轨及控制机构组成，其外形如图 4-8 所示。防火卷帘门控制程序如图 4-9 所示，防火卷帘门电气控制如图 4-10 所示。

图 4-10 中，接触器 KM1 和 KM2，分别控制卷帘门电动机正转反转。KA 为中间继电器，KA1 和 KA2 为 KA 的两个常开触点。HL 为指示灯，HA 为声光警报器，KT 为时间继电器，SB1、SB2 为门控按钮(上升、下降，有自锁)。

防火卷帘门电气线路工作原理：正常时卷帘卷起，且用电锁锁住，当发生火灾时，卷帘门分两步下放。第一步，当火灾发生时，感烟火灾探测器动作报警，使得中间继电器 KA 线圈得电，KA1 触点接通，同时指示灯 HL 亮，发出光报警信号，声光报警器 HA 发出报警信号。KA2 触点接通时，接触器 KM1 得电。经火灾报警控制系统联动控制或就地手动操作控制，使卷帘首先下降至预定点(1.8m 处)，感温火灾探测器再动作报警，经火灾报警控制系统联动控制或经过一段时间延时后手动操作控制卷帘降至地面。

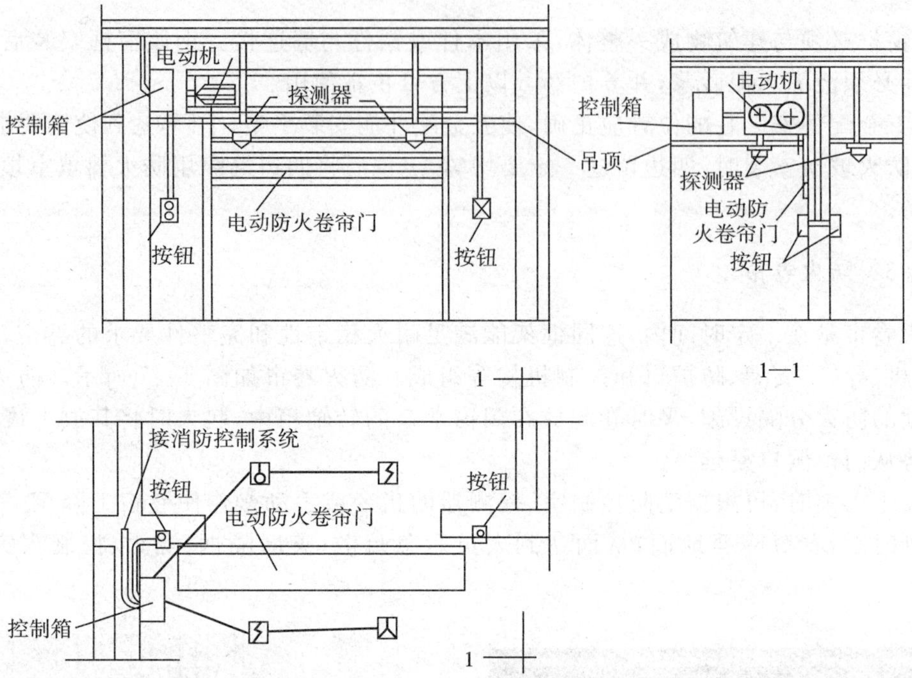

图 4－8　电动防火卷帘门外形

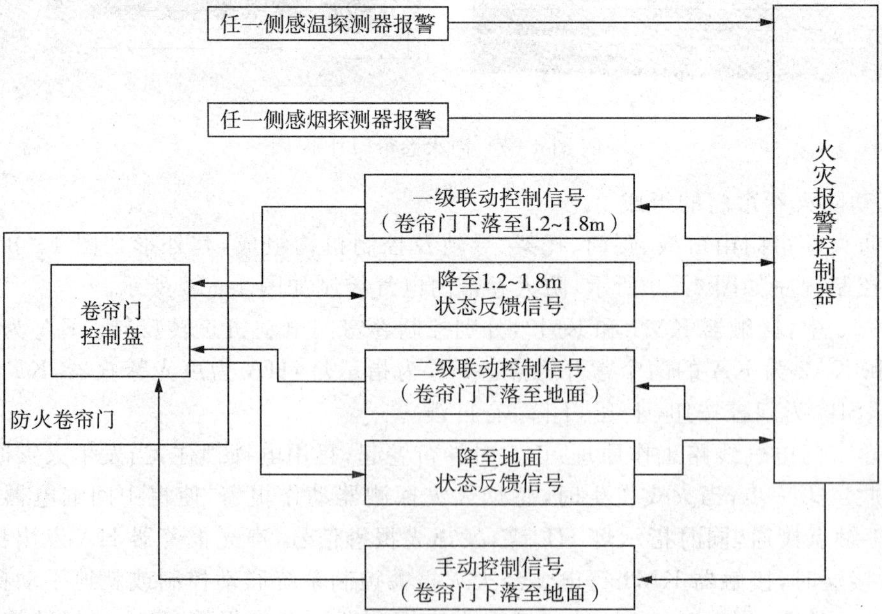

图 4－9　防火卷帘门控制程序

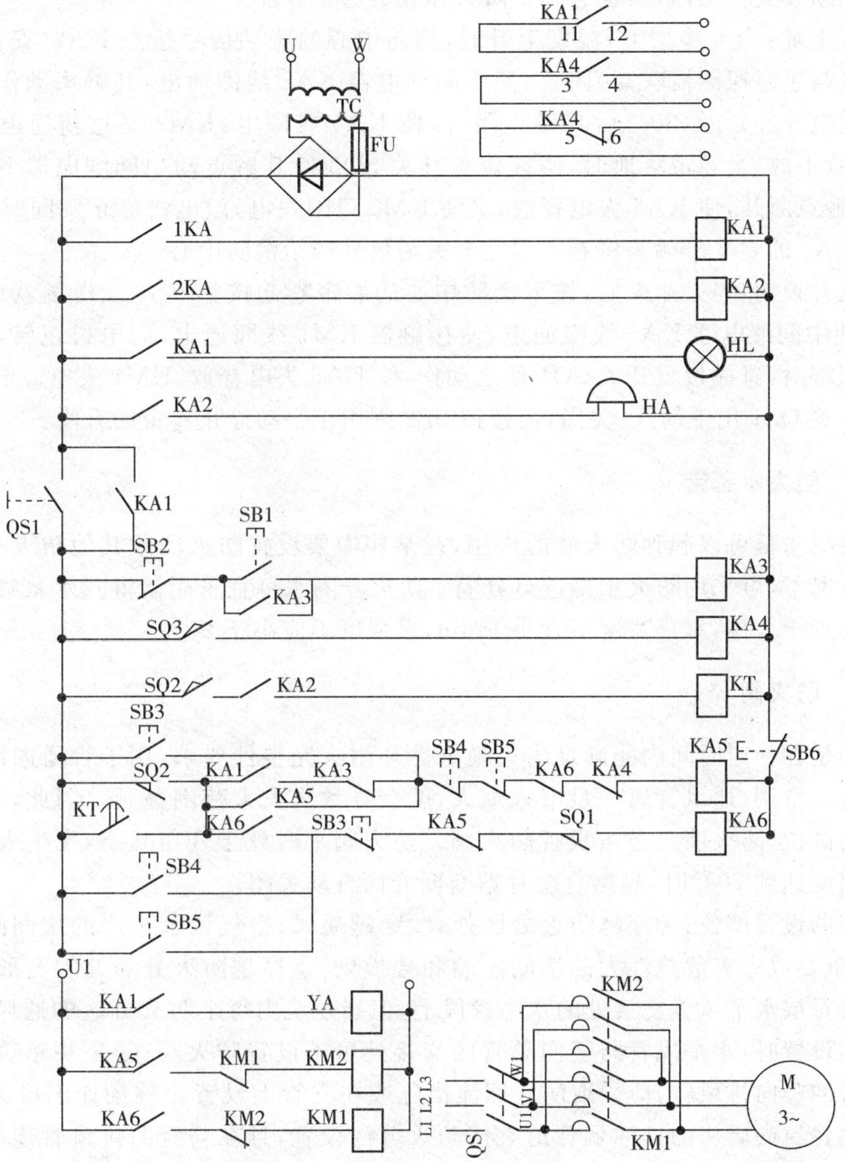

图 4－10　防火卷帘门电气控制

正常时卷帘卷起，且用电锁锁住，当发生火灾时，卷帘门分两步下放：

第一步下放：当火灾初期产生烟雾时，来自消防中心联动信号(感烟探测器报警所致)使触点 KA1(在消防中心控制器上的继电器因感烟报警而动作)闭合，中间继 KA1 线圈通电动作：①信号灯 HL 亮，发出光报警信号；②使电警笛 HA 发出声报警信号；③KA1 的 11～12 号触点闭合，给消防中心一个卷帘启动的信号；④手动短接 QS1 常开触头，全部电路通以直流电；⑤电磁铁 YA 线圈通电，打开锁头，为卷帘门下降做准备；⑥中间继电器 KA5 通电，将接触器线圈接通，KM2 触头动作，门电机反转卷帘下降，当卷帘下降距地 1.2～1.8m 定点时，位置开关 SQ2 受碰撞动作，使 KA5 线圈失电，KM2 线圈失电，门电机停，卷帘停止下放，这样既可隔断火灾初期的烟，也有利于防火和人员逃生。

第二步下放：当火势增大，温度上升时，消防中心的联动信号接点 KA2（安在消防中心控制器上且与感温探测器联动）闭合，使中间继电器 KA2 线圈通电，其触头动作，使时间继电器线圈通电。经延时（30s）后其触点闭合，使 KA5 线圈电，KM2 又重新通电，门电机反转，卷帘继续下放，当卷帘落地时，碰撞位置开关 SQ3 使其触点动中间继电器 KA4 线圈通电，其常闭触点断开，使 KA5 失电释放，又使 KM2 线圈失电，门电机停止。同时 KA4 的 3、4 号触点，KA4 的 5、6 号触头将卷帘门完全关闭信号送给消防中心。

卷帘上升控制：当火扑灭后，按下消防中心的卷帘卷起按钮 SB4 或现场就地卷起按钮 SB3，均可使中间继电器 KA6 线圈通电，使接触器 KM1 线圈通电，门电机正转，卷帘上升，当上升到顶端时，碰撞位置开关 SQ1 使之动作，使 KA6 失电释放，KM1 失电。电机停止，上升结束。开关 QS1 用手动开、关门，而按钮 SB6 则用于手动停止卷帘的升降。

4.3.4 防火水幕带

防火分隔水幕可以起到防火墙的作用，在某些需要设置防火墙或其他防火分隔物而无法设置的情况下，可采用防火水幕进行分隔。防火分隔水幕宜采用雨淋式水幕喷头，水幕喷头的排列不少于 3 排，水幕宽度不宜小于 6m，水强度不应小于 2L/s。

4.3.5 防火阀

防火阀是在一定时间内能满足耐火稳定性和耐火完整性要求，用于管道内阻火的活动式封闭装置。空调、通风管道一旦窜入烟火，就会导致火灾大范围蔓延。因此，在风道贯通防火分区的部位（防火墙），必需设置防火阀。防火阀平时处于开启状态，发生火灾时，当管道内烟气温度达到 70℃时，易熔合金片熔断断开而自动关闭。

防火阀的设置部位：①穿越防火分区处；②穿越通风、空气调节机房的房间隔墙和楼板处；③穿越重要或火灾危险性大的房间隔墙和楼板处；④穿越防火分隔处的变形缝两侧；⑤竖向风管与每层水平风管交接处的水平管段上，但当建筑内每个防火分区的通风、空气调节系统均独立设置时，水平风管与竖向总管的交接处可不设置防火阀；⑥公共建筑的浴室、卫生间和厨房的竖向排风管，应采取防止回流措施或在支管上设置公称动作温度为 70℃的防火阀。公共建筑内厨房的排油烟管道宜按防火分区设置，且在与竖向排风管连接的支管处应设置公称动作温度为 150℃的防火阀。

防火阀的设置应符合下列规定：①防火阀宜靠近防火分隔处设置；②防火阀安装时，应在安装部位设置方便维护的检修口；③在防火阀两侧各 2.0m 范围内的风管及其绝热材料应采用不燃材料；④防火阀应符合现行国家标准《建筑通风和排烟系统用防火阀门》GB15930 的规定。

4.3.6 排烟防火阀

排烟防火阀是安装在排烟系统管道上起隔烟、阻火作用的阀门。它在一定时间内能满足耐火稳定性和耐火完整性的要求，具有手动和自动功能。当管道内的烟气达到 280℃时，排烟阀门自动关闭。排烟防火阀设置场所：排烟管在进入排风机房处；穿越防火分区的排烟管道上；排烟系统的支管上。

4.4　消防广播与消防通讯

4.4.1　消防广播

在高层建筑物中，尤其是高层宾馆、饭店、办公楼、综合楼、医院等，一般人员比较集中，发生火灾时影响面很大，现场非常混乱，为了便于发生火灾时统一指挥疏散，目前国内公建设施，一般都会设置火灾应急广播及火警通信系统，其源于消防法对建筑的要求。消防广播系统也叫应急广播系统，是火灾逃生疏散和灭火指挥的重要设备，在整个消防控制管理系统中起着极其重要的作用。在火灾发生时，应急广播信号通过音源设备发出，经过功率放大后，由广播切换模块切换到广播指定区域的音箱实现应急广播，数字化可寻址广播系统正伴随着消防广播系统发展而走进市场。

1. 火灾应急广播系统的组成及原理

消防广播系统，一般由终端扬声器、功率放大器、广播主机和消防广播音源组成，消防电话总机和广播分别如图 4 - 11 和图 4 - 12 所示，而现在的消防广播音源一般采用数字化的方式成为主机的一部分，通过与消防报警系统的连接，形成自动联动的消防广播系统。并且可以通过人工话筒成为最终的疏散指挥手段。

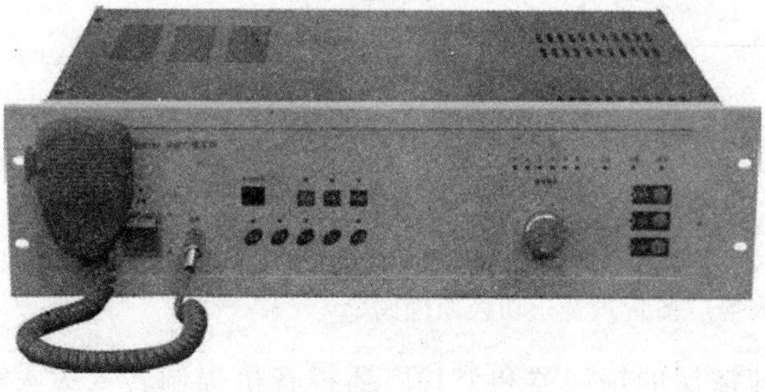

图 4 - 11　消防电话总机

图 4 - 12　消防电话广播

2. 火灾应急广播扬声器的设置

民用建筑内扬声器应设置在走道和大厅等公共场所。每个扬声器的额定功率不应小于 3W，其数量应能保证从一个防火分区内的任何部位到最近一个扬声器的距离不大于 25m。走道内最后一个扬声器至走道末端的距离不应大于 12.5m。

在环境噪声大于 60dB 的场所设置的扬声器，在其播放范围内最远点的播放声压级应高于背景噪声 15dB。

客房设置专用扬声器时，其功率不宜小于 1.0W。

3. 火灾应急广播与公共广播合用

由于消防广播系统和传统的背景音乐系统相类似，所以很多建筑都采用了背景音乐兼紧急广播系统的方式，这样明显降低了整体的成本。图 4－13 为公共小区公共广播音乐设备。图 4－14 为火警广播背景音乐切换原理图。

图 4－13　公共小区公共广播音乐设备

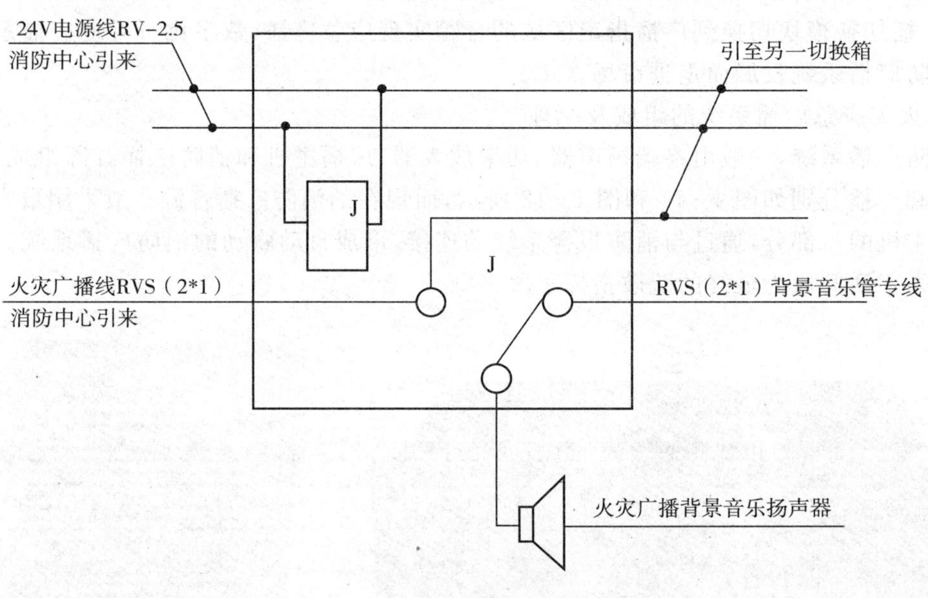

图 4－14　火警广播背景音乐切换原理图

火灾时应能在消防控制室将火灾疏散层的扬声器和公共广播扩音机强制转入火灾应急广播状态。

消防控制室应能监控用于火灾应急广播时的扩音机的工作状态，并应具有监控遥控开启扩音机和采用传声器播音的功能。

床头控制柜内设有服务性音乐广播扬声器时，应有火灾应急广播功能。

应设置火灾应急广播备用扩音机，其容量不应小于火灾时需同时广播的范围内火灾应急广播扬声器最大容量总和的 1.5 倍。

4. 消防广播切换模块

消防广播切换模块也叫消防广播模块，是属于消防模块中的一类输出模块，主要用于消防广播系统中的正常背景音乐广播和消防广播之间的切换。

这里我们以海湾的 GST－LD－8305 消防广播模块为例，对消防广播切换模块进行详细的介绍。GST－LD－8305 广播切换模块如图 4－15 所示，其工作原理：本消防广播模块内嵌微处理器，微处理器实现与火灾报警控制器通讯、电源总线掉电检测、输入输出线路故障检测、输出控制、输入信号逻辑状态判断、状态指示灯控制。广播切换模块接收到火灾报警主机的启动命令后，吸合继电器，现场音箱从正常广播切换到消防广播，并点亮指示灯，同时将回答信号信息传到火灾报警控制器，表明切换成功。

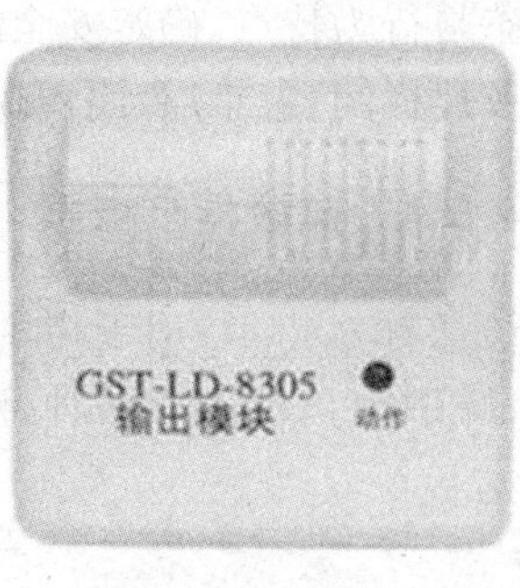

图 4－15　GST－LD－8305 输出模块

GST－LD－8305 广播模块具有以下特点：与消防广播主机间线路或模块与音箱间线路发生短路、断路，模块向控制器发送故障信号；地址码为电子编码，可由电子编码器事先写入，也可由控制器直接更改，工程调试简便可靠；电路部分和接线底壳采用插接方式，接触可靠、便于施工。模块在总线制消防广播系统中的应用方法如图 4－16 所示。

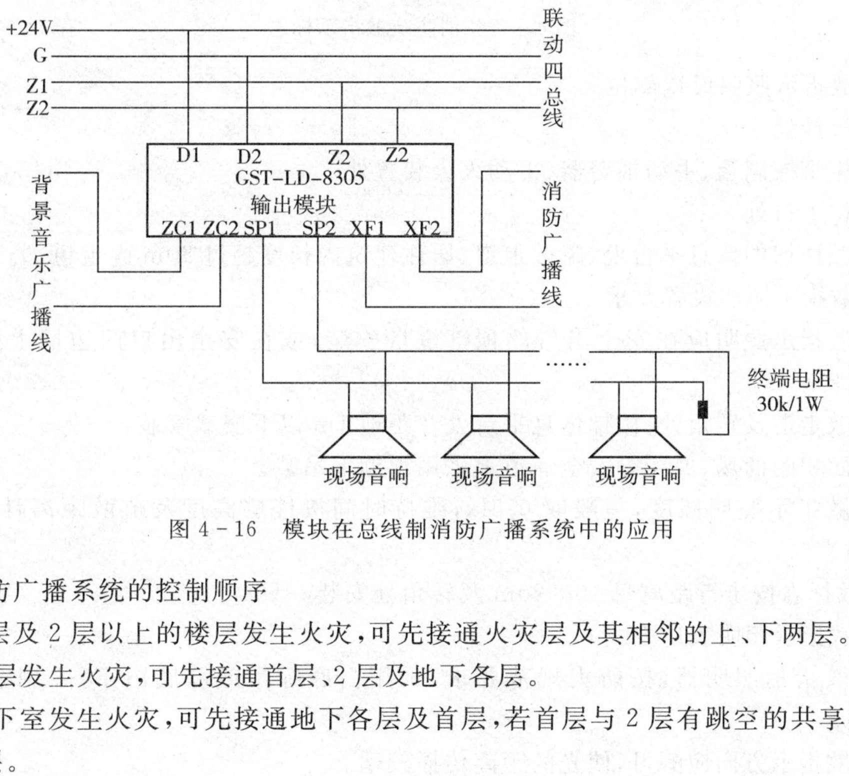

图 4－16　模块在总线制消防广播系统中的应用

5. 消防广播系统的控制顺序

(1)2 层及 2 层以上的楼层发生火灾，可先接通火灾层及其相邻的上、下两层。

(2)首层发生火灾，可先接通首层、2 层及地下各层。

(3)地下室发生火灾，可先接通地下各层及首层，若首层与 2 层有跳空的共享空间时，也应包括 2 层。

4.5　安全疏散诱导系统

安全疏散是建筑防火设计的一项重要内容，对于确保火灾中人员的生命安全具有重要作用。安全疏散设计应根据建筑物的高度、规模、使用性质、耐火等级和人们在火灾事故时的心理状态与行为特点，确定安全疏散基本参数，合理设置安全疏散和避难设施，如疏散走道、疏散楼梯及楼梯间、避难层（间）、疏散门、疏散指示标志等，为人员的安全疏散创造有利条件。

4.5.1 疏散指示标志

疏散标示指示：用于指示疏散方向和位置、引导人员疏散的标志，一般由疏散通道方向标志、疏散出口标志或两种标志组成。消防疏散指示标志如图 4-17 所示。

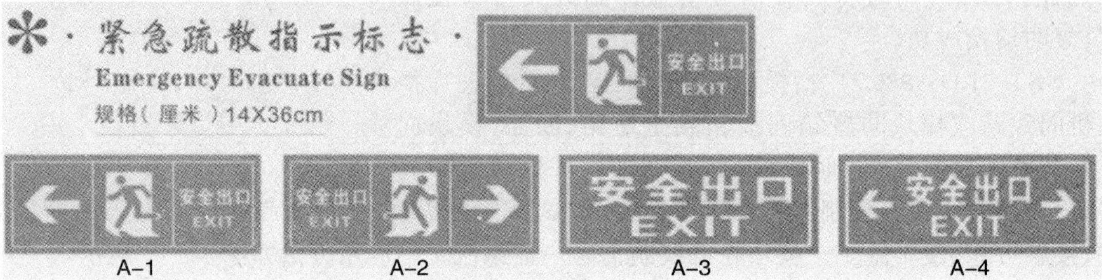

图 4-17　消防疏散指示标志

1. 疏散指示照明设置部位

① 消火栓处。

② 防排烟控制箱、手动报警器、手动灭火装置处。

③ 电梯入口处。

④ 疏散楼梯的休息平台处、疏散走道、居住建筑内长度超过 20m 内走道、公共出口处。

2. 疏散指示照明设置要求

① 疏散指示照明应在安全出口的顶部嵌墙安装，或在安全出口门边墙上距地 2.2～2.5m 处明装。

② 疏散走道及转角处、楼梯休息平台处在距地 1m 以下嵌墙安装。

③ 大面积的商场、展厅等安全通道上采用顶棚下吊装。

④ 疏散指示照明照度，一般取 0.5lx，维持时间按楼层高度及疏散距离计算，一般为 20～60min。

⑤疏散标志按步行距离每 10～20m 及转角处安装一只。

3. 疏散指示照明表达方式

① 疏散指示照明器，按防火规范要求，采用白底绿字或绿底白字，并用箭头或图形指示。

② 疏散指示方向应醒目，使光的距离传播较远。

③ 疏散指示照明器包括：疏散指示灯和出入口指示灯。

4. 疏散指示标志的功能指标

① 应牢固、无遮挡，疏散方向的指标应正确清晰。

② 辅助性自发光疏散指示标志，当正常光源变暗后，应自发光，其亮度不小于 0.51cd/m^2的要求，持续时间不应低于 20min。

③ 灯光疏散指示标，状态指示灯应正常。工作状态时，灯前通道地面中的照度不应低

于 0.1lx。切断正常供电电源后，应急工作状态的持续时间不应低于相应规定。

5. 疏散指示标志的测试要点

① 查看外观和位置，核对指示方向。

② 关闭正常照明，查看发光疏散指示标的自发光情况，测试亮度。

③ 切断正常供电电源，在灯光疏散指示标、通道中心处，用照度计测量地面照度，达规定的应急工作状态持续时间时，重复测量上述测点的照度。

④ 系统复位。

6. 疏散指示标志清洁维护要求

① 应固定牢靠、无遮挡，状态正常。

② 切断正常供电电源后，疏散照明工作状态的持续时间不应低于规定要求。

③ 疏散照明的地面照度不应低于 0.5lx，地下工程疏散照明的地面照度不低于 5.1lx。

④ 消防疏散指示标志应符合相关亮度要求。

4.5.2　疏散走道

疏散走道是疏散时人员从房间内到房间门，或从房间门到疏散楼梯、外部出口的室内通道，当发生火灾时，人员要从房间等部位向外疏散，首先要通过疏散走道。对疏散走道要求如下：

① 走道要简明直接，尽量避免弯曲，尤其不要往返转折，否则会造成疏散阻力和产生不安全感。

② 疏散走道内不应设置阶梯、门槛、门垛、管道等突出物，以免影响疏散。

③ 走道的结构和装修。因为走道是火灾时的必经之路，为第一安全地带，所以必须保证它的耐火性能。走道墙面、顶棚、地面的装修应符合《建筑内部装修设计防火规范》GB50222 的要求。同时，走道与房间的隔墙应砌至梁、板底部并填实所有空隙。

④ 走道的宽度一般应通过计算确定。

4.5.3　疏散门

疏散用的门应向疏散方向开启。但如果是人数不超过 60 人的房间，且每个门的平均疏散人数不超过 30 人时(甲、乙类生产厂房除外)，其开启方向可不限。疏散用的门不应采用吊门、水平拉门和转门。疏散门开启时，门扇不应影响疏散走道和平台的宽度。

人员密集的公共场所、观众厅的入场门、太平门不应设置门槛，其宽度不应小于 1.4m，靠紧门口 1.4m 范围内不应设置踏步。太平门应为推闩式外开门。

人员密集的公共场所的室外疏散小巷，其宽度不应小于 3m。

疏散门是人员安全疏散的主要出口，如图 4－18 所示。其设置应满足下列要求：① 疏散门应向疏散方向开启，但人数不超过 60 人的房间且每樘门的平均疏散人数不超过 30 人时，其门的开启方向不限(除甲、乙类生产车间外)。②民用建筑及厂房的疏散门应采用平开门，不应采用推拉门、卷帘门、吊门、转门和折叠门；但丙、丁、戊类仓库首层靠墙的外侧可采用推拉门或卷帘门。③当门开启时，门扇不应影响人员的紧急疏散。④公共建筑内安全出口的门应设置在火灾时能从内部易于开启门的装置；人员密集的公共场所、观众厅的入场门、疏散出口不应设置门槛，从门扇开启 90°的门边处向外 1.4m 范围内不应设置踏步，疏散门应为推闩式外开门。

⑤高层建筑直通室外的安全出口上方，应设置挑出宽度不小于 1.0m 的防护挑檐。

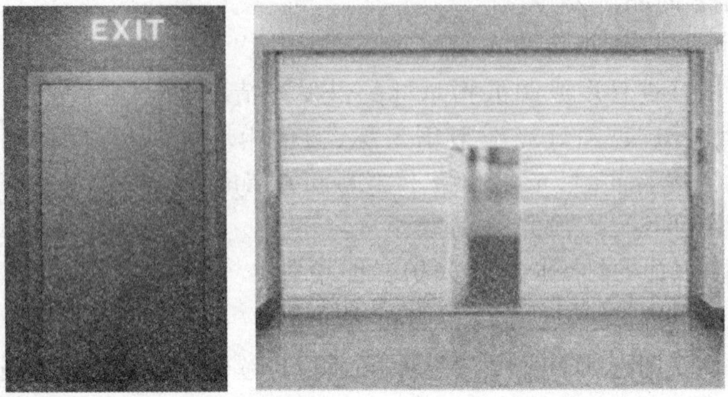

图 4-18　疏散门

4.5.4　避难间

封闭式避难层，周围设有耐火的围护结构（外墙、楼板），室内设有独立的空调和防排烟系统，如在外墙上开设窗口时，应采用防火窗。这种避难层设有可靠的消防设施，足以防止烟气和火焰的侵害，同时还可以避免外界气候条件的影响，因而适用于我国南北方广大地区。

1. 避难层的设置条件及避难人员面积指标：① 设置条件。建筑高度超过 100m 的公共建筑和住宅建筑应设置避难层。②面积指标。避难层（间）的净面积应能满足设计避难人数避难的要求，可按 5 人/m^2 计算。

2. 避难层的设置数量根据目前国内主要配备的 50m 高云梯车的操作要求，规范规定从首层到第一个避难层之间的高度不应大于 50m，以便火灾时可将停留在避难层的人员由云梯车救援下来。结合各种机电设备及管道等所在设备层的布置需要和使用管理以及普通人爬楼梯的体力消耗情况，两个避难层之间的高度不大于 45m。

3. 避难层的防火构造要求：① 为保证避难层具有较长时间抵抗火烧的能力，避难层的楼板宜采用现浇钢筋混凝土楼板，其耐火极限不应低于 2.00h。②为保证避难层下部楼层起火时不致使避难层地面温度过高，在楼板上宜设隔热层。③避难层四周的墙体及避难层内的隔墙，其耐火极限不应低于 3.00h，隔墙上的门应采用甲级防火门。④避难层可与设备层结合布置。在设计时应注意，各种设备、管道竖井应集中布置，分隔成间，既方便设备的维护管理，又可使避难层的面积完整。易燃、可燃液体或气体管道，排烟管道应集中布置，并采用防火墙与避难区分隔；管道井、设备间应采用耐火极限不低于 2.00h 的防火隔墙与避难区分隔。

4. 避难层的安全疏散为保证避难层在建筑物起火时能正常发挥作用，避难层应至少有两个不同的疏散方向可供疏散。通向避难层的防烟楼梯间，其上下层应错位或断开布置，这样楼梯间里的人都要经过避难层才能上楼或下楼，为疏散人员提供了继续疏散还是停留避难的选择机会。同时，使上、下层楼梯间不能相互贯通，减弱了楼梯间的"烟囱"效应。楼梯间的门宜向避难层开启，在避难层进入楼梯间的入口处应设置明显的指示标志。为了保障人员安全，消除或减轻人们的恐惧心理，在避难层应设应急照明，其供电时间不应小于

1.00h，照度不应低于1.00lx。除避难间外，避难层应设置消防电梯出口。消防电梯是供消防人员灭火和救援使用的设施，在避难层必须停靠；而普通电梯因不能阻挡烟气进入，则严禁在避难层开设电梯。

5. 建筑高度大于24m的病房楼，应在二层及以上各楼层设置避难间。避难间除应符合上述规定外，尚应符合下列规定：① 避难间的使用面积应按每个护理单元不小于25.0m² 确定；②当电梯前室内有1部及以上病床兼作消防电梯时，可利用电梯前室作为避难间。

4.6 安全疏散规范

4.6.1 一般要求

1. 民用建筑应根据其建筑高度、规模、使用功能和耐火等级等因素合理设置安全疏散和避难设施。安全出口和疏散门的位置、数量、宽度及疏散楼梯间的形式，应满足人员安全疏散的要求。

2. 建筑内的安全出口和疏散门应分散布置，且建筑内每个防火分区或一个防火分区的每个楼层、每个住宅单元每层相邻两个安全出口以及每个房间相邻两个疏散门最近边缘之间的水平距离不应小于5m。

3. 建筑的楼梯间宜通至屋面，通向屋面的门或窗应向外开启。

4. 自动扶梯和电梯不应计作安全疏散设施。

5. 除人员密集场所外，建筑面积不大于500m²、使用人数不超过30人且埋深不大于10m的地下或半地下建筑(室)，当需要设置2个安全出口时，其中一个安全出口可利用直通室外的金属竖向梯。

6. 除歌舞娱乐放映游艺场所外，防火分区建筑面积不大于200m²的地下或半地下设备间、防火分区建筑面积不大于50m²且经常停留人数不超过15人的其他地下或半地下建筑(室)，可设置1个安全出口或1部疏散楼梯。

7. 直通建筑内附设汽车库的电梯，应在汽车库部分设置电梯候梯厅，并应采用耐火极限不低于2.00h的防火隔墙和乙级防火门与汽车库分隔。

8. 高层建筑直通室外的安全出口上方，应设置挑出宽度不小于1.0m的防护挑檐。

4.6.2 公共建筑

公共建筑内每个防火分区或一个防火分区的每个楼层，其安全出口的数量应经计算确定，且不应少于2个。符合下列条件之一的公共建筑，可设置1个安全出口或1部疏散楼梯，如表4-1所示。

1. 除托儿所、幼儿园外，建筑面积不大于200m²且人数不超过50人的单层公共建筑或多层公共建筑的首层。

2. 除医疗建筑，老年人建筑，托儿所、幼儿园的儿童用房，儿童游乐厅等儿童活动场所和歌舞娱乐放映游艺场所等外，符合规定的公共建筑。

表 4-1　可设置 1 部疏散楼梯的公共建筑

耐火等级	最多层数	每层最大建筑面积(m^2)	人数
一、二级	3 层	200	第二、三层的人数之和不超过 50 人
三级	3 层	200	第二、三层的人数之和不超过 25 人
四级	2 层	200	第二层人数不超过 15 人

二级耐火等级公共建筑内的安全出口全部直通室外确有困难的防火分区，可利用通向相邻防火分区的甲级防火门作为安全出口，但应符合下列要求：

1. 利用通向相邻防火分区的甲级防火门作为安全出口时，应采用防火墙与相邻防火分区进行分隔。

2. 建筑面积大于 $1000m^2$ 的防火分区，直通室外的安全出口不应少于 2 个；建筑面积不大于 $1000m^2$ 的防火分区，直通室外的安全出口不应少于 1 个。

3. 该防火分区通向相邻防火分区的疏散净宽度不应大于其规范规定总净宽度的 30%，建筑各层直通室外的安全出口总净宽度不应小于按照本规范规定计算所需疏散总净宽度。

4. 高层公共建筑的疏散楼梯，当分散设置确有困难且从任一疏散门至最近疏散楼梯间入口的距离不大于 10m 时，可采用剪刀楼梯间，但应符合下列规定：

(1)楼梯间应为防烟楼梯间。

(2)梯段之间应设置耐火极限不低于 100h 的防火隔墙。

(3)楼梯间的前室应分别设置。

5. 设置不少于 2 部疏散楼梯的一、二级耐火等级公共建筑，如顶层局部升高，当高出部分的层数不超过 2 层、人数之和不超过 50 人且每层建筑面积不大于 $200m^2$ 时，高出部分可设置 1 部疏散楼梯，但至少应另外设置 1 个直通建筑主体上人平屋面的安全出口，且上人屋面应符合人员安全疏散的要求。

6. 一类高层公共建筑和建筑高度大于 32m 的二类高层公共建筑，其疏散楼梯应采用防烟楼梯间。裙房和建筑高度不大于 32m 的二类高层公共建筑，其疏散楼梯应采用封闭楼梯间。注：当裙房于高层建筑主体之间所设置的防火墙时，裙房的疏散楼梯可按本规范有关单、多层建筑的要求确定。

7. 下列多层公共建筑的疏散楼梯，除与敞开式外廊直接相连的楼梯间外，均应采用封闭楼梯间：

(1)医疗建筑、旅馆、老年人建筑及类似使用功能的建筑。

(2)设置歌舞娱乐放映游艺场所的建筑。

(3)商店、图书馆、展览建筑、会议中心及类似使用功能的建筑。

(4)6 层及以上的其他建筑。

8. 公共建筑内的客、货电梯宜设置电梯候梯厅，不宜直接设置在营业厅、展览厅、多功能厅等场所内。

9. 公共建筑内房间的疏散门数量应经计算确定且不应少于 2 个。除托儿所、幼儿园、老年人建筑、医疗建筑、教学建筑内位于走道尽端的房间外，符合下列条件之一的房间可设 1 个疏散门：

(1)位于两个安全出口之间或袋形走道两侧的房间，对于托儿所、幼儿园、老年人建筑，

建筑面积不大于 $50m^2$；对于医疗建筑、教学建筑，建筑面积不大于 $75m^2$；对于其他建筑或场所，建筑面积不大于 $120m^2$。

(2)位于走道尽端的房间，建筑面积小于 $50m^2$ 且疏散门的净宽度不小于 0.90m，或由房间内任一点至疏散门的直线距离不大于 15m、建筑面积不大于 $200m^2$ 且疏散门的净宽度不小于 1.40m。

(3)歌舞娱乐放映游艺场所内建筑面积不大于 $50m^2$ 且经常停留人数不超过 15 人的厅、室。

10. 剧场、电影院、礼堂和体育馆的观众厅或多功能厅，其疏散门的数量应经计算确定且不应少于 2 个，并应符合下列规定：

(1)对于剧场、电影院、礼堂的观众厅或多功能厅，每个疏散门的平均疏散人数不应超过 50 人；当容纳人数超过 2000 人时，其超过 2000 人的部分，每个疏散门的平均疏散人数不应超过 400 人。

(2)对于体育馆的观众厅，每个疏散门的平均疏散人数不宜超过 400 人、700 人。

知识拓展

1. 某市一栋地标性办公楼地上 108 层、地下 7 层，建筑高度为 528m，总建筑面积为 $43700000m^2$，耐火等级一级，屋顶设有直升机停机坪，共设置 8 个避难层，避难层相关信息如图 4－19 所示。该办公楼地下七层至地上十七层的各层建筑面积均大于 $4500m^2$，均设置三台消防电梯；地上十八层至地上一百零八层的每层建筑面积均为 $1500500m^2$，均设置两台消防电梯，如图 4－19 所示。该办公楼按有关国家工程建设消防技术标准配置了室内外消火栓给水系统、自动喷水灭火系统和火灾自动报警系统等消防设施及器材。

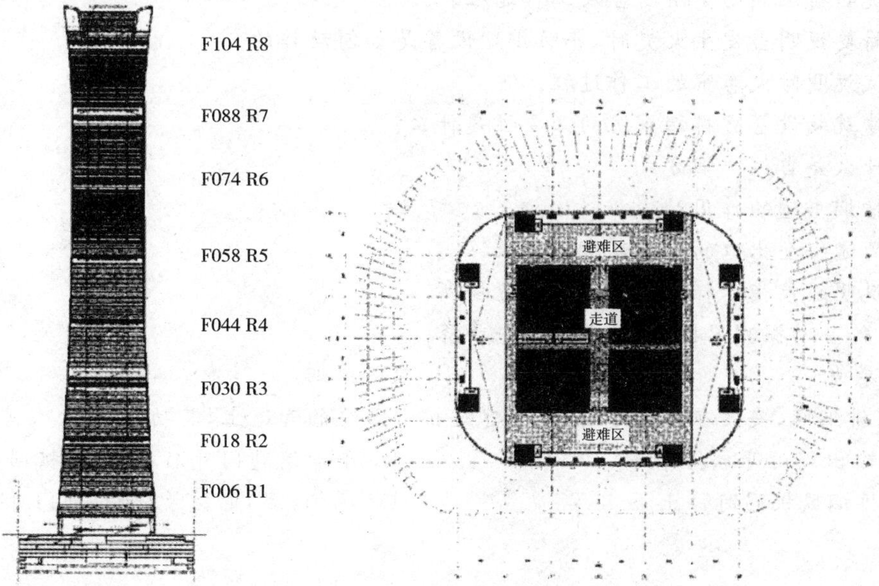

图 4－19　避难层布置图

(1)该办公楼位于地上104层的避难层按设计要求应满足3人避难的要求,该避难层的净面积不宜小于(　　)m^2。

A. 60　　B. 50　　C. 70　　D. 80

(2)消防电梯间与防烟楼梯间合用前室的门应采用(　　)

A. 乙级防火门或具有停滞功能的防火卷帘B. 具有停滞功能的防火卷帘

C. 乙级防火门　　D. 甲级防火门

(3)通向避难层的防烟楼梯应在避难层(　　),但人员均必须经避难层方能上下。

A. 同层错位或上下层断开　　B. 分隔和同层错位

C. 分隔、同层错位或上下层断开　　D. 分隔和上下层断开

(4)避难层应设有应急广播和应急照明,其供电时间不应小于(　　)h,照度不应低于1lx。

A. 2.0　　B. 1.50　　C. 1.0　　D. 0.50

2. 某单元式住宅,地上19层,建筑高度为59m,总建筑面积为15000m^2,首层设有商业服务网点,地上二层及以上层为住宅。

(1)该建筑疏散楼梯的最小净宽度应为多少?

(2)该建筑内煤气管道能否局部穿越楼梯间,如果可以,应采取何种措施?

(3)该建筑应采用何种形式的疏散楼梯间?

本章思考题

1. 简单介绍机械排烟系统的组成。
2. 说明排烟阀的使用场合及工作过程。
3. 简要说明当发生火灾时,各防排烟设备是如何动作的。
4. 试说明防火卷帘的工作过程。
5. 建筑物设置防排烟系统的必要性是什么?
6. 什么是自然排烟方式?
7. 挡烟垂壁的作用?
8. 简述安全出口的定义及数量要求。
9. 说明疏散指示标志的间距及设置场所。
10. (　　)探测器报警,防火卷帘一步降。

A. 感光　　B. 感温　　C. 感烟

11. 排烟阀,安装在高层建筑、地下建筑排烟系统的管道上,其功能是(　　)。

A. 输出阀门开启信号　　B. 手动使阀门开启,排烟风机同时启动

C. 排烟风机同时停止　　D. 感烟(温)电信号联动,阀门开启

第5章　消防系统的供电、安装、布线与调试

本章导读

本章主要介绍了消防系统的供电特点，消防控制室设备、火灾探测器及报警附件的安装方法，消防布线要求与接地方法，消防系统的调试方法。通过本章的学习，掌握消防设备的安装与调试方法，能熟练进行消防系统的布线与接地。

5.1　消防系统的供电

5.1.1　消防系统供电要求

建筑物中火灾自动报警及消防设备联动控制系统的工作特点是连续、不间断。为了保证消防系统的供电可靠性及配线的灵活性，根据《建筑设计防火规范》和《高层民用建筑设计防火规范》应满足下列要求：

(1)火灾自动报警系统应设有主电源和直流备用电源。

(2)火灾自动报警系统的主电源应采用消防电源，直流备用电源宜采用火灾报警控制器专用蓄电池。当直流电源采用消防系统集中设置的蓄电池时，火灾报警控制器应采用单独的供电回路，并能保证消防系统处于最大负荷状态下不影响报警器的正常工作。

(3)火灾自动报警系统中的CRT显示器、消防通信设备、计算机管理系统、火灾广播等的交流电源应由UPS装置供电。其容量应按火灾报警器在监视状态下工作24h后，再加上同时有两个分路报火警30min的用电量之和来计算。

(4)消防控制室、消防水泵、消防电梯、防排烟设施、自动灭火装置、火灾自动报警系统、火灾应急照明和电动防火卷帘、门窗、阀门等消防用电设备，一类建筑应按现行国家电力设计规范规定的一类负荷要求供电；二类建筑的上述消防用电设备，应按二级负荷的两回线要求供电。

(5)消防用电设备的两个电源或两回线路，应在最末一级配电箱处自动切换。

(6)对容量较大或较集中的消防用电设施(如消防电梯、消防水泵等)应自配电室采用放射式供电。

(7)对于火灾应急照明、消防联动控制设备、报警控制器等设施，若采用分散供电时，在各层(或最多不超过3～4层)应设置专用消防配电箱。

(8)消防联动控制装置的直流操作电压，应采用24V。

(9)消防用电设备的电源不应装设漏电保护开关。

(10)消防用电的自备应急发电设备,应设有自动启动装置,并能在15s内供电,当由市电转换到柴油发电机电源时,自动装置应执行先停后送程序,并应保证一定时间间隔。

(11)在设有消防控制室的民用建筑工程中,消防用电设备的两个独立电源(或两回线路),宜在下列场所的配电箱处自动切换:

① 消防控制室;

② 消防电梯机房;

③ 防排烟设备机房;

④ 火灾应急照明配电箱;

⑤各楼层配电箱;

⑥消防水泵房。

5.1.2 消防设备供电系统

消防设备供电系统应能充分保证设备的工作性能,当发生火灾时能充分发挥消防设备的功能,将火灾损失降到最小。这就要求对电力负荷集中的高层建筑或一、二级电力负荷(消防负荷)一般采用单电源或双电源的双回路供电方式,用两个10kV的电源进线和两台变压器构成消防主供电电源。

1. 一类建筑消防供电系统

一类建筑(一级消防负荷)的供电系统如图5-1所示。图5-1(a)中的供电系统采用不同电网构成双电源,两台变压器互为备用,单母线分段提供消防设备用电源;图5-1(b)中的供电系统采用同一电网双回路供电,两台变压器互为备用,单母线分段,设置柴油发电机组作为应急电源向消防设备供电,与主供电电源互为备用,满足一级负荷的要求。

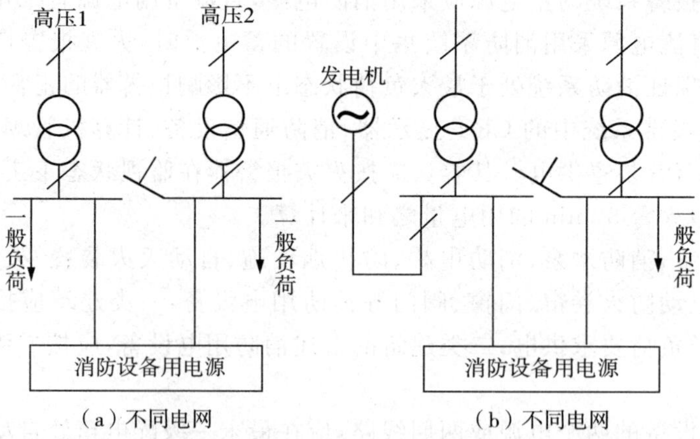

图5-1 一类建筑消防供电系统

2. 二类建筑消防供电系统

二类建筑(二级消防负荷)的供电系统如图5-2所示。从图5-2(a)中可知,外部引来的一路低压电源与本部门电源(自备柴油发电机组)互为备用,给消防设备提供电源;图5-2(b)是双回路供电系统,可满足二级负荷的要求。

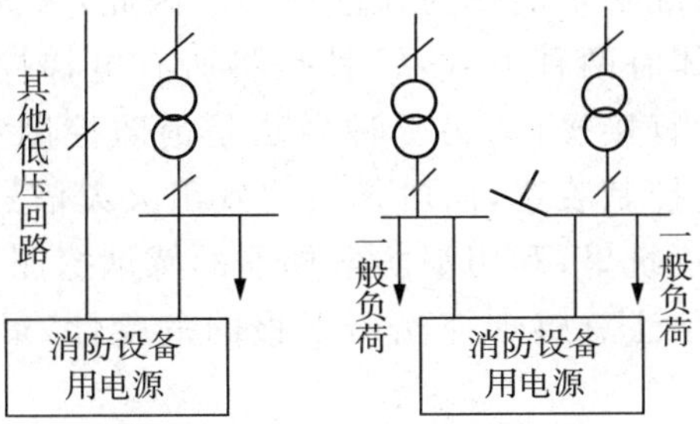

（a）一路为低压电源　　（b）双回路电源

图 5－2　二类建筑消防供电系统

5.1.3　备用电源的自动投入

备用电源的自动投入装置（BZT）可使两路供电互为备用，也可用于主供电电源与应急电源（如柴油发电机组）的连接和应急电源自动投入。

1. 备用电源自动投入线路组成

如图 5－3 所示，由两台变压器，KM1、KM2、KM3 三只交流接触器，自动开关 QF，手动开关 SA1、SA2、SA3 组成。

2. 备用电源自动投入原理

正常情况下，两台变压器分列运行，自动开关 QF 处于闭合状态，将 SA1、SA2 先合上后，再合上 SA3，接触器 KM1、KM2 线圈通电闭合，KM3 线圈断电触头释放。若Ⅰ段母线失压（或 1 号回路掉电），KM1 失电断开，KM3 线圈通电其常开触头闭合，使Ⅰ段母线通过Ⅱ段母线接受 2 号回路电源供电，以实现自动切换。

应当指出：两路电源在消防电梯、消防泵等设备端实现切换（末端切换）常采用备用电源自动投入装置。

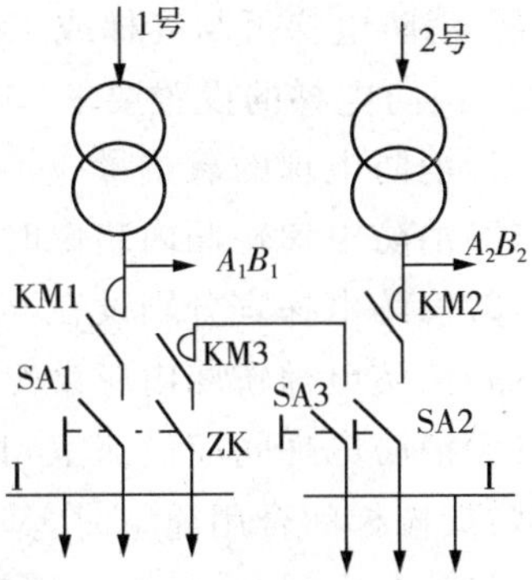

图 5－3　电源自动投入装置接线

5.1.4　消防电梯

消防电梯是高层建筑特有的消防设施。高层建筑的工作电梯在发生火灾时，常常因为断电和不防烟等原因而停止使用，这时楼梯则成为垂直疏散的主要设施。如果不设置消防电梯，一旦高层建筑高处着火，消防队员若靠攀爬楼梯进行扑救，会因体力不支和运送困难而贻误时机；且消防队员经楼梯奔向着火部位进行扑救，势必和向下疏散的人员产生"对撞"情况，也会延误时机；另外未疏散出来的楼内受伤人员不能利用消防电梯进行及时抢救，容易造成不应有的伤亡事故。因此，必须设置消防电梯，以控制火势蔓延和为扑救赢得时间。

1. 电梯运行盘及其控制

消防控制室在确认火灾后，应能控制电梯全部降至首层，并接收反馈信号。电梯是高层建筑纵向交通的工具，消防电梯是火灾时供消防人员扑救火灾和营救人员使用的；火灾时，普通电梯在没有特殊情况下不能作为疏散使用。因此，火灾时对电梯的控制一定要安全可靠。对电梯的控制具体有两种方式：一种是将所有电梯控制显示的副盘设在消防控制室，消防值班人员可随时直接操作；另一种做法是消防控制室自行设计电梯控制装置，火灾时，消防值班人员通过控制装置，向电梯机房发出火灾信号和强制电梯全部降至首层的指令。在一些大型公共建筑里，利用消防电梯前的感烟探测器直接联动控制电梯，这也是一种控制方式。但是必须注意感烟探测器误报的危险性，最好还是通过消防中心进行控制。

2. 消防电梯的设置场所及数量

(1)消防电梯的设置场所

① 一类公共建筑。

② 塔式住宅。

③ 12层及12层以上的单元式住宅、相通廊式住宅。

④ 高度超过32m的其他二类公共建筑。

(2)消防电梯的设置数量

① 当每层建筑面积不大于1500m^2时，应设1台。

② 当大于1500m^2但小于或等于4500m^2时，应设2台。

③ 当大于4500m^2时，应设3台。

④ 消防电梯可与客梯或工作电梯兼用，但应符合消防电梯的要求。

3. 消防电梯的设置要求

(1)消防电梯的载重量应不小于800kg。

(2)消防电梯轿厢内装修时应采用非燃材料。

(3)消防电梯宜分别设在不同的防火分区内。

(4)消防电梯轿厢内应设专用电话，并应在首层设供消防队员专用的操作按钮。

(5)消防电梯间应设前室，其面积：居住建筑应不小于4.5m^2，公共建筑应不小于6m^2。当与防烟楼梯间合用前室时，其面积：居住建筑应不小于6m^2；公共建筑应不小于10m^2。

(6)消防电梯井、机房与相邻其他电梯井、机房之间应采用耐火极限不低于2h的隔墙隔开，当在隔墙上开门时，应设甲级防火门。

(7)消防电梯间前室宜靠外墙设置，在首层应设直通外室的出口或经过长度不超过30m的通道通向室外。

(8)消防电梯间前室的门，应采用乙级防火门或具有停滞功能的防火卷帘。

(9)消防电梯的行驶速度，应按从首层到顶层的运行时间不超过60s计算确定。

(10)动力与控制电缆、电线应采取防水措施；消防电梯间前室门口宜设挡水设施。消防电梯的井底应设排水设施，排水井容量应不小于2.00m^3，排水泵的排水量应不小于10L/s。

4. 消防电梯的控制

消防电梯在火灾状态下应能在消防控制室和首层电梯门厅处明显的位置设有控制归底的按钮。在消防联动控制系统设计时，常用总线或多线控制模块来完成此项功能。消防电梯控制系统的结构如图5-4所示。

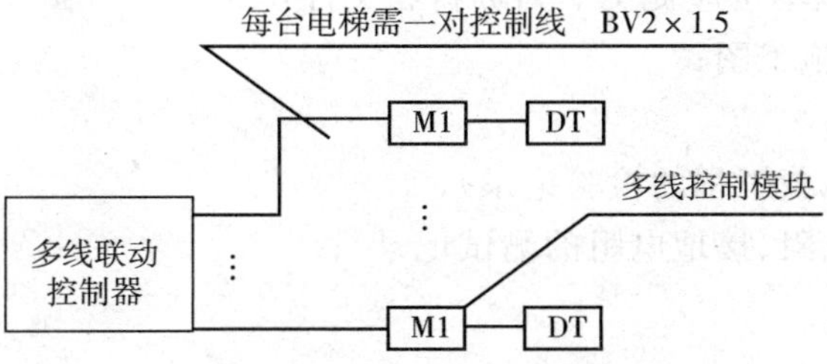

（a）消防电梯多线制控制系统

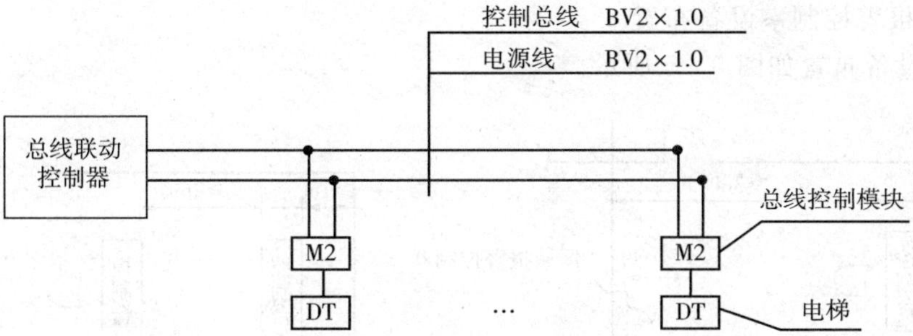

（b）消防电梯总线制控制系统

图 5－4　消防电梯控制系统

5.2　消防设备的安装

为了确保消防系统的正常运行，并提高其可靠性，不仅要合理地设计，还需要正确地安装、操作及维护。不管设备如何先进、设计如何完善、设备选择如何正确，假若安装不合理、管理不完善或操作不当，仍然会经常发生误报或漏报，容易造成建筑物内管理的混乱或贻误灭火时机。

消防系统的安装，一般有如下要求：

(1)消防系统的施工专业性很强，为了保证安装质量，确保安装后能正常运行，施工安装必须经有批准权限的公安消防监督机构批准，并由有许可证的安装单位承担。

(2)安装单位应按设计图纸施工，如需修改应征得原设计单位的同意，并有文字批准手续。

(3)消防系统的安装应符合《火灾自动报警系统安装使用规范》的规定，并满足设计图纸和设计说明书的要求。

(4)消防设备应选用经国家消防电子产品质量监督检验测试中心检测合格的产品。

(5)火灾探测器、手动报警按钮、报警控制器及其他消防设备，安装前均应妥善保管，防止受潮受腐蚀及其他损坏，安装时应避免机械损伤。

(6)施工单位在施工前应有平面图、系统图、安装尺寸图、接线图及一些必要的设备安装技术文件。

(7)系统安装完毕后，安装单位应提交下列资料和文件：

① 变更设计部分的实际施工图；

② 变更设计的证明文件；

③ 安装技术记录(包括隐蔽工程的检验记录)；

④ 检验记录(包括绝缘电阻、接地电阻的测试记录)；

⑤安装竣工报告。

5.2.1 消防控制室设备的安装

1. 消防报警控制室设备布置

控制室设备布置如图 5-5 所示。

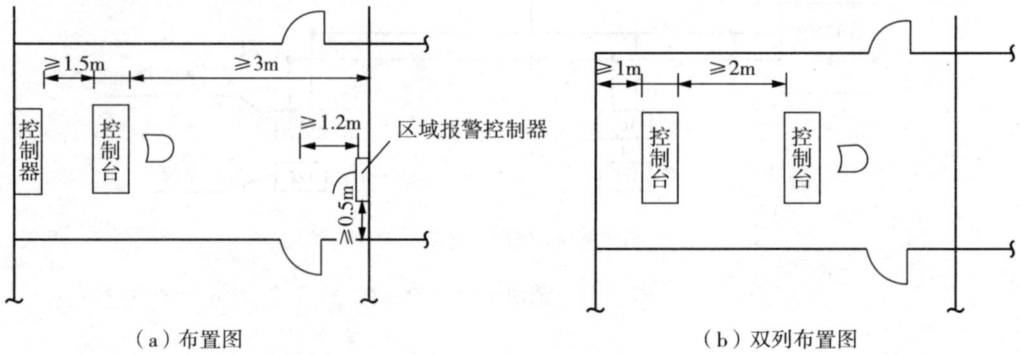

图 5-5 消防控制室设备布置示意图

(1)壁挂式设备靠近门轴的侧面距离不应小于 0.5m。

(2)控制盘的排列长度大于 4m 时，控制盘两端应设置宽度不小于 1m 的通道。

2. 火灾报警控制器的安装

(1)火灾报警控制器在墙上安装时，其底边距地(楼)面高度不应小于 1.5m。

(2)控制器应安装牢固，不得倾斜；安装在轻质墙上时，应采取加固措施。

(3)引入控制器的电缆导线，应能够符合下列要求：

① 配线整齐，避免交叉并应固定牢靠。

② 电缆芯线和所配导线的端部，均应标明编号，并与图纸一致，字迹清晰不易褪色。

③ 端子板的每个接线端，接线不得超过 2 根。

④ 电缆芯和导线，应留不小于 20cm 的余量。

⑤导线应绑扎成束。

⑥在进线管处应封堵。

(4)控制器的主电源引入线，应直接与消防电源连接，严禁使用电源插头，主电源应有明显标志。

(5)控制器的接地、应牢固，并有明显标志。

3. 消防控制设备的安装

(1)消防控制设备在安装前应进行功能检查，不合格者不得安装。

(2)消防控制设备的外接导线,当采用金属软管作套管时,其长度不宜大于 2m,且应采用管卡固定,其固定点间距不应大于 0.5m;金属软管与消防控制设备的接线盒(箱),应采用锁紧螺母固定,并应根据配管规定接地。

(3)消防控制设备外接导线和端部,应有明显标志。

(4)消防控制设备盘(柜)内不同电压等级、不同电流类的端子,应分开并有明显标志。

5.2.2　火灾探测器的安装

1. 常用火灾探测器的安装

(1)探测器的安装

探测器安装方式如图 5-6 所示。

接线盒可采用 86H50 型标准预埋盒,DZ-02 探测器通用底座示意图如图 5-7 所示。底座上有 4 个导体片,片上带接线端子,底座上不设定位卡,便于调整探测器报警指示灯的方向。预埋管内的探测器总线分别接在任意对角的二个接线端子上(不分极性),另一对导体片用来辅助固定探测器。待底座安装牢固后,将探测器底部对正底座顺时针旋转,即可将探测器安装在底座上。

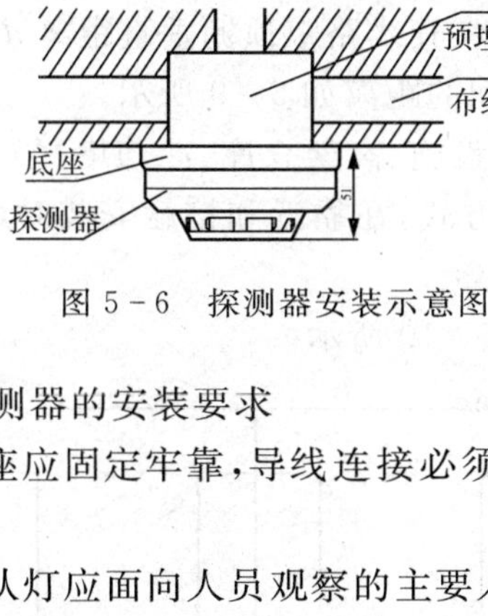

图 5-6　探测器安装示意图

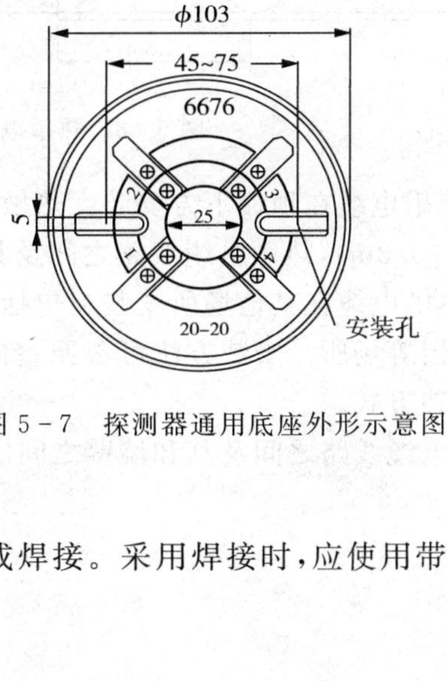

图 5-7　探测器通用底座外形示意图

(2)探测器的安装要求

① 底座应固定牢靠,导线连接必须可靠压接或焊接。采用焊接时,应使用带防腐剂的助焊剂。

② 确认灯应面向人员观察的主要入口方向。

③ 导线应采用红蓝导线。

④ 探测器底座的外接导线,应留有不小于 15cm 的余量,接入端子处应有明显标志。

⑤探测器底座的穿线宜封堵,安装完毕后的探测器底座应采取保护措施(以防进水或污染)。

⑥探测器在即将调试时方可安装,在安装前妥善保管,并应采取防尘、防腐、防潮措施。

2. 线型感温探测器的安装

(1)线型感温探测器适用于垂直或水平电缆桥架、可燃气体、容器管道、电气装置(配电柜、变压器)等的防火保护。

(2)线型感温探测器的安装不应妨碍例行的检查及运动部件的动作。

(3)用于电气装置时应保证安全距离。

(4)应根据不同的环境温度来选择不同规格的探测器。

3. 缆式线型感温探测器的安装

缆式线型感温探测器由编码接口、终端及线型感温电缆构成。

(1)接线盒、终端盒安装在电缆隧道内或室内,固定在现场附近的墙壁上。安装于户外时,加外罩雨箱。

(2)热敏电缆安装在电缆托架或支架上,应紧贴电力电缆或控制电缆的外护套,呈正弦波方式敷设,如图5-8所示。固定卡具宜选用阻燃塑料卡具。

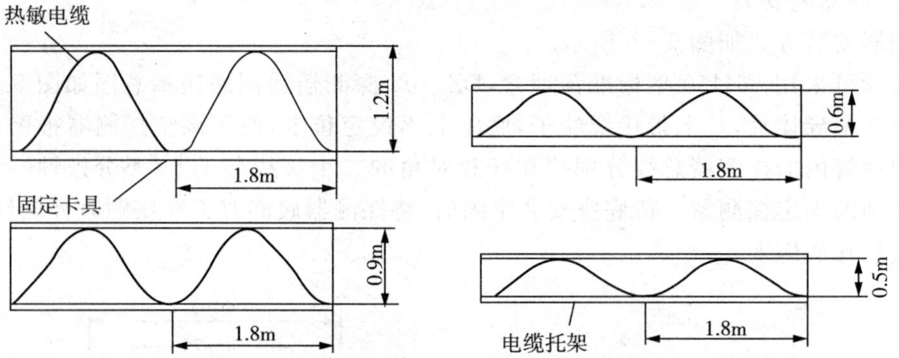

图5-8 热敏电缆在电缆托架上的敷设方式

(3)热敏电缆在顶棚下方安装。热敏电缆应安装在其线路距顶棚垂直距离 $d \leqslant 0.5$m(通常为0.2～0.3m),热敏电缆线路之间及其和墙壁之间的距离如5-9所示。

(4)热敏电缆在其他场所安装。包括安装在市政设施、高架仓库、冷却塔、袋室、沉渣室、灰尘收集器等场所。安装方法可参照室内顶棚下的方式,在靠近和接触安装时可参照电缆托架的安装方式。

热敏电缆线路之间及其和墙壁之间的距离如图5-10所示。

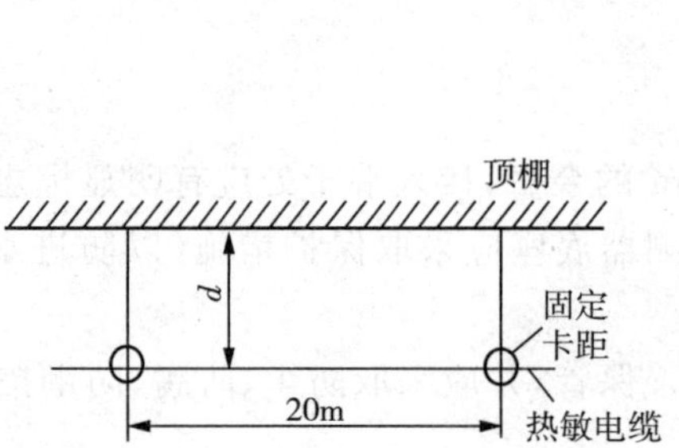

图5-9 热敏电缆在顶棚下安装

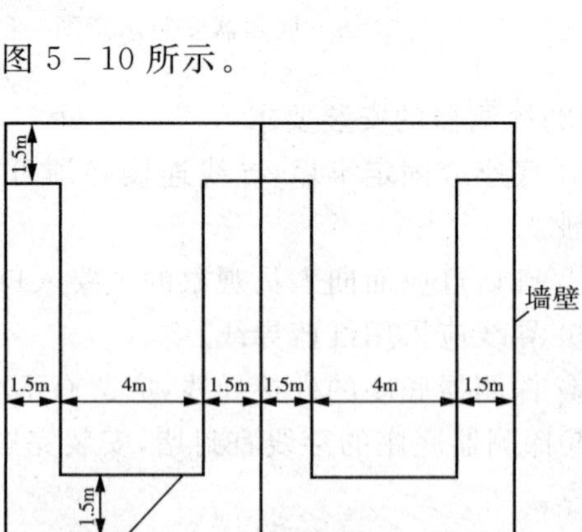

图5-10 热敏电缆线路之间及其和墙壁之间的距离

4. 空气管线型差温探测器的安装

其安装注意事项如下：

(1)安装前做空气管的流通试验。

(2)每个探测器报警区的设置必须正确，空气管的设置要有利于一定长度的空气管足以感受到温升速率的变化。

(3)每个探测器的空气管两端应接到传感元件上。

(4)同一探测器的空气管间隔应为 5～7m，当安装现场较高或热量上升后有阻碍以及顶部有横梁交叉几何形状复杂的建筑，间隔要适当减小。

(5)空气管固定在安装部位，固定点间隔在 1m 之内。

(6)空气管应安装在距安装面 100mm 处，难以达到的场所不得大于 300mm。

(7)在拐弯的部分空气管弯曲半径必须大于 5mm。

(8)安装空气管时不得使铜管扭弯、挤压、堵塞，以防止空气管功能受损。

(9)在穿通墙壁等部位时，必有保护管、绝缘套管等保护。

(10)在人字架顶棚设置时，应使其顶部空气管间隔小一些(相对下部而言)，以保证获得良好的感温效果。

(11)安装完毕后，通电监视：用 U 形水压计和空气注入器组成的检测仪进行检验。

(12)在使用过程中，非专业人员不得拆装探测器，以免损坏探测器或降低精度；另外应进行年检以确保系统处于良好的监视状态。

空气管线型差温探测器在顶棚上安装，如图 5 - 11 所示。

5. 红外光束线性火灾探测器的安装

(1)将发射器与接收器相对安装在保护空间的两端且在同一水平直线上。

(2)相邻两面束轴线间的水平距离不应大于 14m。

(3)建筑物净高 $h \leqslant 5$m 时，探测器到顶棚的距离 $h_2 = h - h_1 \leqslant 30$cm，如图 5 - 12(a)所示(顶棚为平顶棚 H 面)。

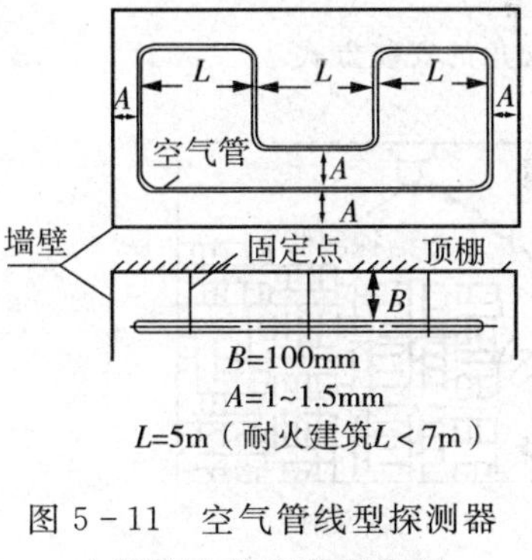

图 5 - 11　空气管线型探测器在顶棚上的安装示意图

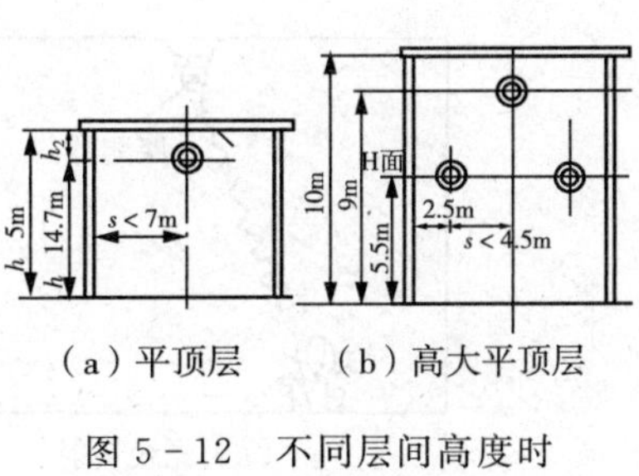

图 5 - 12　不同层间高度时探测器的安装方式

(4)建筑物净高 $5\text{m} \leqslant h \leqslant 8$m 时，探测器到顶棚的距离为 $30\text{cm} \leqslant h_2 \leqslant 150$cm。

(5)建筑物净高 $h > 8$m 时，探测器需分层安装，一般 h 为 8～14m 时，分两层安装，h 为 14～20m 时，分三层安装，如图 5 - 12(b)所示。

(6)探测器的安装位置要远离强磁场、要避免日光直射。

(7)探测器的使用环境不应有灰尘滞留。

(8)应在探测器对面空间避开遮挡物。

(9)探测器的底座一定要安装牢固,不能松动。

6. 感光探测器的安装

(1)感光探测器适用于封闭区域内易燃液体、固体等的储存加工部分。

(2)探测器与顶棚、墙体以及调整螺栓的固定应牢固,以保证透镜对准防护区域。

(3)不同产品有不同的有效视角和监视距离,如图 5-13 所示。

(4)在具有货物或设备阻挡探测器"视线"的场所,探测器靠接收火灾辐射光源动作,如图 5-14 所示。

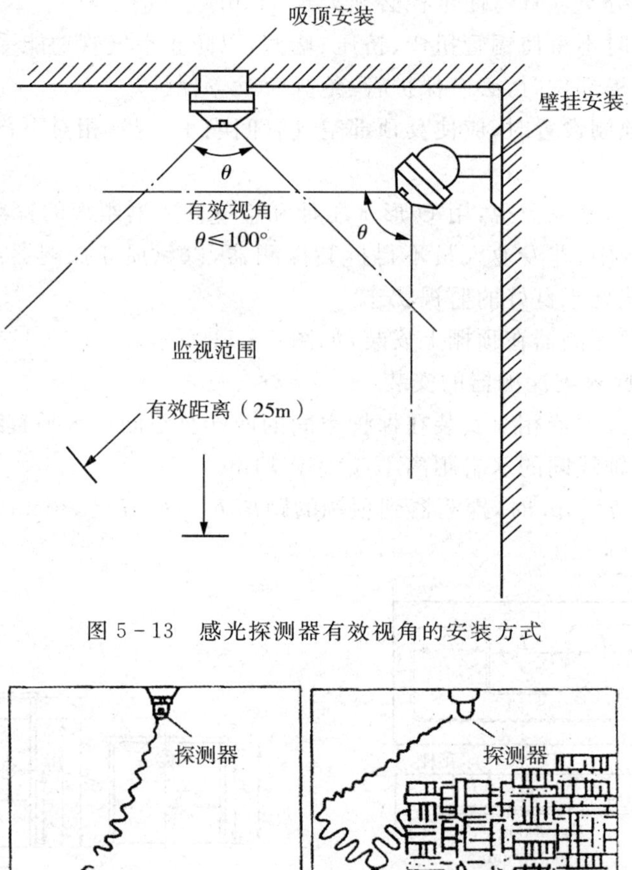

图 5-13 感光探测器有效视角的安装方式

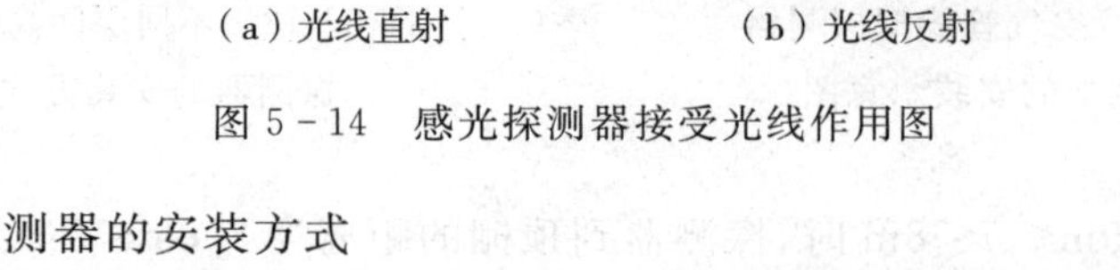

(a)光线直射 (b)光线反射

图 5-14 感光探测器接受光线作用图

7. 可燃气体探测器的安装方式

(1)可燃气体探测器应安装在距煤气灶 4m 以内,距地面应为 30cm,如图 5-15(a)所示。

(2)梁高大于 0.6m 时，气体探测器应安装在有煤气灶的梁的一侧，如图 5－15(b)所示。

(3)气体探测器应安装在距煤气灶 8m 以内的屋顶板上，当屋内有排气口时，气体探测器允许装在排气口附近，但是位置应距煤气灶 8m 以上，如图 5－15(c)所示。

(4)在室内梁上安装探测器时，探测器与顶棚距离应在 0.3m 以内，如图 5－15(d)所示。

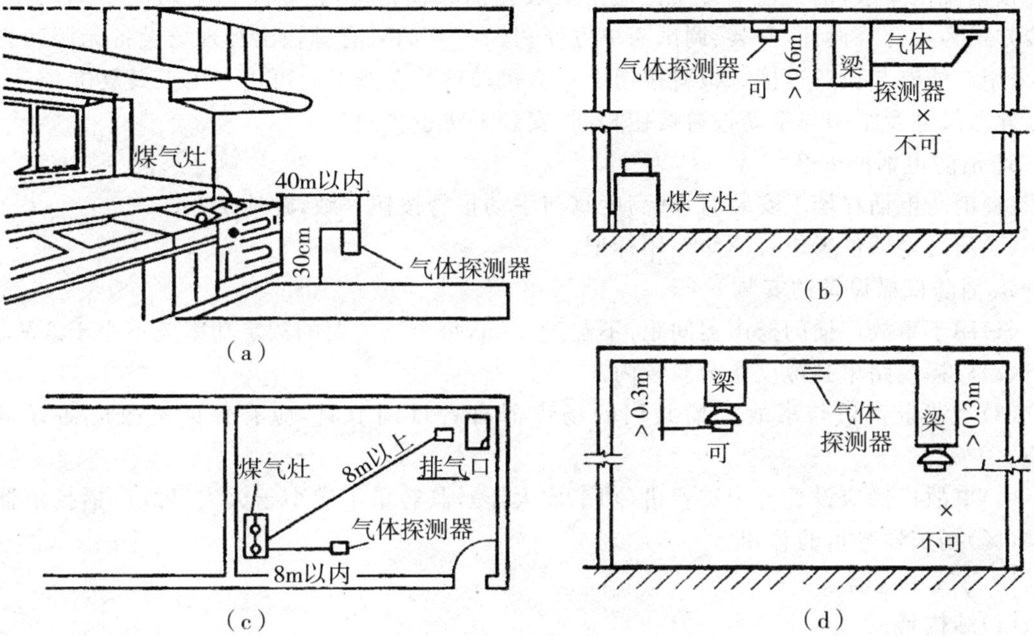

图 5－15　可燃气体探测器的安装方式

5.2.3　报警附件的安装

1. 手动报警按钮的安装

(1)安装要求

① 手动报警按钮安装高度为距地 1.5m。

② 手动报警按钮应安装牢固并不得倾斜。

③ 手动报警按钮的外接导线，应留有不小于 15cm 的余量，且在其端部有明显标志。

(2)安装方法

手动报警按钮底盒背面和底部各有一个敲落孔，可明装也可暗装，明装时可将底盒装在 86H50 预埋盒上，暗装时可将底盒装进埋入墙内的 YM－02C 型专用预埋盒内。

根据规范要求，手动报警按钮旁应设计消防电话插孔，考虑到现场实际安装调试的方便，将手动报警按钮与消防电话插座设计成一体，构成一体化手动报警按钮。按钮采用拔插式结构，可电子编码，安装简单、方便。

手动报警按钮(带消防电话插座)安装方法与上手动报警按钮相同。

2. 消火栓报警按钮的安装

(1)安装要求

① 编码型消火栓报警按钮，可直接接入控制器总线，占一个地址编码。

② 消火栓报警按钮墙上安装时，底边距地 1.3～1.5m，距消火栓箱 200mm 处。

③ 应安装牢固并不得倾斜。

④ 外接导线，应留有不小于 15cm 的余量。

(2)安装方法

根据规范要求，消火栓报警按钮通常安装在消火栓箱外，报警按钮采用电子编码技术，安装方式为拔插式设计，安装、调试简单方便；具有 DC24V 有源输出和现场设备无源回答输入，采用二线制与设备连接。报警按钮上的有机玻璃片在按下后可用专用工具复位。

外形尺寸及结构与手动报警按钮相同，安装方法也相同。

3. 消防电话的安装

(1)消防电话在墙上安装时，其高度宜与手动报警按钮一致，距地 1.5m。

(2)消防电话位置应有消防专用标记。

4. 消防广播设备的安装

(1)用于事故广播的扬声器间距，不超过 25m，每个扬声器的额定功率应不小于 3W。

(2)广播线路单独敷设在金属管内。

(3)当背景音乐与事故广播共用的扬声器有音量调节时，应有保证事故广播音量的措施。

(4)事故广播应设置备用扩音机(功率放大器)，其容量不应小于火灾事故广播扬声器的三层(区)扬声器容量的总和。

5. 总线中继器

(1)结构特征

总线中继器的外形尺寸如图 5-16 所示。

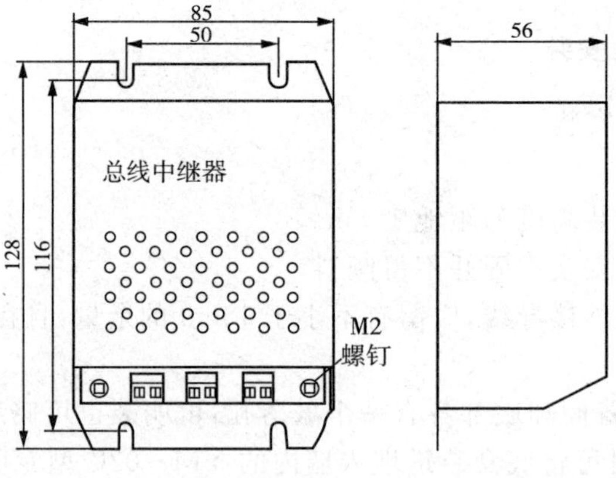

图 5-16 LD-821 总线中继器外形示意图

(2)安装方法

总线中继器采用 M3 螺钉固定，在室内墙上安装。

6. 消防联动控制现场模块(接口)的安装

消防联动控制设备均与各种现场模块相接，不同厂家的产品、不同的消防设备与现场模块的接线各有差异，安装时需综合考虑产品样本和控制功能。

5.3　消防系统的布线

5.3.1　布线与配管

(1)火灾自动报警系统的传输线路应采用铜芯绝缘导线或铜芯电缆，其电压等级不应低于交流250V，线芯最小截面一般应符合表5-1的规定。

表5-1　火灾自动报警系统所用导线最小截面积

<table>
<tr><th>类　别</th><th>线芯最小截面(mm^2)</th><th>备注</th></tr>
<tr><td>穿管敷设的绝缘导线</td><td>1.00</td><td rowspan="3"></td></tr>
<tr><td>线槽内敷设的绝缘导线</td><td>0.75</td></tr>
<tr><td>多芯电缆</td><td>0.50</td></tr>
<tr><td>由探测器到区域报警器</td><td>0.75</td><td rowspan="7">多股铜芯耐热线
单股铜芯线
控制线＞1.00m^2
控制线＞1.50m^2</td></tr>
<tr><td>由区域报警器到集中报警器</td><td>1.00</td></tr>
<tr><td>水流指示器控制线</td><td>1.00</td></tr>
<tr><td>湿式报警阀及信号阀</td><td>1.00</td></tr>
<tr><td>排烟防火电源线</td><td>1.50</td></tr>
<tr><td>电动卷帘门电源线</td><td>2.50</td></tr>
<tr><td>消火栓控制按钮线</td><td>1.50</td></tr>
</table>

(2)火灾探测器的传输线路宜采用不同颜色的绝缘导线，以便于识别，接线端子应有标号。

(3)配线中使用的非金属管材、线槽及其附件，均应采用不燃或非延燃性材料制成。

(4)火灾自动报警系统的传输线，当采用绝缘电线时，应采取穿管(金属管或不燃、难燃型硬质、半硬质塑料管)或封闭式线槽进行保护。

(5)不同电压、不同电流类别、不同系统的线路，不可共管或线槽的同一槽孔内敷设。横向敷设的报警系统传输线路，若采用穿管布线，则不同防火分区的线路不可共管敷设。

(6)消防联动控制、自动灭火控制、事故广播、通信、应急照明等线路，应穿金属管保护，并宜暗敷设在非燃烧体结构内，其保护层厚度不宜小于3cm。当必须采用明敷设时，则应对金属管采取防火保护措施。当采用具有非延燃性绝缘和护套的电缆时，可以不穿金属保护管，但应将其敷设在电缆竖井内。

(7)弱电线路的电缆宜与强电线路的电缆竖井分别设置。若因条件限制，必须合用一个电缆竖井时，则应将弱电线路与强电线路分别布置在竖井两侧。

(8)横向敷设在建筑物的暗配管，钢管直径不宜大于25mm；水平或垂直敷设在顶棚内或墙内的暗配管，钢管直径不宜大于20mm。

(9)从线槽、接线盒等处引至火灾探测器的底座盒、控制设备的接线盒、扬声器箱等的线路，应穿金属软管保护。

5.3.2 消防系统的接地

为了保证消防系统正常运行，对系统的接地有如下规定：

(1)火灾自动报警系统应在消防控制室设置专用接地板，接地装置的接地电阻值应符合下列要求：当采用专用接地装置时，接地电阻值不大于4Ω；当采用共用接地装置时，接地电阻值不应大于1Ω。

(2)火灾报警系统应设专用接地干线，由消防控制室引至接地体。

(3)专用接地干线应采用铜芯绝缘导线，其芯线截面积不应小于25mm^2，专用接地干线宜穿硬质型塑料管埋设至接地体。

(4)由消防控制室接地板引至各消防电子设备的专用接地线应选用铜芯塑料绝缘导线，其芯线截面积不应小于4mm^2。

(5)消防电子设备凡采用交流供电时，设备金属外壳和金属支架等应作保护接地，接地线应与电气保护接地干线(PE线)相连接。

(6)区域报警系统和集中报警系统中各消防电子设备的接地也应符合上述(1)～(5)条的规定。

5.4 消防系统的调试

消防系统在安装完成后便进入系统的开通调试阶段。所谓系统调试就是对已经安装完毕的各子系统，按照国家消防有关规范要求及现场实际情况，调整相关组件和设施的参数，使其性能达到国家有关消防规范及使用的要求，以便保证火灾发生时有效发挥作用。从该阶段的性质上讲分为两个阶段：

第一阶段，即各子系统单独调试。各子系统，如通风、排烟、消防水系统，分别按照国家有关消防规范对其性能、指标和参数进行调整，通过模拟火灾方式测量系统参数，直至达到规范及使用的要求。

第二阶段，在各子系统已完成调试工作后，以自动报警联动系统为中心，按照规范要求进行系统自动功能整体调试(如外部设备定义、联动编程等)。

从时间上讲，应是先完成第一阶段的调试后再进行第二阶段调试。按照这样的顺序，第一阶段是各工种根据自己的专业进行工作，既不浪费劳动力，也能为第二阶段顺利进行做好准备；第二阶段主要以电气专业为主进行联动调试，其他专业配合。第二阶段的调试过程也是检验系统在第一阶段调试中所设参数稳定性的过程。消防系统的开通调试主要有系统稳压装置的调试；室内消火栓系统的调试；自动喷淋灭火系统的调试；防排烟系统的调试；防火卷帘门的调试等。

5.4.1 消防系统稳压装置的调试

系统的稳压装置是消防水系统的一个重要设施，它是保证消火栓灭火系统和主自动喷淋系统能否达到设计和规范要求及主要设备能否满足火灾初期10min灭火的基础。在高层建筑中稳压装置有稳压水泵和气压罐给水设备等。这里主要介绍隔膜式气压给水设备的调试，其调试工作主要是对其压力值的设定，设定方式可参考以下方法。

1. 压力设置原则

压力设置的原则主要是使消防给水管道最不利点的压力始终保持防火所需的要求。

2. 消防系统最不利点所需压力 P_1 的计算

按照稳压设备安装的位置，P_1 的计算方法分以下四种：(1)安装在底层的稳压设备从水池吸水时，消火栓系统中最不利点所需压力 P_1 的计算式为：$P_1 = H_1 + H_2 + H_3 + H_4$ (mH_2O)。

式中：H_1—— 自水池最低水位至最不利点消火栓的几何高度；H_2—— 管道系统的沿程和局部压力损失之和；H_3—— 水龙带及消火栓本身的压力损失；H_4—— 水枪喷射充实水柱长度所需压力。

(2) 稳压设备安装在高位水箱间，水箱以自灌吸水方式工作时，消火栓系统压力 P_1 计算式为：$P_1 = H_3 + H_4$ (mH_2O)。

(3) 稳压设备安装在底层从水池吸水时，自动喷水灭火系统的压力 P_1 计算式为：$P_1 = \sum H + H_o + H_r + Z$ (mH_2O)。

式中：$\sum H$—— 自动喷水管道至最不利点喷头的沿程和局部压力损失之和；H_o—— 最不利点喷头的工作压力；H_r—— 报警阀的局部水头损失；Z—— 最不利点喷头与水池最低水位(或供水干管)之间的几何高度。

(4) 稳压设备安装在高位水箱间，从水箱自灌吸水且最不利点喷头低于设备时，自动喷水灭火系统的压力计算式为：$P_1 = \sum H + H_o + H_r$ (mH_2O)。

3. 消防泵启动压力 P_2 的计算

在工程中通常将 $P_2 - P_1$ 的值设定在 0.1MPa 左右。

4. 稳压泵启动压力 P_{s1} 的计算　$P_{s1} = P_2 + (0.02 \sim 0.03)$ (MPa)

5. 稳压泵停泵压力 P_{s2} 的计算　$P_{s2} = P_{s1} + (0.05 \sim 0.06)$ (MPa)

按照上述的要求设定压力，压力设定后应进行压力限位试验，观察加压水泵在压力下限时能否启泵，在达到系统设置的上限时能否停止。

5.4.2 室内消火栓系统的调试

这里所指的消火栓系统仅以高层建筑室内消火栓系统为例加以说明，且该室内消火栓系统的稳压装置是采用隔膜式气压罐给水装置。该系统调试时应按照以下步骤进行。

1. 系统的水压强度试验

消火栓系统在完成管道及组件安装后，应首先进行水压强度试验。水压强度试验的压力值应按照下列方式设定：当系统设计压力等于或小于 1.0MPa 时，水压强度试验压力为设计工作压力的 1.5 倍，并不应低于 1.4MPa；当系统设计工作压力大于 1.0MPa 时，水压强度试验压力应为工作压力加上 0.4MPa。

做水压试验时应考虑试验时的环境温度，如果环境温度低于 5℃时，水压试验应采取防冻措施。

水压强度试验的测试点应设在系统管网的最低点。对管网注水时，应将管网内的空气排净，并缓慢升压，达到试验压力后稳压 30min，观察管网应无泄漏、无变形，且压力降不应大于 0.05MPa。

2. 消火栓系统水压严密性试验

消火栓系统在进行完水压强度试验后应进行系统水压严密性试验。试验压力应为设计工作压力，稳压为 24h，应无泄漏。

3. 系统工作压力设定

消火栓系统在系统水压和严密性试验结束后，进行稳压设施的压力设定，稳压设施的稳压值应保证最不利点消火栓的静压力值满足设计要求。当设计无要求时，使不利点消火栓的静压力应不小于 0.2MPa。

4. 静压测量

当系统工作压力设定后，下一步是对室内消火栓系统内的消火栓栓口静水压力和消火栓栓口的出水压力进行测量。静水压力不应大于 0.80MPa，出水压力不应大于 0.50MPa。

当测量结果大于以上数值时应采用分区供水或增设减压装置(如减压阀等)，使静水压力和出水压力满足要求。

5. 消防泵的调试

上述调试工作结束后开始进行消防泵的调试。

在消防泵房内通过开、闭有关阀门将消防泵出水和回水构成循环回路，保证实验时启动消防泵不会对消防管网造成超压。

以上工作完成后，将消防泵控制装置转入到手动状态，通过消防泵控制装置的手动按钮启动主泵，用钳型电流表测量启动电流，用秒表记录水泵从启动到正常出水运行的时间，该时间不应大于 5min，如果启动时间过长，应调节启动装置内的时间继电器，减少降压过程的时间。

主泵运行后观察主泵控制装置上的启动信号灯是否正常，水泵运行时是否有周期性噪声发出，水泵基础连接是否牢固，通过转速仪测量实际转速是否与水泵额定转速一致，通过消防泵控制装置上的停止按钮停止消防泵。

利用上述方法调试备用泵，并在主泵故障时备用泵应自动投入。

以上工作完成后，将消防泵控制装置转入到自动状态。因为消防泵本身属于重要被控设备，所以一般需要进行两路控制，即总线制控制(通过编码模块)和多线制直接启动。所以调试该设备要从这两方面入手。总线制调试可利用 24V 电源带动相应继电器线圈，观察主继电器是否吸合，同时用万用表测量消防泵控制柜中相应的泵运行信号回答端子(无源)是否导通；多线制直接启动调试可利用短路线短接消防泵远程启动端子(注意强电 220V)，观察主继电器是否吸合，同时用万用表测量泵直接启动信号端子(无源或有源 220V)，观察是否导通。

对双电源自动切换装置实施自动切换，测量备用电源相序是否与主电源相序相同。利用备用电源切换时消防泵应在 1.5min 内投入正常运行。

6. 最不利点消火栓充实水柱的测量

当消火栓系统的静压值经调整测量符合要求后，下一步就是要进行最不利点消火栓充实水柱的测量。

打开试验消火栓，接好水带、水枪，启动消防泵。当消火栓出水稳定后测量充实水柱长度是否满足下列要求：

① 当建筑物高度不超过100m时充实水柱长度应不小于10m；

② 当建筑物高度超过100m时充实水柱长度应不小于13m。

应当指出，这里所指的启动消防泵是指启动消火栓系统的主泵，同时自动关闭稳压装置。测量时水枪的上倾角应为45°，当测量结果满足不了要求时应校核主泵的扬程，审核设计资料。如果是泵的问题，应更换主泵并重新按照上述要求进行测量，直到满足要求为止。

5.4.3　自动喷水灭火系统的调试

自动喷水灭火系统在管网安装完毕后应按照顺序进行水压强度试验、严密性试验和冲洗管网。

1. 自动喷水灭火系统的水压强度试验

自动喷水灭火系统在进行水压强度试验前应对不能参与试压的设备、仪表、阀门及附件进行隔离或拆除。对于加设临时盲板应准确，盲板的数量、位置应确定，以便试验结束后拆除。

水压强度试验压力同消火栓系统相同，具体做法如下：

当系统设计压力等于或小于1.0MPa时，水压强度试验压力应为设计工作压力的1.5倍，并不应低于1.4MPa；当系统设计工作压力大于1.0MPa时，水压强度试验压力应为工作压力加上0.4MPa。

水压强度试验的测试点应设在系统管网的最低点。对管网注水时，应将管网内的空气排净，并应缓慢升压，达到试验压力后稳压30min，观察管网应无泄漏、无变形，且压力降不应大于0.05MPa。

水压强度试验时应考虑环境温度，如果环境温度低于5℃，水压试验应采取防冻措施。

2. 自动喷水灭火系统的水压严密性试验

自动喷水灭火系统在进行完水压强度试验后应进行系统水压严密性试验。试验压力应为设计工作压力，稳压24h，应无泄漏。

3. 管道的冲洗

管道冲洗应在试压合格后分段进行。冲洗顺序应先室外，后室内；先地下，后地上；室内部分的冲洗应按照配水干管、配水管、配水支管的顺序进行。

管网冲洗前应对系统的仪表采取保护措施，止回阀和报警阀等应拆除，冲洗工作结束后应及时复位。

管网冲洗用水应为生活用水，水流速度不宜小于3m/s，流量不宜小于表5-2所列数据。

表5-2　冲洗水流量

管道公称直径(mm)	300	250	200	150	125	100	80	65	50	40
冲洗流量(L/s)	220	154	98	58	38	25	15	10	6	4

当现场冲洗流量不能满足要求时，应按系统设计流量进行冲洗，或采用水压气动法进行

冲洗。管网冲洗应连续进行，当出口处水的颜色、透明度与入口处水的颜色一致时，冲洗方可结束。

4. 喷淋系统消防泵调试

自动喷水灭火系统上述调试工作结束后开始进行消防泵的调试。

(1)喷淋泵的手动启停试验

① 在消防泵房内通过开闭阀门将喷淋泵出水和回水构成循环回路，保证实验时启动喷淋泵不会对管网造成超压。

② 以上工作完成后，将喷淋泵控制装置投入到手动状态，通过喷淋泵控制装置手动按钮启动主泵，通过钳型电流表测量启动电流，通过秒表记录水泵从启动到正常出水运行的时间，该时间不应大于 5min。

③ 主泵运行后观察主泵控制装置上的启动信号灯是否正常，水泵运行时是否有周期性噪声发出，水泵基础连接是否牢固，通过转速仪测量实际转速是否与水泵额定转速一致，通过喷淋泵控制装置上的停止按钮停止消防泵。

④ 利用上述方法调试备用泵。

(2)备用泵自动投入试验

将喷淋泵控制装置内启动主泵的接触器的主触头电源摘除，启动主泵，观察主泵启动失败后备用泵是否自动投入启动直至正常运行。

(3)喷淋泵自动启动实验

以上工作完成后，将喷淋泵控制装置投入到自动状态。因为喷淋泵本身属于重要被控设备，所以一般需要进行两路控制，即总线制控制(通过编码模块)和多线制直接启动。所以调试该设备要从这两方面入手。总线制调试、多线制直接启动调试与“消防泵”总线制、多线制调试方法相同。

(4)备用电源切换试验

主泵运行时切断主电源，观察备用电源自动投入时，喷淋泵应在 1.5min 内投入正常运行。

5. 水流指示器的调试

水流指示器分机械式和感应式两种。启动自动喷水灭火系统的末端试水装置，通过万用表测量水流指示器输出信号端子(动作时应为导通状态)，利用秒表测量在末端试水装置放水后 5～90s 内水流指示器是否发出动作信号。如发不出动作信号，则应重新调整水流指示器的桨叶是否打开，方向是否正确，微动开关是否连接可靠，与联动机构接触是否可靠。调试工作期间系统稳压装置应正常工作。

6. 湿式报警装置的调试

湿式报警装置在系统充水结束后，阀前压力表和阀后压力表的读数应相等，表明水源压力正常，管网无漏损。打开试警铃阀观察，水力警铃应在 5～90s 内发出报警声音。用万用表测量压力开关是否有信号输出(动作时应为导通状态)，用声压计在距离水力警铃 3m 处(水力警铃喷嘴处压力不小于 0.05MPa 时)测量，其警铃声强度应不小于 70dB。

7. 信号碟阀的调试

确定信号碟阀开关是否到位、顺畅，同时在信号碟阀处于打开状态时，其电信号输出端子应为开路；当信号碟阀处于关闭状态时，其电信号回答端子应为短路。调试时可用万用表校验。

5.4.4 防排烟系统的调试

在高层建筑中，防排烟系统的调试分为正压机械送风系统的调试和机械排烟系统的调试。

1. 正压送风系统

正压送风系统主要设置在封闭楼梯间和电梯前室。正压送风系统的调试主要是正压送风机的启停和余压值的测量。首先检查风道是否畅通及有无漏风，然后把正压送风口手动打开，观察机械部分打开是否顺畅，有无卡堵现象（电气自动开启可在联动调试时进行）。在风机室手动启动风机，利用微压仪测量余压值，防烟楼梯间余压值应为40～50Pa，前室、合用前室、消防电梯前室的余压值应为25～30Pa。以上工作完成后，将送风机控制装置投入到自动状态。因为送风机本身属于重要被控设备，所以一般需要进行两路控制，即总线制控制（通过编码模块）和多线制直接启动。所以调试该设备要从两方面入手。总线制调试、多线制直接启动调试与"消防泵"总线制、多线制调试方法相同。送风阀的调试：送风阀一般情况下默认为关闭状态，动作时打开。调试时首先通过手动方式开关送风阀，观察其动作是否灵活，同时通过24V蓄电池为其启动端子供电，观察其能否打开，并用万用表测量其动作状态下电信号回答端子是否导通。防火阀的调试：防火阀一般情况下默认为打开状态，当温度升高到一定值时动作，动作时关闭。通过手动方式开关防火阀看其是否灵活顺畅，同时，在其关闭状态下用万用表测量其电信号回答端子是否导通。

2. 排烟系统

排烟系统的调试主要是进行排烟风机的调试和排烟口风速的测量（关于排烟口的自动打开、排烟风机的自动启动及防火阀动作联动风机停止等项目，在联动调试时进行）。排烟风机的调试主要是进行风机的手动启停试验和远距离启停试验，如采用双速风机应当在火灾时启动高速运行，这里只对单速风机进行调试，首先在风机室启动排烟风机，在排烟风机达到正常转速后测量该防烟分区排烟口的风速，该值宜为3～4m/s，但不应大于10m/s。在风机室手动停止排烟风机。

以上工作完成后，将排烟机控制装置投入到自动状态。因为排烟机本身属于重要被控设备，所以一般需要进行两路控制，即总线制控制（通过编码模块）和多线制直接启动。所以调试该设备要从这两方面入手。总线制调试、多线制直接启动调试与"消防泵"总线制、多线制调试方法相同。排烟阀调试：排烟阀一般情况下常闭，动作时打开。调试时首先通过手动方式开关排烟阀，看其动作是否灵活到位，同时通过24V蓄电池为其启动端子供电，看其能否打开，并用万用表测量其动作状态下电信号回答端子是否导通。

5.4.5 防火卷帘门的调试

在高层建筑内采用的防火卷帘门主要是电动防火卷帘门，以下所指均为电动防火卷帘门。

防火卷帘门的调试主要分三部分进行：(1)机械部分的调试(限位装置、手动速降装置和手动提升装置)；(2)电动部分调试(现场手动启停按钮升、降、停试验)；(3)自动功能调试(将在联动调试进行)。

1. 机械部分调试

(1)限位调整在防火卷帘门安装结束后，首先要进行的是机械部分的调整。设定限位(一步降、二步降的停止位置)位置。两步降落的防火卷帘门的一步降位置应在距地面 18m 的位置，降落到地面位置应保证帘板底边与地面最大间距不大于 20mm。

(2)手动速放装置试验

手动速放装置的试验通过手动速放装置拉链下放防火卷帘门，帘板下降顺畅，速度均匀，一步停降到底。

(3)手动提升装置试验

通过手动拉链拉起防火卷帘门，拉起全程应顺利，停止后防火卷帘门应当靠其自重下降到底。

2. 电动部分调试

通过防火卷帘门两侧安装的手动按钮升、停、降防火卷帘门，防火卷帘门应能在任意位置通过停止按钮停止防火卷帘门。

3. 自动功能调试

卷帘门自动控制方式分有源和无源启动两种。无源启动的卷帘门可利用短路线分别短接中限位和下限位的远程控制端子，观察其下落是否顺畅，悬停的位置是否准确。同时要用万用表测量中限位和下限位电信号的无源回答端子是否导通；有源启动方式的卷帘门在自动方式调试时需要 24V 电源(可用 24V 电池代替)为其远程控制端子供电以启动卷帘门，观察其下落是否顺畅，悬停的位置是否准确。同时要用万用表测量中限位和下限位的电信号的无源回答端子观察其是否导通。

5.4.6 空调机、发电机及电梯的调试

1. 空调机的电气调试

从消防电气角度讲，在发生火灾时，为避免火焰和烟气通过空调系统进入其他空间，需要立即停止空调的运行。一般情况下，除要求通过总线制控制外，有时还需要多线制直接控制，以便更可靠的将其停止。具体调试方法同送风机。

2. 发电机的电气调试

发电机的电气调试主要是看其在市电停止后能否立即自动发电，同时要求其启动回答信号能反馈到消防报警控制器上，该回答信号可通过万用表测量其电信号回答端子获得。

3. 电梯的电气调试

电梯的电气调试需要通过对其远程端子的控制，使电梯能立即降到底层，在此期间任何呼梯命令均无效。同时当其降落到底层后，相应的电信号回答端子导通，可通过万用表测量以便确认。

5.4.7 火灾自动报警及联动系统的调试

在上述各子系统的分步调试结束后，就可以进行最终的火灾自动报警及消防联动系统

的调试了，这也是整个消防系统最后的、最关键的调试。火灾自动报警及消防联动系统的调试流程大致为外部设备（探测器和模块）的编码、各类线路的测量、报警控制器内部线路的连接、设备注册、外部设备定义、手动消防启动盘的定义、联动公式的编写、报警和联动试验。以下是针对各步骤进行具体的说明。

1. 外部设备（探测器和模块）的编码

按照图纸中相应设备的编码，通过电子编码器或手动拨码方式对外部设备（探测器和模块）进行编码，同时对所编设备的编码号、设备种类及位置信息进行书面记录以防出错。原则上外部设备不允许重码。

2. 各类线路的测量

各外部设备（探测器和模块）接线编码完毕后需把各回路导线汇总到消防控制中心，通过万用表测量各报警回路和电源回路的线间及对地阻值是否符合规范要求（报警和联动总线的绝缘电阻不小于 20MΩ），符合要求后接到报警制控制器相应端子上；消防专用接地线对地电阻是否符合要求，测量合格后接到报警制控制器专用接地端子上。有条件的可采用兆欧表对未接设备的线路进行绝缘测试。同时要对控制器内部的备用电源和交流电源（测量电压范围不应超出（1＋10％）×220V）进行安装接线，以便做好开机调试前的最后准备工作。

3. 设备注册

线路连接完毕后打开消防报警控制器，对外部设备（探测器和模块）进行在线注册，并通过注册表上的外部设备数量及其具体编码来判断线路上设备的连接情况，以便指导施工人员对错误接线进行改正。

4. 外部设备定义

根据现场施工人员提供的针对每个编码设备的具体信息向报警主机内输入相关数据。这其中包括设备的类型（如感烟、感温、手报等）、对应设备的编码、对应设备具体位置的汉字注释，等等。

5. 手动消防启动盘的定义

手动消防启动盘是厂家为了方便对消防联动设备的控制，在主机上单独添加的一些手动按钮，因为其数量巨大，所以需要单独调试。该项调试完成后即可方便地对外部消防设备进行手动控制。

6. 联动程序的编写

为实现火灾发生时整个消防系统中各子系统的联动，需要依据消防规范并结合现场实际情况向报警控制器内编写相应的联动公式。因为涉及的联动公式数量较多而且相对复杂，所以需要单独调试。此项工作完成后就可实现相关设备的联动控制。

7. 报警和联动试验

以上各步分别完成后就可以进行最终的报警和联动试验。首先，按照实际的防火分区均匀地挑选 10％的报警设备（探测器和手报等）进行报警试验，观察能否按照以下的要求准确无误的报警。其具体要求是：(1)探测器报警、手报被按下，报警信息反馈到火灾报警控制器上；(2)消报被按下，动作信息反馈到火灾报警控制器上。

其次，一切正常后可通过手动消防启动盘和远程启动盘（也叫多线制控制盘）有针对性的启动相关的联动设备，看这些联动设备能否正常动作，同时观察动作设备的回答信号能否正确地反馈到火灾报警控制器上。其具体要求如下：(1)启动消防泵、喷淋泵，启动后信号是否反馈到火灾报警控制器上；(2)启动排烟机、送风机，启动后信号是否反馈到火灾报警控制器上；(3)启动排烟阀、送风阀，启动后信号是否反馈到火灾报警控制器上；(4)关闭空调机，关闭后信号是否反馈到火灾报警控制器上；(5)启动消防广播、消防电话，启动后信号是否反馈到火灾报警控制器上；(6)启动一步降或二步降卷帘门，启动后信号是否反馈到火灾报警控制器上；(7)启动切断非消防电源和迫降消防电梯，启动后信号是否反馈到火灾报警控制器上。

最后，把火灾报警控制器上的自动功能打开，分别在相应的防火分区内做报警试验，观察出现报警信息后其相应防火分区内的相应联动设备是否动作，动作后其动作回答信号能否显示到火灾报警控制器上。具体的联动要求如下：(1)探测器报警信号"或"、手动报警按钮报警信号—相应区域的讯响器报警；(2)消火栓报警按钮按下—消火栓报警按钮动作信号反馈到控制器上—启动消火栓系统消防泵—消防泵启动信号反馈到控制器上；(3)压力开关动作—压力开关动作信号反馈到控制器上—启动喷淋泵—喷淋泵启动信号反馈到控制器上；(4)探测器报警信号"或"、手动报警按钮报警信号—打开本层及相邻层正压送风阀—正压送风阀打开信号反馈到控制器上—启动正压进风机—正压送风机启动信号反馈到控制器上；(5)探测器报警信号"或"、手动报警按钮报警信号—打开本层及相邻层排烟阀—排烟阀打开信号反馈到控制器上—启动排烟机—排烟机启动信号反馈到控制器上；(6)排烟风机、正压送风机或空调机入口处的防火阀关闭—防火阀信号反馈到控制器上—停止相应区域的排烟机、正压送风机或空调机；(7)探测器报警信号"或"、手动报警按钮报警信号—打开本层及相邻层消防广播；(8)探测器报警信号"或"手动报警按钮报警信号—相应区域的防火防烟分割的卷帘门降到底—卷帘门动作信号反馈到控制器上；(9)疏散用卷帘门附近的感烟探测器报警—卷帘门一步降—卷帘门一步降动作信号反馈到控制器上；(10)疏散用卷帘门附近的感温探测器报警—卷帘门二步降—卷帘门二步降动作信号反馈到控制器上；手动报警按钮"或"、两只探测器报警信号"与"—切断非消防电源同时迫降消防电梯到首层—切断和迫降信号反馈到控制器上。以上就是对一般情况下联动关系的介绍，在实际调试中遇到特殊情况时要以消防规范和实际情况为原则进行适当调整。

知识拓展

火灾自动报警系统设施检测与验收案例分析

1. 情景描述

某购物广场地上 3 层、地下 1 层，建筑高度为 23m，是由产权式店铺为主的商场、超市、电影院组成的大型商业综合体，平面功能见表 5-3，首层平面示意图如图 5-17 所示，系统图如图 5-18 所示。

表 5－3　某购物中心平面功能表

层数	使用功能
顶层	影院夹层及其他设备用房
三层	商业店铺/电影院
二层	商业店铺/超市
一层	商业店铺/主题餐厅
地下一层	汽车库/设备用房/卸货区

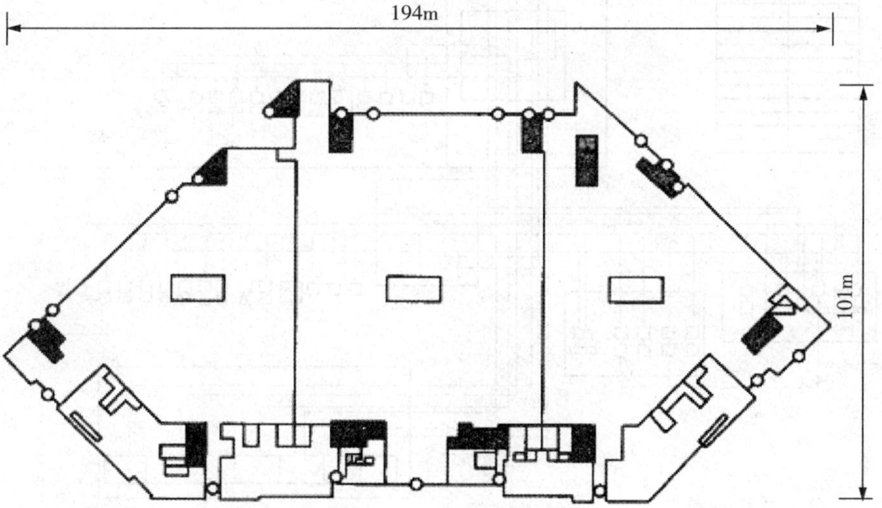

图 5－17　首层平面示意图

本建筑为一级保护对象，设有消火栓系统、自动喷水灭火系统（湿式、预作用）、机械防排烟系统、控制中心火灾自动报警系统等。建筑的火灾自动报警系统主要由火灾探测器、手动报警按钮、火灾报警控制器、消防联动控制器、消防广播、警报装置、消防电话等组成。消防控制室内设有火灾报警控制器、消防联动控制器、消防控制室图形显示装置、消防应急广播设备、消防专用电话设备等。

火灾探测器采用了点型感烟火灾探测器、点型感温火灾探测器、线型光束感烟火灾探测器。点型感烟火灾探测器主要设置在商场、办公室、机房、设备用房等独立房间内和走道；点型感温火灾探测器主要设置在汽车库、厨房等处；线型光束感烟火灾探测器设置在中庭。

2. 案例说明

本案例包含和涉及下列内容：

（1）点型感烟探测器检测要求与方法。

（2）点型感温探测器检测要求与方法。

（3）手动报警按钮检测要求与方法。

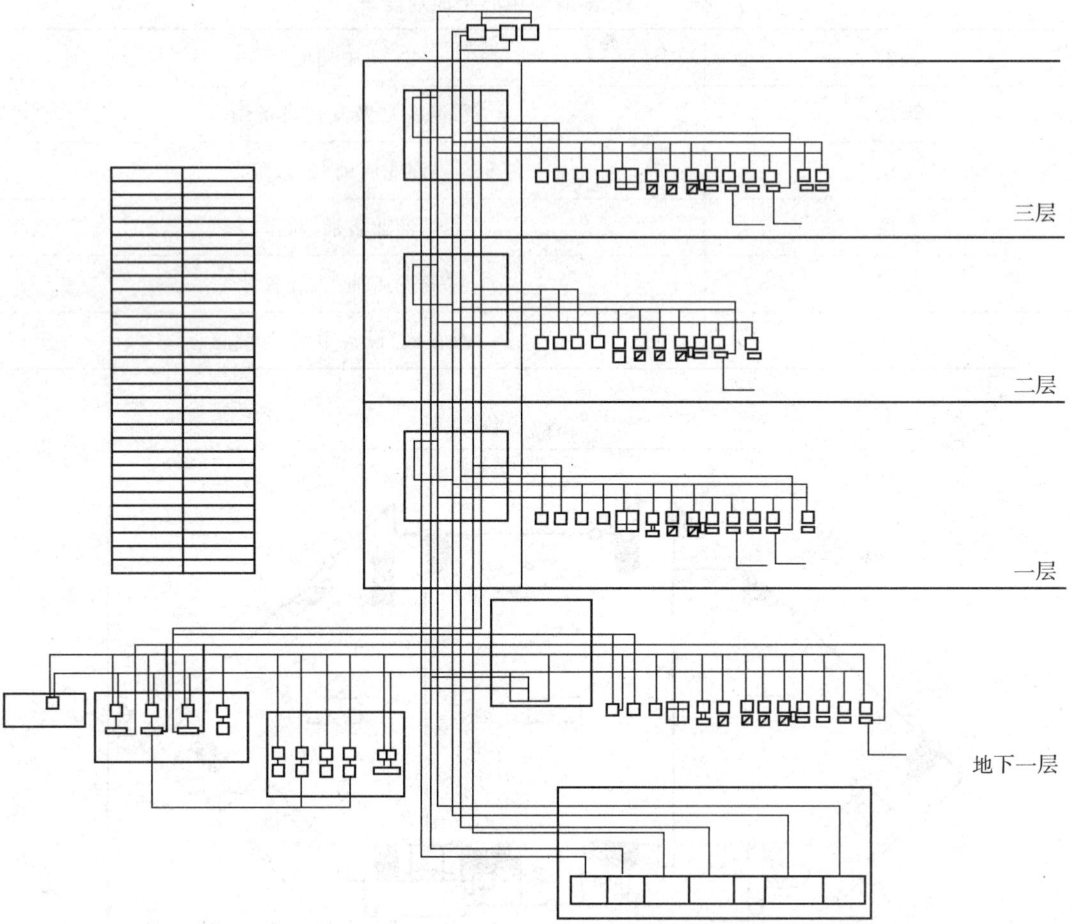

图 5-18 系统图

(4)火灾报警控制器检测要求与方法。

(5)消防联动控制器检测要求与方法。

(6)火灾自动报警系统验收主要内容。

(7)火灾自动报警系统验收要求。

(8)火灾报警控制器安装验收要求。

(9)点型火灾探测器安装验收要求。

(10)火灾自动报警系统验收判定标准。

3. 关键知识点及依据

依据《建筑消防设施检测技术规程》GA503 和《火灾自动报警系统施工及验收规范》GB50166。

(1)点型感烟探测器检测

采用发烟装置向探测器施放烟气，查看探测器报警确认灯和火灾报警控制器的火警信号显示。探测器应启动报警确认灯，并在手动复位前予以保持。

(2)点型感温探测器检测

使用热源加热探测器，查看探测器报警确认灯和火灾报警控制器火警信号显示。探测器应启动报警确认灯，并在手动复位前予以保持。

(3)手动火灾报警按钮检测

手动按下按钮，应向报警控制器输出火警信号，同时启动按钮的报警确认灯。

(4)火灾报警控制器检测

触发自检键，对面板上所有的指示灯、显示器和音响器件进行功能自检。切断主电源，查看备用直流电源自动投入和主、备电源的状态显示情况。模拟探测器、手动报警按钮断路故障，查看故障显示。断路故障报警期间，模拟火灾报警，控制器应在1min内发出火灾报警信号，再使其他探测器发出火灾报警信号，控制器能再次报警。

(5)消防联动控制器检测

操作自检键，对面板上所有的指示灯、显示器和音响器件进行功能自检。切断主电源，备用电源应自动投入使用，并能正确显示主、备电源的状态。消防联动控制设备与输入/输出模块间的连线发生断路、短路时，应能在100s内发出与火灾报警信号有明显区别的声、光故障信号。

(6)火灾自动报警系统验收主要内容

① 测试火灾探测报警系统功能。

② 测试消防联动控制系统功能。

(7)火灾自动报警系统验收要求

① 主、备电转换试验进行1～3次。

② 控制器全部检验。

③ 本案例中火灾探测器和手动报警按钮超过100只，所以抽验比例为10%～20%；消火栓按钮抽验比例为5%～10%。

(8)火灾报警控制器验收要求

① 用尺测量控制器靠近门轴的侧面距墙不应小于0.5m，正面操作距离不应小于1.2m；主电源要直接与消防电源连接，严禁使用电源插头。

② 对火灾报警控制器进行功能检查。包括：检查自检功能和操作级别；测试每个回路的断路和短路，控制器应在100s内发出故障信号；在故障状态下，使任一非故障部位的探测器发出火灾报警信号，控制器应在1min内发出火灾报警信号；使任一总线回路上不少于10只的火灾探测器同时处于火灾报警状态。

(9)点型火灾探测器验收要求

探测器至墙壁、梁边的水平距离不应小于0.5m；周围水平距离0.5m内不应有遮挡物；探测器至空调送风口不应小于1.5m；点型感温探测器安装间距不应超过10m；点型感烟探测器的安装间距不应超过15m。探测器倾斜安装不应大于45°。采用专用的检测仪器或模拟火灾的方法，检查火灾探测器的报警功能。

(10)火灾自动报警系统验收判定标准

① 系统内的设备及配件无国家相关证书和检验报告；系统内的任一控制器和火灾探测器无法发出报警信号，无法实现要求的联动功能，定为A类不合格。

② 验收前提供资料不符合要求的定为B类不合格。

③ 其余不合格项均为C类不合格。

④ 系统验收合格判定应为：A＝0且B≤2且B＋C≤检查项的5%为合格，否则为不合格。

4. 注意事项

(1)火灾自动报警系统的主要设备应是通过国家认证(认可)的产品。产品名称、型号、规格应与检验报告一致。

(2)火灾自动报警系统应单独布线，系统内不同电压等级、不同电流类别的线路，不应布在同一管内或线槽的同一槽孔内。

(3)火灾自动报警系统验收过程中，应对照图样检查系统内各设备和组件的规格、型号、容量、数量，应符合设计要求。

(4)抽样时应选择有代表性、作用不同、位置不同的设备。

5. 思考题

(1)单项选择题

① 点型火灾探测器至墙壁、梁边的水平距离不应小于(　　)m。

A. 0.50　　B. 1.0　　C. 1.50　　D. 2.0

② 点型火灾探测器至空调送风口最近边的水平距离不应小于(　　)m。

A. 0.50　　B. 1.0　　C. 1.50　　D. 2.0

③ 火灾自动报警系统的主要设备应是通过国家(　　)的产品。

A. 认证(认可)　　B. 型号　　C. 规格　　D. 检验报告

④ 火灾探测器和手动报警按钮安装数量在100只以下者，抽样(　　)只。

A. 10　　B. 20　　C. 30　　D. 40

(2)多项选择题

火灾自动报警系统验收判定标准规定的A类不合格包括(　　)。

A. 系统内的设备及配件规格、型号与设计不符的

B. 系统内的设备及配件无国家相关证书和检验报告

C. 系统内的任一控制器和火灾探测器无法发出报警信号的

D. 无法实现要求的联动功能

E. 验收前提供资料不符合要求的

(3)分析题

简述火灾自动报警系统工程质量验收检验项目划分、判定合格标准以及复验要求。

本章思考题

1. 消防系统的供电有何要求？

2. 备用电源自动投入装置是如何工作的？

3. 消防控制中心设备安装有何要求？

4. 常用火灾探测器的安装有哪些特点及要求?
5. 特殊火灾探测器的安装有哪些特点及要求?
6. 报警附件有哪些? 应如何安装?
7. 消防系统的布线有何要求?
8. 消防系统的接地有何规定?
9. 火灾自动报警及联动系统应如何调试?

第6章　消防系统方案设计

本章导读

本章阐述了消防系统设计的基本原则、消防系统设计内容、消防系统设计的基本程序，最后通过某工程案例消防报警及联动系统设计应用来加深对消防系统设计的认知。

6.1　消防系统设计的基本原则和内容

6.1.1　消防系统设计的基本原则

消防系统设计的最基本原则就是应符合现行的建筑设计消防法规的要求、先进的防火技术、协调合理设计与经济的关系，做到“防患于未然”。

必须遵循国家有关方针、政策，针对保护对象的特点，做到安全适用、技术经济合理，因此在进行消防工程设计时，要遵照下列原则进行。

(1)熟练掌握国家标准、规范、法规等，对规范中的正面词及反面词的含义领悟准确，保证做到依法设计；

(2)详细了解建筑的使用功能、保护对象及有关消防监督部门的审批意见；

(3)掌握所设计建筑物相关专业的标准、规范等，如车库、卷帘门、防排烟、人防等，以便于综合考虑后着手进行系统设计。

我国消防法规大致分为五类，即建筑设计防火规范、系统设计规范、设备制造标准、安全施工验收规范及行政管理法规。设计者只有掌握了这五大类的消防法规才能做到应用自如，准确无误。

在执行法规遇到矛盾时，应按以下三点进行：

(1)行业标准服从国家标准；

(2)从安全方面采用高标准；

(3)报请主管部门解决，包括公安部、住建部等主管部门。

6.1.2　消防系统设计内容

消防系统设计一般有两大部分内容：一是系统设计；二是平面设计。

1. 系统设计

(1)火灾自动报警与联动控制系统设计的形式有以下三种，可根据实际情况选择。

① 区域系统；

② 集中系统；

③ 中心系统。

(2)系统供电

火灾自动报警系统应设有主电源和直流备用电源。应独立形成消防、防灾供电系统供电的可靠性。

(3)系统接地

系统接地装置可采用专用接地装置或共用接地装置。

2. 平面设计

平面设计一般有两大部分内容：一是火灾自动报警系统；二是消防联动控制系统。具体设计内容如表6-1所示。

表6-1　火灾自动报警平面设计的内容

设备名称	内　容
报警设备	火灾自动报警控制器、火灾探测器、手动报警按钮、紧急报警设备
通信设备	应急通信设备、对讲电话、应急电话
广播	火灾事故广播设备、火灾警报装置
灭火设备	喷水灭火系统的控制，室内消火栓灭火系统的控制，泡沫、卤代烷、二氧化碳等管网灭火系统的控制等
消防联动设备	防火门、防火卷帘门的控制，防排烟风机、排烟阀控制，空调通风设施的紧急停止，电梯控制监视，非消防电源的断电控制
避难设施	应急照明装置、火灾疏散指示标志

一个建筑物内自动报警系统，能及早发现和通报火灾，防止和减少火灾保证人身和财产安全。设计的优劣主要从以下五方面进行评价。

(1)满足国家火灾自动报警设计规范及建筑设计防火规范的要求；

(2)满足消防功能的要求；

(3)技术先进，施工、维护及管理方便；

(4)设计图纸资料齐全，准确无误；

(5)投资合理，即性能价格比高。

6.2　设计程序及方法

6.2.1　消防系统设计程序

设计程序一般分为两个阶段，第一阶段为初步设计(即方案设计)，第二阶段为施工图设计。

1. 消防系统初步设计

(1)确定设计依据

① 相关规范；

② 建筑的规模、功能、防火等级、消防管理的形式；

③ 所有土建及其他工种的初步设计图纸；

④ 采用厂家的产品样本。

(2)消防系统方案确定

由以上内容进行初步概算，通过比较和选择，决定消防设计方案，这一阶段是第二阶段的基础、核心。设计方案的确定是设计成败的关键所在，一项优秀设计不仅是工程图纸的精心绘制，而且更要重视方案的设计、比较和选择。

2. 消防系统施工图设计

(1)计算

包括探测器的数量、手动报警按钮数量、消防广播数量、楼层显示器数量、短路隔离器数量、中继器数量、支路数、回路数、控制器容量。

(2)施工图绘制

① 平面图。图中包括探测器、手动报警按钮、消防广播、消防电话、非消防消火栓按钮、防排烟机、防火阀、水流指示器、压力开关、各种阀等设备，以及这些设备之间的线路走向。

② 系统图。根据厂家产品样本所给系统图结合平面中的实际情况绘制系统图，要求分层清楚，设备符号与平面图一致，设备数量与平面图一致。

③ 绘制其他一些施工详图。消防控制室设备布置图及有关非标准设备的尺寸及布置图等。

④ 设计说明。说明内容有设计依据、材料表、图例符号及补充图纸表述不清楚的部分。

6.2.2 消防系统设计方法

1. 消防系统设计方案的确定

火灾自动报警与消防联动控制系统的设计方案应根据建筑物的类别、防火等级、功能要求、消防管理以及相关专业的配合才能确定，因此，必须掌握以下资料：

(1)建筑物类别和防火等级；

(2)土建图纸包括防火分区的划分、防火卷帘樘数及位置、电动防火门、电梯等；

(3)强电施工图中的配电箱(非消防用电的配电箱)；

(4)通风与空调专业负责给出防排烟机、防火阀的数量及类别等；

(5)给排水专业负责给出消火栓位置、水流指示器、压力开关及相关阀体的数量及类别等。

总之，建筑物的消防设计是各专业密切配合的产物，应在总的防火规范指导下各专业密切配合，共同完成任务，电气专业应考虑的内容如表 6-2 所示。

表 6-2　设计项目与电气专业配合的内容

序号	设计项目	电气专业配合措施
1	建筑物高度	确定电气防火设计范围
2	建筑物防火分类	确定电气消防设计内容和供电方案

（续表）

序号	设计项目	电气专业配合措施
3	防火分区	确定区域报警范围、选用探测器种类
4	防烟分区	确定防排烟系统控制方案
5	建筑物内用途	确定探测器形式类别和安装位置
6	构造耐火极限	确定各电气设备设置部位
7	室内装修	选择探测器形式类别、安装方法
8	家具	确定保护方式、采用探测器类型
9	屋架	确定屋架探测方法和灭火方式
10	疏散时间	确定紧急和疏散标志、事故照明时间
11	疏散路线	确定事故照明位置和疏散通路方向
12	疏散出口	确定标志灯位置指示出口方向
13	疏散楼梯	确定标志灯位置指示出口方向
14	排烟风机	确定控制系统与连锁装置
15	排烟口	确定排烟风机连锁系统
16	排烟阀门	确定排烟风机连锁系统
17	防火卷帘门	确定探测器联动方式
18	电动安全门	确定探测器联动方式
19	送回风口	确定探测器位置
20	空调系统	确定有关设备的运行显示及控制
21	消火栓	确定人工报警方式、安全启动和运行显示方式
22	喷淋灭火系统	确定动作显示方式
23	气体灭火系统	确定人工报警方式、安全启动和运行显示方式
24	消防水泵	确定供电方式及控制方式
25	水箱	确定报警及控制方式
26	电梯机房及电梯井	确定供电方式及控制系统
27	竖井	确定使用性能，采取隔离火源的各种措施，必要时放置探测器
28	垃圾道	设置探测器
29	管道竖井	根据井的结构及性质，采取隔断火源的各种措施，必要时设置探测器
30	水平运输带	穿越不同防火区，采取封闭措施

火灾自动报警系统的三种传统形式所适应的保护对象如下：

区域报警系统，一般适用于二级保护对象；

集中报警系统，一般适用于一、二级保护对象；

控制中心报警系统，一般适用于特级、一级保护对象。

为了使设计更加规范化，且又不限制技术的发展，消防规范对系统的基本功能形定了很多原则，工程设计人员可在符合这些基本原则的条件下，根据工程规模和对联动控制的复杂程度，选择检验合格且质量上乘的厂家产品，组成合理、可靠的火灾自动报警与消防联动系统。

2. 消防控制中心的确定及消防联动设计要求

(1)消防控制系统设计的主要内容

① 火灾自动报警控制系统；

② 灭火系统；

③ 防排烟及空调系统；

④ 防火卷帘门、水幕、电动防火门；

⑤ 电梯；

⑥ 非消防电源的断电控制；

⑦ 火灾应急广播及消防专用通信系统；

⑧ 火灾应急照明与疏散指示标志。

(2)消防控制室

① 消防控制室应设置在建筑物的首层，距通往室外出入口不应大于 20m；

② 消防控制室的最小使用面积不宜小于 $15m^2$；

③ 不应将消防控制室设于厕所及锅炉房、浴室、汽车库、变频器室等隔壁及上、下层的房间；

④ 消防控制室外的门应向疏散方向开启，且入口处应设置明显的标志；

⑤ 消防控制室的布置应符合有关要求：

⑥ 消防控制室内不应穿过与消防控制室无关的电气线路及其他管道，不装设与其无关的其他设备；

⑦ 内部和外部的消防人员能容易找到并可以接近的房间部位，并应设在交通方便和发生火灾时不易燃的部位；

⑧ 宜与防火监控、广播、通信设施等用房相邻近；

⑨ 消防控制室的送、回风管在其穿墙处应设防火阀；

⑩ 消防控制室应具有接受火灾报警、发出火灾信号、安全疏散指令、控制各种消防联动控制设备及显示电源运行情况等功能。

(3)消防联动控制系统

消防联动控制应根据工程规模、管理体制、功能要求合理确定控制方式，一般可采取：

① 集中控制(适用于单体建筑)，如图 6-1 所示；

② 分散与集中相结合(适用于大型建筑)，如图 6-2 所示。

无论采用何种控制方式应将被控对象执行机构的动作信号送至消防控制室。

(4)消防联动控制设备的功能

1)灭火设施

① 消防控制设备对消火栓系统应具有的控制显示功能如下：

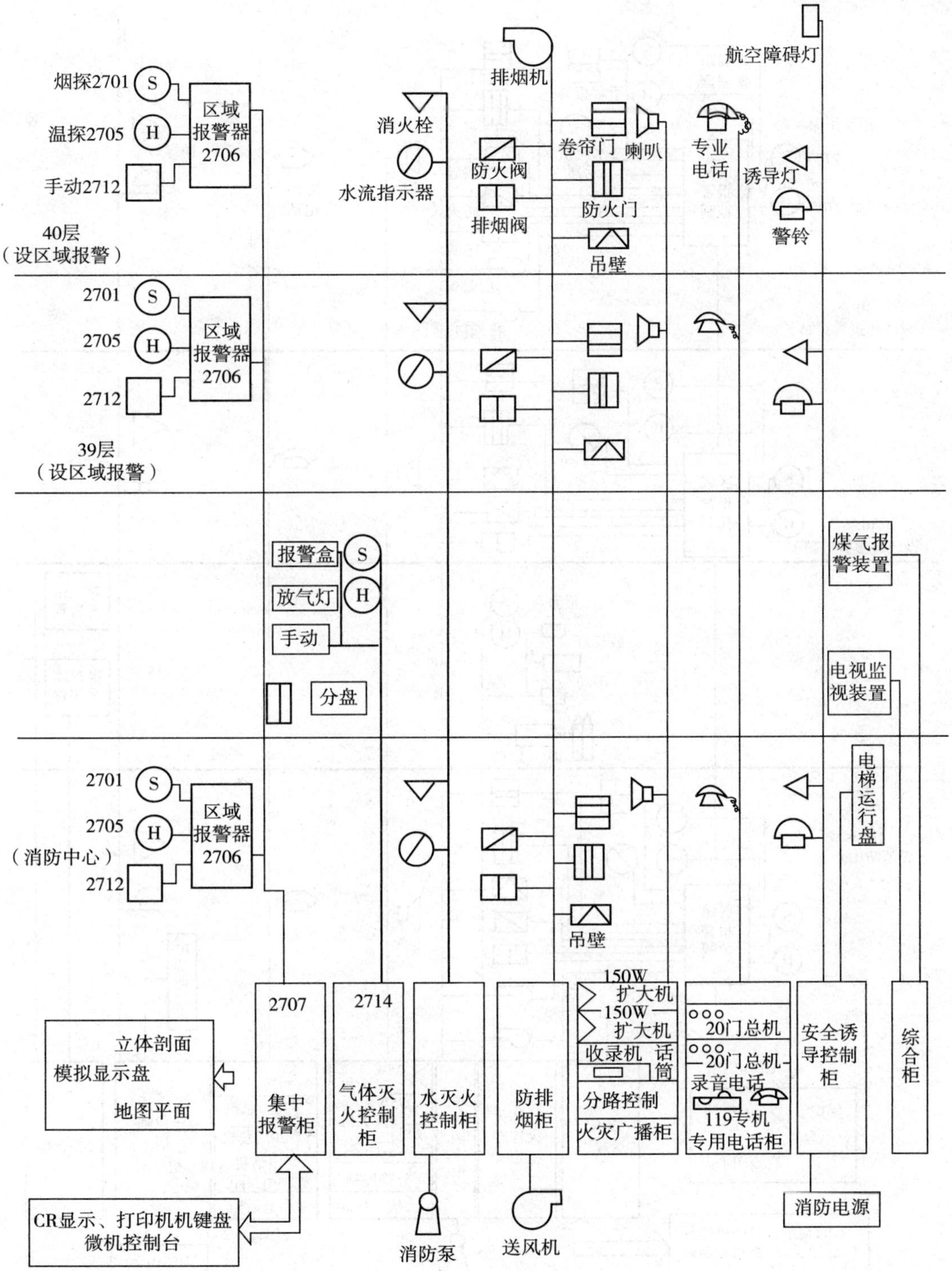

图6-1 联动控制系统集中控制示意图

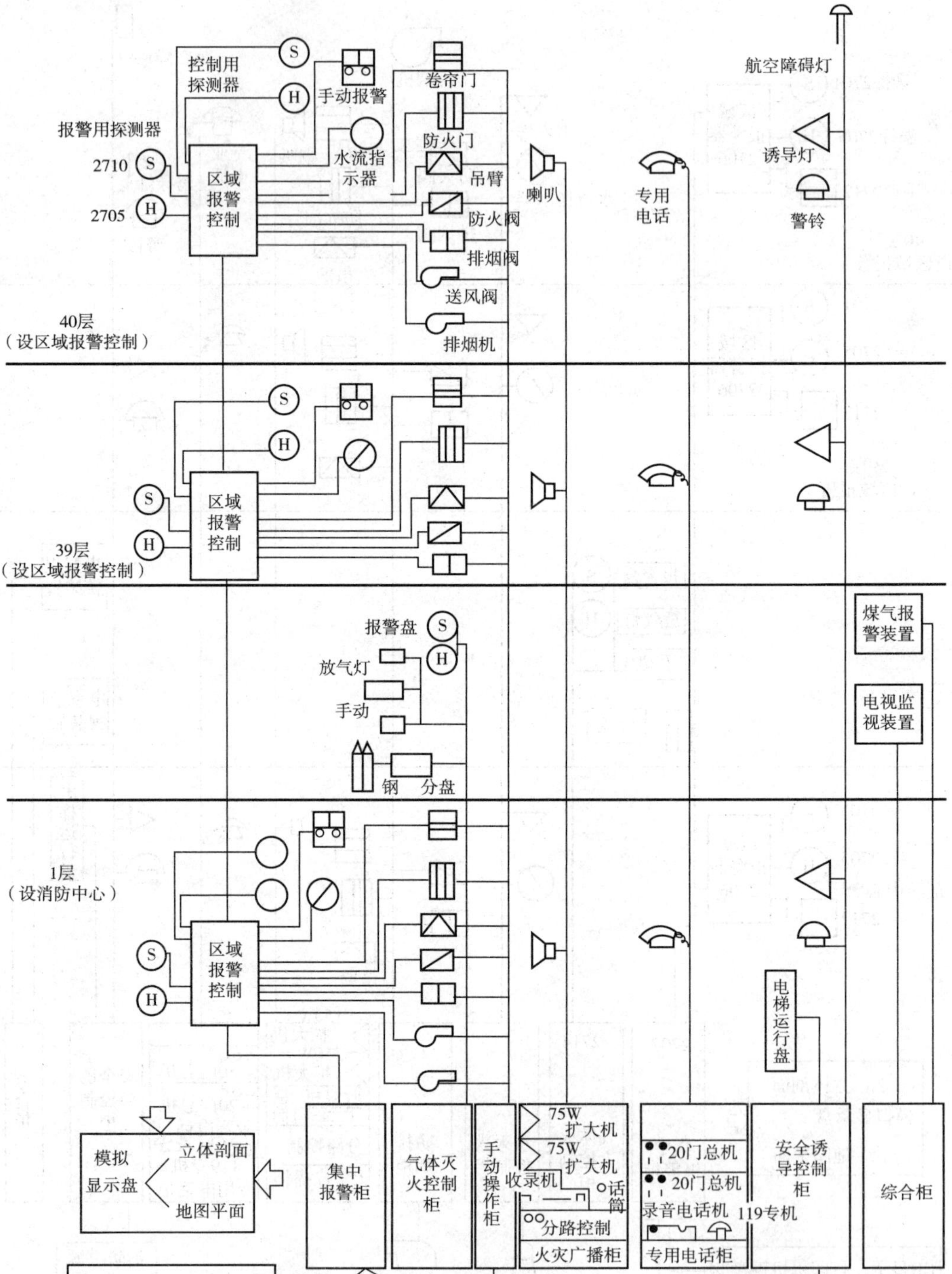

图 6－2　联动控制系统分散与集中相结合示意图

a. 控消防水泵的启、停；

b. 显示消防水泵的工作、故障状态；

c. 显示消火栓按钮的工作部位。

② 消防控制设备对自动喷水防火系统宜有下列控制监测功能：

a. 控制系统的启、停；

b. 系统的控制阀、报警阀及水流指示器的开启状态；

c. 水箱、水池的水位；

d. 干式喷水火系统的最高气压和最低气压；

e. 预作用喷水灭火系统的最低气压；

f. 报警阀和水流指示器的动作情况。

在消防控制室设置相应模拟信号盘，接受水流指示器和压力报警阀上压力开关的报警信号，显示其报警部位，值班人员可按报警信号启动水泵，也可由总管上的压力开关直接控制水泵的启动。在配水支管上装的闸阀，在工作状态下是开启的，当维修或其他原因使闸阀关闭时，在控制室应有显示阀开关状态的装置，以提醒值班人员注意使闸阀复原。为此，应选用带开关点的闸阀或选用明杆闸阀加装微动开关，以便将闸阀的工作状态反映到控制室。

③ 消防控制设备对泡沫和干粉灭火系统应有下列控制、显示功能：

a. 控制系统的启、停；

b. 显示系统的工作状态。

④ 消防控制设备对管网气体防火系统应有下列控制及显示功能：

a. 气体灭火系统防护区的报警、喷放及防火门(帘)、风空两等设备的状态信号应送到消防控制室；

b. 显示系统的手动及自动工作状态；

c. 被保护所主要出入口门处，应设置手动紧急控制按钮，并应有防误操作措施和特殊标志；

d. 组合分配系统及单元控制系统在防护区外的适当部位设置气体灭火控制盘；

e. 在报警、喷射各阶段，控制室应有相应的声报警信号，并能手动切除声响信号；

f. 主要出入口上方应设气体灭火剂喷放指示标志灯；

g. 在延时阶段，应关闭有关部位的防火阀，自动关闭防火门、窗，停止通风空调系统；

h. 被保护对象内应设有在释放气体前 30s 内人员散的声报警器。

2)电动防火卷帘、电动防火门

① 消防设备对防火卷帘的控制应符合下列要求：

a. 防火卷帘两侧应设置探测器及其报警装置，且两侧应设置手动报警按钮；

b. 防火卷帘下放的动作程为感烟探测器动作后，卷帘进行第一步下放(距地面为 1.5～1.8m)；感温探测器动作后，卷帘进行第二步即下放到底；感烟、感温探测器的报警信号及防火卷帘的关闭信号应送至消防控制室。

c. 当电动防火卷帘采用水幕保护时，水幕电磁阀的开启宜用感温探测器与水幕管网有关的水流指示器组成控制电路控制。

② 消防控制设备对防火门的控制应符合下列要求：

a. 门任一侧的火灾探器报警后，防火门应自动关闭；

b. 防火的关闭信号应送到消防控制室。

3)火灾报警、消防控制设备对防烟、排烟设施应有下列控制、显示功能

① 控制防烟垂壁等防烟设施；

② 停止有关部位的空调送风，关闭电动防火阀，并接收反馈信号；

③ 启动有关部位的排烟阀、送风阀、排烟风机、送风机等，并接受其反馈信号；

④ 设在爆风机入口处的防火阀动作后应联动停止排烟风机；

⑤消防控制室应能对防烟、排烟风机(包括正压送风机)进行应急控制。

4)消防控制室对非消防电源、警报装置、火灾应急照明灯和散标志灯的控制

为了扑救方便，避免电气线路因火灾而造成短路，形成二次灾害，同时也为了防止救援人员触电，发生火灾时切断非消防电源是必要的，但是切断非消防电源应控制在一定的范围内。一定范围是指着火的那个防火分区或楼层，切断方式可为人工切断，也可为自动切断，切断顺序应考虑按楼层或防火分区的范围，逐个实施，以减少断电带来的不必要的惊慌。非防电源的配电盘应具有联动接口，否则消防控制设备是不能完成切断功能的。

在正常照明被切断后，应急照明和散标志灯就担负着为疏散人群提供照明和诱导指示重任。

由于火灾应急照明和疏散标志灯属于消防用电设备，因此其电源应选用消防电源；如不能选用消防电源，应将蓄电池组作为备用电源，且主、备电源应能自动切换。

火灾状态下，为了避免人为紧张，造成混乱，影响疏散，同时也是为了通知尚不知道火情的人员，首先应在最小范围内发出警报信号并进行应急广播，如图 6-3 所示。

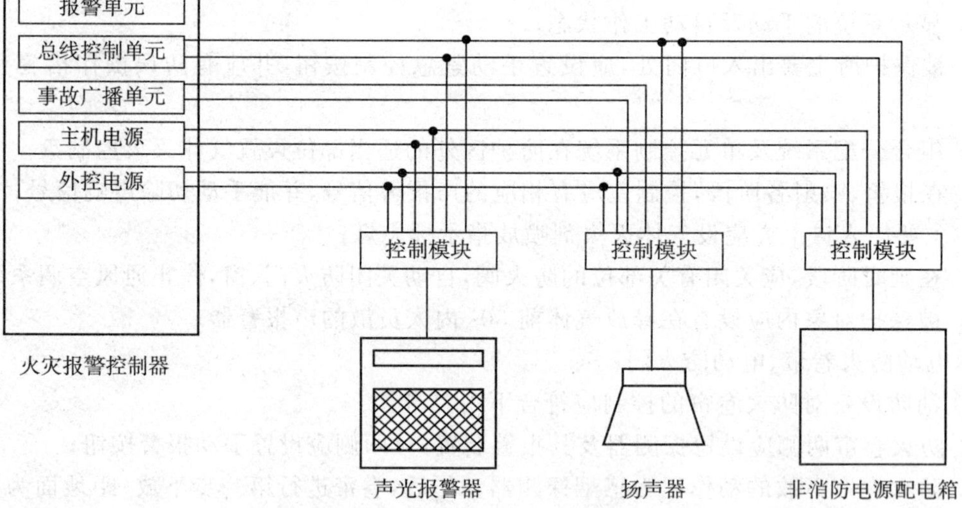

图 6-3　总线控制非消防电源、警报装置示意图

5)消防控制室的消防通讯功能

为了能在火灾发生时发挥消防控制室的指挥作用，在消防控制室内应设置消防通信设备，并满足：

① 应有一部能直接拨打“119”火警电话的外线电话机；

② 应有与建筑物内其他重要消防设备室直接通话的内部电话；

③ 应有无线对讲设备。

考虑到一般建筑物都设有内部程控交换机、消防控制室及其他重要消防设备房，其中都装设了内部电话分机，而且在程控交换机上就可设定消防控制室的电话分机，并具有拨打外线电话的功能。无线对讲设备是重要的辅助通信设备，它具有移动通话的作用，可以避免线路的束缚，但它的通讯距离和通话质量受诸多条件的限制。

6)消防控制室对电梯的控制与显示

发生火灾时，消防控制室应能将全部电梯迫降至首层，并接受其反馈信号。

对电梯的控制有两种方式：一是将电梯的控制显示盘设在消防控制室，消防值班人员在必要时可直接操作；二是在人工确认确实发生火灾后，消防控制室向电梯控制室发出火灾信号及强制电梯下降的指令，所有电梯下行停位于首层。

3. 平面图中设备的选择、布置及管线计算

(1)设备选择及布置

1)探测器的选择及布置

根据房间使用功能及层高确定探测器种类，量出平面中所计算房间的地面面积，再考虑是否为重点保护建筑，还要看房顶坡度是多少，然后按 $N\geqslant\frac{S}{k\cdot A}$ 分别算出每个探测区域内的探测器数量，最后再进行布置。

火灾探测器的选用原则如下：

① 火灾初期有阴燃阶段，产生大量的烟和少量的热，很少或没有火焰辐射，应选用感烟探测器；

② 火灾发展迅速，有强烈的火焰辐射和少量的热、烟，应选用火焰探测器；

③ 火灾发展迅速，产生大量的热、烟和辐射，应选用感温、感烟火焰探测器或其组合(即复合型探测器)；

④ 若火灾形成的特点不可预料，应进行模拟试验，根据试验结果选用适当的探测器。

探测器种类选择已有表可查，但这里还需进一步说明其种类选择范围。

下列场所宜选用光电和离子感烟探测器：

电子计算机房、电梯机房、通讯机房、楼梯、走道、办公楼、饭店、教学楼的厅堂、办公室、卧室等，以及有电气火灾危险性的场所、书库、档案库、电影或电影放映室等。

有下列情况的场所不宜选用光电感烟探测器：

存在高电磁干扰；在正常情况下有烟滞流；可能产生黑烟，可能产生蒸气和油雾；大量积聚粉尘。

有下列情况的场所不宜选用离子感烟探测器：

产生醇类、醚美酮类等有机物质；可能产生气体有大量尘、水雾滞留；相对湿度长期大于95%；在正常情况下有烟滞留；气流速度大于5m/s。

有下列情况的场所不宜做出快速反应：

无阴燃阶段的火灾；火灾时有强烈的火焰辐射。

下列情况的场所不宜选用火焰探测器：

在正常情况下有明火作业以及有 X 射线、弧光等的影响；探器的“视线”易被遮挡；在火焰出现前有浓烟扩散；可能发生无焰火灾；探测器的镜头被污染；探测器易受阳光或其他光源直接或间接照射。

下到情况的场所宜选用感温探测器：

① 可能发生无烟火灾，在正常情况下有烟和蒸气滞留；吸烟室、小会议室、烘干车间、茶炉房、发电机房、锅炉房、厨房、汽车库等；其他不宜安装感烟探测器的厅堂和公共场所；相对湿度经常高于 95%以上的场所；有大量粉尘的场所。

② 在库房、电缆隧道、顶棚内、地下汽车库及地下设备层等场所，可选用空气管线型差温探测器。

③ 在电缆托架、电缆隧道、电缆夹层、电缆沟、电缆竖井等场所，宜采用缆式线型感温探测器。

④ 在散发可燃气体、可燃蒸气和可燃液体的场所，宜选用可燃气体探测器。

2)火灾自动报装置的选择及布置

规范中规定火灾自动报警系统应有自动和手动两种触发装置。

自动触发器件有开关、水流指示器、火灾探测器等。

手动触发器件有手动报警按钮、消火栓报警按钮等。

要求区域内的每个防火分区至少设置一个手动报警按钮。

① 手动报警按钮的安装场所：各楼层的电梯间、电梯前室主要通道等经常有人通过的地方；大厅、过厅、主要公共活动场所的出入口；餐厅、多功能厅等处的主要出入口。

② 手动报警按钮的布线宜独立设置。

③ 手动报警按钮的数量应按一个防火分区内的任何位置到最近一个手动报警按钮的不大于 25m 来考虑。

④ 手动报警按钮在墙上安装的底边距地高度为 1.5m，按钮盒应具有明显的标志和防误动作的保护措施。

3)其他附件选择及布置

① 模块：由所确定的厂家产品的系统确定型号，安装距顶棚 0.3m 的高度，墙上安装；

② 短路隔离器：与厂家产品配套选用，墙上安装，距顶棚 0.2～0.5m；

③ 总线驱动器：与厂家产品配套选用，根据需要定数量，墙上安装，底边距地 2～2.5m；

④ 中继器：由所用产品实际确定，现场墙上安装，距地 1.5m。

4)火灾事故广播与消防专用电话

① 火灾事故广播及警报装置：火灾警报装置(包括警灯、警笛、警铃等)是当火灾时发出警报的装置。火灾事故广播是火灾时(或意外事故时)指挥现场人员进行疏散的设备。两种设备各有所长，火灾发生初期交替使用，效果较好。

火灾报警装置的设置范围和技术条件：国家规范规定，设置区域报警系统的建筑，应设置火灾警报装置；设置集中和控制中心报警系统的建筑，宜设置火灾警报装置；在报警区域内，每个防火分区应至少安装一个火灾报警装置，其安装位置，宜设在各楼层走道靠近楼梯出口处。

为了保证安全，火灾报警装置应在确认火灾后，由消防中心按疏散顺序统一向有关区域发出警报。在环境噪声大于 60dB 的场所设置火灾警报装置时，其声压级应高于背景噪声 15dB。

火灾事故广播与其他广播合用时应符合以下要求：

火灾时，应能在消防控制室将火灾疏散层的扬声器和公共广播扩音机强制转入火急广播状态；消防控制室应能监控用于火灾应急广播时的扩音机的工作状态，并能开启扩音机进行广播。火灾应急广播设置备用扩音机，其容量不应小于火灾应急广播扬声器最大容量总和的 1.5 倍。床头控制柜设有扬声器时，应有强制切换到应急广播的功能。

② 消防专用电话：安装消防专用电话十分重要，它对能否及时报警、消防指挥系统是否畅通起着关键作用。为保证消防报警和灭火指挥畅通，规范对消防专用电话都有明确规定。最后根据以上设备选择列出材料表。

(2)消防系统的接地

为了保证消防系统的正常工作，对系统的接地规定如下：

① 火灾自动报警系统应在消防控制室设置专用接地板，接地装置的接地电阻值应符合下列要求：当采用专用接地装置时，接地电阻值不应大于 40Ω；当采用共用接地装置时，接地电阻值不应大于 10Ω。

② 火灾报警系统应设专用接地干线，由消防控制室引至接地体。

③ 专用接地干线应采用铜芯绝缘导线，其芯线截面积不应小于 25mm^2，专用接地干线宜穿硬质型塑料管埋设至接地体。

④ 由消防控制室接地板引至各消防电子设备的专用接地线应选用铜芯塑料绝缘导线，其芯线截面积不应小于 4mm^2。

⑤消防电子设备凡采用交流供电时，设备金属外壳和金属支架等应作保护接地，接地线应与电气保护接地干线 PE 线相连接。

⑥区域报警系统和集中报警系统中各消防电子设备的接地亦应符合本措施上述 5 条。

(3)布线及配管

布线及配管如表 6-3 所列。

表 6-3　火灾自动报警系统用导线最小截面

类别	线芯最小截面(mm^2)	备注
穿管敷设的绝缘导线	1.00	
线槽内敷设的绝缘导线	0.75	
多芯电缆	0.5	
由探测器到区域报警器	0.75	
由区域报警器到集中报警器	1.00	多股铜芯耐热线
水流指示器控制线	1.00	单股铜芯线
湿式报警阀及信号阀	1.00	控制线截面积＞1.00mm^2
排烟防火电源线	1.50	控制线截面积＞1.00mm^2
电动卷帘门电源线	2.50	
消火栓控制按钮线	1.50	

① 火灾自动报警系统的传输线路应采用铜芯绝缘导线或铜芯电缆,其电压等级不应低于交流 250V,线芯最小截面一般应符合表 6-3 规定。

② 火灾探测器的传输线路,宜采用不同颜色的绝缘导线,以便识别,接线端子应有标号。

③ 配线中使用的非金属管材、线槽及其附件,均应采用不燃或非延燃性材料制成。

④ 火灾自动报警系统的传输线,当采用绝缘电线时,应采取穿管(金属管或不燃、难燃型硬质、半硬质塑料管)或封闭式线槽进行保护。

⑤不同电压、不同电流类别,不同系统的线路,不可共管或在线槽的同一槽孔内敷设。横向敷设的报警系统传输线路,若采用穿管布线,则不同防火分区的线路不可共管敷设。

⑥消防联动控制、自动灭火控制、事故广播、通讯、应急照明等线路,应穿金属管保护,并宜暗敷设在非燃烧体结构内。当必须采用明敷时,则应对金属管采取防火保护措施。当采用具有非延燃性绝缘和护套的电缆时,可以不穿金属保护管,但应将其敷设在电缆竖井内。

⑦弱电线路的电缆宜与强电线路的电缆竖井分别设置。若因条件限制,必须合用一个电缆竖井时,则应将弱电线路与强电线路分别布置在竖井两侧。

⑧横向敷设在建筑物内的暗配管,钢管直径不宜大于 25mm;水平或垂直敷设在顶棚内或墙内的暗配管,钢管直径不宜大于 20mm。

⑨从线槽、接线盒等处引至火灾探测器的底座盒、控制设备的接线盒、扬声器箱等的线路,应穿金属软管保护。

4. 画出系统图及施工详图

设备、管线选好且在平面图中标注后,根据厂家产品样本,再结合平面图画出系统图,并进行相应的标注,如每处导线根数及走向、每个设备的数量、所对应的层数等。

施工详图主要是对非标产品或消防控制室而言的,比如非标控制柜(控制琴台)的外形、尺寸及布置图;消防控制室设备布置图,应标明设备位置及各部分距离等。

5. 平面图设计示例

采用步步深入法设计,具体步骤是:进行设备选择布置→布线标注线条数→标注回路等完善图面。

(1)探测器、手动报警按钮等选择及布置。探测器的选择是根据场所、地面面积、房间高度等确定种类,先进行数量计算,然后采用经验法布置,手动报警按钮按规范确定数量后布置。

(2)探测器、手动报警按钮布线。先根据实际确定线制、回路,然后进行布线。

(3)联动元件的选择布置及布线。联动元件包括消火栓按钮、水流指示器、防火卷帘、消防广播与通信设备等。根据实际需要确定联动元件数量,然后布置到图中,再根据限制布线。注意要满足规范要求,布置消火栓按钮、水流指示器、防火卷帘等联动元件及其布线规范。选择消防广播、火警通讯等设备,进行布置,选择导线,进行布线。

(4)完善图纸。标注线条数、标注回路等,完善图面。

6. 编写设计说明书(计算书)及装订前已叙述,不再重复。

消防工程设计是一件十分严肃认真的事情,必须按规范、按消防法规进行,绝不能减少任何应该设置的项目,否则,一旦发生火灾,系统出现误报、漏报或灭火不当、联动不合理等情况，设计者将会受到法律的制裁。另外还应注意：目前教学、设计、施工单位这三个环节仍有一定距离，设计者的设计一定要联系工程实际，切实保证能正常施工，不要纸上谈兵，在实际施工中漏洞百出。这就要求设计者多向工程实际学习，掌握消防施工的实际情况，设计就会得心应手。

6.3　消防系统应用实例

6.3.1　工程概况

某综合楼地上共26层，地下二层，属于一类建筑，其中地下一、二层为停车库及设备用房，一层为大堂，二至六层为开敞式办公室，七至二十六层为商住两用办公室。

6.3.2　消防设计

本工程一层设有消防控制室，核心筒设有一强弱电共用的电气竖井，其消防报警及联动系统设计思路如下。

(1)探测器的设置：依据《火灾自动报警系统设计规范》，本工程为一级保护对象，除了卫生间外全楼所有功能房间均设有火灾报警探测器，其中地下车库采用感温探测器，其余均采用感烟探测器，具体而言，根据每个房间的面积高度，采用公式 $N \geqslant \frac{S}{k \cdot A}$(其中对于一级保护对象，$k$ 取0.8、0.9)计算出该房间应设置的探测器数量，然后根据每个探测器的保护半径合理地安排这些探测器的位置。

(2)手动报警按钮的设置：根据建筑专业提供的条件，本工程每层为一防火分区，依据《火灾自动报警系统设计规范》，则每层至少设置一个手动报警按钮，从一个防火分区内的任何位置到最邻近的一个手动报警按钮的距离不应大于30m。手动报警按钮宜设置在公共活动场所的出入口处，且应设置在明显的和便于操作的部位，安装高度为1.3～1.5m。

(3)消火栓报警按钮的设置：每一个消火栓箱内均应设置一个消火栓报警按钮。

(4)火灾应急广播的设置：本工程为一级保护对象，按照规范宜采用集中报警系统，所以宜设置火灾应急广播，具体而言，本工程在走道和大厅等公共场所设置了扬声器，每个扬声器功率不小于3W，其数量应能保证从每个防火分区内的任何部位到最近一个扬声器的距离不大于25m，走道内最后一个扬声器至走道末端的距离不应大于12.5m。消防控制室内设置火灾广播备用扩音机，其容量不应小于火灾时需同时广播的范围内火灾应急广播扬声器最大容量总和的1.5倍。

(5)层显器的设置：《火灾自动报警系统设计规范》规定，当用一台区域火灾报警控制器或一台火灾报警控制器警戒多个楼层时，应在每个楼层的楼梯口或消防电梯前室等明显部位，设置识别着火楼层的灯光显示装置。故本工程在每层消防电梯前室均设置一台层显器。

(6)输入模块的设置：根据水暖专业提供的条件及要求，本工程设置的湿式报警阀、水流指示器、信号阀、排烟阀等装置需配置输入模块以接入火灾自动报警系统。此模块一般安装在所控设备附近的墙上，距顶棚 0.3m。

(7)输入输出模块的设置：根据水暖专业提供的防火阀、排烟阀、正压送风口、排烟口、消防水泵控制箱、喷淋泵控制箱、正压送风机控制箱、排烟风机控制箱、地下车库送风机控制箱等装置，根据建筑专业提供的卷帘门控制箱、电梯及消防电梯控制柜等装置；根据强电专业提供的应急照明配电箱、火灾时需切掉电源的非消防负荷配电箱等装置均需配置输入输出模块以接入火灾自动报警系统。其中卷帘门控制箱需配置双输入、双输出模块控制的两步动作，其余设备配置单输入单输出模块。

(8)隔离器的设置：隔离器的作用是，当总线发生故障时，将发生故障的总线部分与整个系统隔离开来，以保证系统的其他部分能够正常工作，同时便于确定出发生故障的总线部位。为了缩小故障面，一个总线隔离器所带的编码设备越少越好，但造价却要增多，所以综合考虑，一般一个总线隔离器带 30 个左右编码设备为宜。

(9)火灾报警控制器、消防广播设备、消防电话主机的设计选用。

① 首先将以上在本工程设置的设备按照其所在层数及数量列表 6-4 所示。

表 6-4 层数及各元件数量

楼层	感烟探测器(个)	感温探测器(个)	手动报警按钮(个)	消火栓报警按钮(个)	扬声器(个)	层显器(个)	输入模块(个)	消防广播切换模块(个)	输入输出模块(个)
−2F	0	50	2	5	10	1	2	1	14
−1F	6	35	2	5	12	1	2	1	15
1F	38	0	2	5	15	1	2	1	7
2F	38	0	2	5	15	1	2	1	7
3F	38	0	2	5	15	1	2	1	7
4F	38	0	2	5	15	1	2	1	7
5F	38	0	2	5	15	1	2	1	7
6F	38	0	2	5	15	1	2	1	7
7F	36	0	2	5	15	1	2	1	7
8F	36	0	2	5	15	1	2	1	7
9F	36	0	2	5	15	1	2	1	7
10F	36	0	2	5	15	1	2	1	7
11F	36	0	2	5	15	1	2	1	7
12F	36	0	2	5	15	1	2	1	7
13F	36	0	2	5	15	1	2	1	7
14F	36	0	2	5	15	1	2	1	7
15F	36	0	2	5	15	1	2	1	7
16F	36	0	2	5	15	1	2	1	7
17F	36	0	2	5	15	1	2	1	7
18F	36	0	2	5	15	1	2	1	7
19F	36	0	2	5	15	1	2	1	7

（续表）

楼层	感烟探测器（个）	感温探测器（个）	手动报警按钮（个）	消火栓报警按钮（个）	扬声器（个）	层显器（个）	输入模块（个）	消防广播切换模块（个）	输入输出模块（个）
20F	36	0	2	5	15	1	2	1	7
21F	36	0	2	5	15	1	2	1	7
22F	36	0	2	5	15	1	2	1	7
23F	36	0	2	5	15	1	2	1	7
24F	36	0	2	5	15	1	2	1	7
25F	36	0	2	5	15	1	2	1	7
26F	36	0	2	5	15	1	2	1	7
27F	4	0	1	2	2	0	0	0	5
合计	958	85	57	142	414	28	56	28	216

根据以上统计结果：

a. 全楼感烟探测器共958个，全部采用编码型，即占用958点。

b. 全楼感温探测器共85个，全部采用编码型，即占用85点。

c. 全楼手动报警按钮共57个，全部采用编码型，即占用57点。

d. 全楼消火栓报警按钮共142个，全部采用编码型，即占用142点。

e. 全楼扬声器共414个，火灾时需同时广播的范围内火灾应急广播扬声器最大数量为52个，即要求所选的功率为52×3×1.5＝234W。

f. 全楼层显器共28个。

g. 全楼单输入模块共56个，全部采用编码型，即占用56点。

h. 全楼广播切换模块共28个，全部采用编码型，即占用28点。

i. 全楼单输入单输出模块共216个，全部采用编码型，即占用216点。

② 设备选用

a. 火灾报警控制器的选用：全楼编码点共958＋85＋57＋142＋56＋28＋216＝1542点，设计采用海湾安全技术有限公司生产的JB-QT-GST5000型火灾报警控制器（联动型），此控制器最大容量可扩展到40个242地址编码点的回路，即最多9680点，完全可以满足本工程的点数需要，另外此控制器可外接台层显器，亦可满足本工程的需要。

b. 消防广播设备的选用：设计选用250W的消防广播设备（包括一只播音话筒、一只录放机卡座、一只功率放大器），采用总线制结构在楼层通过消防广播切换模块控制楼层广播。

c. 消防电话主机的选用：设计选用TS-Z03型多线制消防电话主机。每个固定消防电话分机采用TS-200A型，独占一个消防电话主机中的一路，每层消防电话插孔并联占用一路。

6.3.3 平面图

火灾报警及联动系统平面图为一张示意，如图6-4所示。

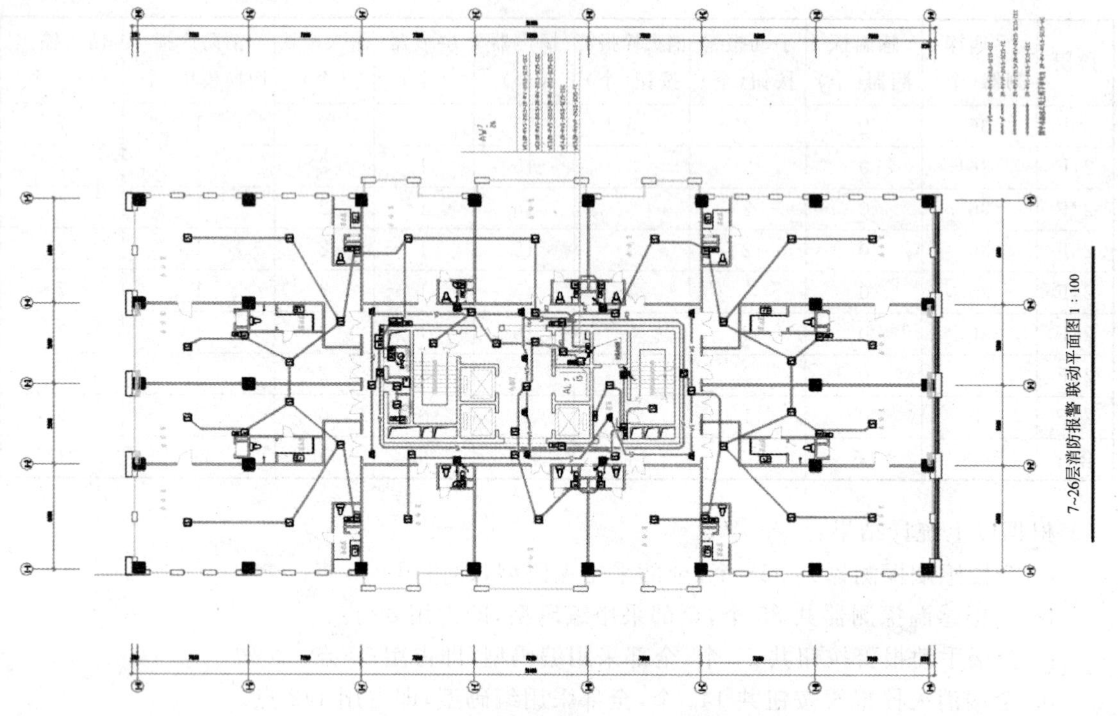

图 6-4 火灾报警及联动系统平面图

6.3.4 系统图

火灾报警及联动系统图如图 6-5 所示。

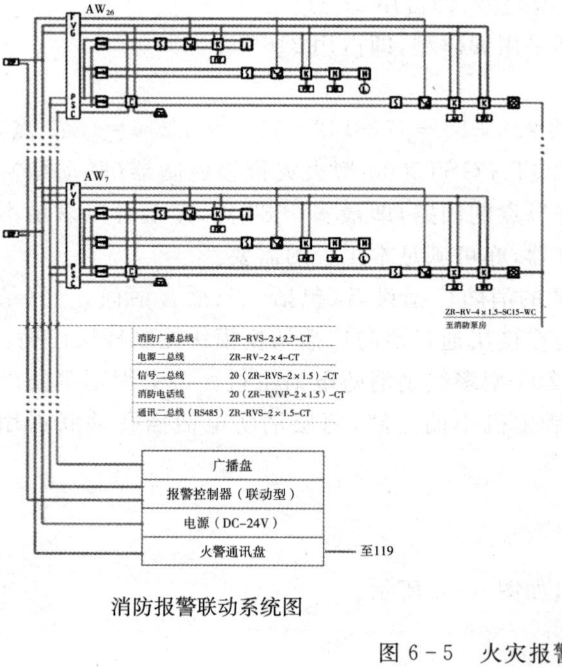

消防报警联动系统图

符号说明

序号	符号	名 称	安装方式及容量	备 注
1		感烟探测器	吸顶	
2		感温探测器	吸顶	
3		手动报警按扭	中心距地1.4m	含电话插孔
4		吸顶式广播	吸顶	
5		水流指示器	见暖通图	
6		消火栓报警按钮	见暖通图	
7		单输入模块	棚下0.3m	
8		单输入输出模块	棚下0.3m	
9		广播切换模块	消防端子箱内	
10		排烟防火阀	见暖通图	
11		排烟口	见暖通图	
12		送风口	见暖通图	
13		防火阀	见暖通图	
14		火灾显示盘	中心距地1.4m	
15		卷帘门控制箱	挂梁安装	
16		总线隔离器	消防端子箱内	

图 6-5 火灾报警及联动系统图

本章思考题

1. 如何设计消防系统？
2. 消防系统的设计原则是什么？
3. 简要说明消防系统设计的程序？
4. 系统图和平面图表示了哪些内容。
5. 简述火灾探测器的设置部位。

参考文献

[1] 公安部消防局．消防安全案例分析[M]．北京：机械工业出版社，2016.

[2] 公安部消防局．消防安全技术实务[M]．北京：机械工业出版社，2016.

[3] 孙景芝，韩永学．电气消防[M]．北京：中国建筑工业出版社，2016.

[4] 张国栋．消防及安全防范设备安装工程概预算手册[M]．北京：中国建筑工业出版社，2014.

[5] 徐鹤生，周广连．建筑消防系统[M]．北京：高等教育出版社，2010.

[6] 杨连武，沈瑞珠，袁青青．火灾报警及消防联动系统施工[M]．北京：电子工业出版社，2006.

[7] 海湾消防设施有限公司．产品样本及论文等．

[8] 海湾报警之家——海湾消防设备技术交流网[EB/OL]．http://www.gst119.com/.

[9] 郭树林．建筑消防工程设计手册[M]．北京：中国建筑工业出版社，2012.

[10] 中国计划出版社．消防技术标准规范汇编[M]．北京：中国计划出版社，2015.